谨以此书
向山东人民治理黄河70周年献礼

黄河记忆

——纪念山东人民治理黄河70周年

山东黄河河务局

图书在版编目(CIP)数据

黄河记忆/王昌慈,刘景国主编. ——郑州:黄河水利出版社,2016.10

ISBN 978-7-5509-1570-1

Ⅰ.①黄… Ⅱ.①王… ②刘… Ⅲ.①黄河—河道整治—山东—文集 Ⅳ.①TV882.1-53

中国版本图书馆CIP数据核字(2016)第250761号

出版社:黄河水利出版社	网址:www.yrcp.com
地址:河南省郑州市顺河路黄委会综合楼14层	邮编:450003

发行单位:黄河水利出版社
发行部电话:0371-66026940、66020550、66028024、66022620(传真)
E-mail:hhslcbs@126.com
承印单位:郑州龙洋印务有限公司
开本:787 mm×1 092 mm 1/16
印张:29
字数:360千字 印数:1—2 500
版次:2016年10月第1版 印次:2016年10月第1次印刷

定价:65.00元

《黄河记忆》编委会

审　　　定　张俊峰　孙广生
主　　　编　王昌慈　刘景国
副　主　编　尹学辉　宋传国
执行副主编　陈秒清
编 辑 人 员　周晓黎　高振霞　张　睿
　　　　　　张少萍　张晓静　张含婧

序

九曲黄河，源远流长，她以博大的胸襟和非凡的气度，哺育了中华民族，孕育和传承了光辉灿烂的华夏文明。但历史上黄河得不到有效治理，洪水泛滥，灾害频仍，给人民带来深重灾难。

1946年，在中国共产党的领导下开启了人民治理黄河的新篇章。

70年来，在党和国家领导人的高度重视下，在水利部、黄委和山东省委、省政府的正确领导下，经过沿黄军民和黄河职工的共同奋斗，山东黄河的治理开发与管理事业取得了举世瞩目的巨大成就，为国民经济和社会发展做出了重大贡献。

人民治黄以来，山东黄河按照"上拦下排、两岸分滞"的治黄方略和"拦、排、放、调、挖"的泥沙处理新理念，加高加固堤防，整治河道，石化险工，修建控导工程，兴建蓄滞洪区，有计划地对河口进行综合治理。70年累计完成各类防洪工程建设投资174亿多元，完成工程土方14.1亿立方米、石方2022万立方米、混凝土95万立方米。建设的济南黄河标准化堤防工程荣获中国建设工程鲁班奖（国家优质工程）。

通过大规模的综合治理，建成了较为完整的防洪工程体系。依靠这一防洪工程体系和防洪非工程措施，加上沿黄党政军民和黄河职工的严密防守，已连续战胜花园口站出现的10000立方米每秒以上的大洪水12次，度过了1969年、1970年三封三开的严重凌汛期，保证了

黄河记忆

黄河不决口,创造了70年来黄河伏秋大汛岁岁安澜的历史奇迹,彻底扭转了历史上黄河频繁决口改道的险恶局面。

黄河水资源得到高度开发利用,积极引黄灌溉、引黄补源,实施跨省际、跨流域远距离调水,为战胜历年严重干旱,保证城乡居民生活用水和工业生产、农业增收发挥了重大作用。1999年,国家授权对黄河水量实施统一管理调度,山东黄河结束了自1972年以来28年间有22年出现断流的历史,实现了连续16年未断流,赢得了良好的经济效益、社会效益和生态效益。

进入新世纪,山东黄河开始从传统治黄向现代治黄转变。自2002年以来,组织实施19次黄河调水调沙,山东河段主河槽明显刷深,河道平滩流量从不足2000立方米每秒提高到4200立方米每秒左右,河道过洪能力明显提高,初步找到了治理"悬河"的良方。开展了黄河下游防洪工程(山东段)建设,实现了堤身强化、堤顶硬化、堤防绿化,初步建成了集"防洪保障线、抢险交通线、生态景观线"于一体的"水上长城"。加大治黄科技投入,一大批治黄科技创新成果得到推广应用,治河信息化、现代化水平明显提高。

党的十八大以来,山东黄河河务局主动适应党建工作新常态,先后开展了党的群众路线教育实践活动、"三严三实"专题教育、"两学一做"学习教育,广大党员干部思想上受教育,行动上有改观,作风上有转变,素质不断提高。以加快推进治理体系与治理能力现代化为目标,围绕"事业发展、职工关切"两大主题,实施了水管体制、水行政综合执法、纪检监察体制、基层职代会、防汛队伍以及人事、财务、经济等一系列改革,大力发展黄河水利经济,加强精神文明建设,积极改善职工生产生活条件,推动了治黄事业的持续健康发展。

如今,千年害河变利河。黄河这条在历史上曾被称为"中国之忧患"的河流,在齐鲁大地已经走上安民、利民、惠民的新征程。

中国共产党领导山东人民治理黄河70年的历程，波澜壮阔，成就斐然。这些成就的取得饱含着党和国家的高度重视与殷切关怀，镌刻着老一辈创业者浴血奋战的不朽业绩，凝聚着几代治黄建设者的青春与梦想、心血与汗水，见证了山东人民治理黄河事业不断开拓进取、从胜利走向胜利的坚实足迹。

值此纪念山东人民治理黄河70周年之际，山东黄河河务局挑选整理了10多年来在各类媒体上发表的回忆性、纪念性文章，又约请山东局的老领导、老同志以及局属单位提供了部分文章，汇编为《黄河记忆》一书，书中内容，大都来自作者的亲身经历或具体工作实践，既有重大治黄事件，也有工作中的小环节、小故事，既有单位的发展变化，也有个人情感的真情流露，具有较高的资料性和可读性。本书从不同的角度记录了山东人民治黄事业发展的艰辛历程，也用不同的视角印证了70年走过的不平凡的治黄足迹。

编辑出版《黄河记忆》一书，对于铭记历史、面向未来，意义重大，必将激励人们为认识黄河，保护黄河，进一步把山东黄河的治理开发与管理事业推向前进起到积极的借鉴作用。

2016年10月

目录

力挽狂澜

2　渤海解放区治黄纪事
6　我亲历的两次黄河大抢险
9　高村抢险：生命谱写的凯歌
12　回顾1949年一号坝抢大险
15　建国初利津县黄河两次凌汛决口始末
23　战洪图
　　　　——1958年黄河抗洪抢险
30　长河似虹　岁月如歌
　　　　——博兴黄河战胜1958年大洪水的回忆
37　1976年我的防汛经历
41　东平湖"82·8"分洪纪实
45　长清黄河"88·8"洪水抢险
49　回顾"96·8"麻湾险工抗洪抢险
53　金堤河：洪水袭来时
　　　　——阳谷迎战"2010.9"金堤河洪水记事
57　黄汶牵手归大海

励精图治

66　一项利在当前功在千秋的伟业
77　聚焦"金像"
　　　　——济南黄河标准化堤防摘取"鲁班奖"追踪
86　筑牢东平湖防洪体系
92　百岁险工展新颜

96 "红心一号"开辟治黄新纪元
　　　　——山东黄河放淤固堤技术的创新与发展
102 走出国门的智能堤坝隐患探测仪
107 因势利导　小为大益
　　　　——1953年人工开挖小口子引河改道纪实
110 黄河清水沟流路改道
117 我参与的第一次挖河固堤工程
121 黄河口模型基地建设不走寻常路
125 黄河下游近期防洪工程（山东段）建设纪实

惠泽齐鲁

132 "悬河"兴利在山东
136 舒同和"山东打渔张灌区引黄闸"
142 水润齐鲁惠民生
147 泉城哪得万涓涌　唯有黄河引水来
151 水润绿洲绿更浓
　　　　——黄河河口生态改善纪实
157 德州引黄供水创辉煌
161 水润淄博
164 虹吸如龙泽聊城
168 位山闸跨流域调水之路
172 亿万河水润津门
176 黄河之水进胶东
　　　　——打渔张引黄闸和引黄济青、胶东调水工程
179 刁口河情结

回首往事

- 186 山东人民治黄初期创业记
- 193 关于山东人民治黄事业初期的回忆
- 198 我记忆中的山东黄河变迁
- 204 浅谈黄河今昔
- 211 黄河水沙已成为山东不可缺少的重要资源
- 220 邹平梯子坝变化太大了
- 225 我的治黄回忆
- 228 我的垦利治黄经历

岁月留痕

- 234 山东河务局治河旧址探寻与考察行记
- 241 因河废兴的马扎子
- 247 创建黄台山石料厂
- 250 追记菏泽石料采运队
- 254 黄河"变奏曲"
- 258 山东黄河医院的发展变迁
- 264 黄河土牛
- 267 响彻黄河两岸的号子
- 269 黄河位山枢纽工程
- 278 消失的"位山局"
- 281 黄河东银铁路
- 288 难忘的黄河人工扰动试验

294　不能忘却的"三八妇女船"
298　出　夫
300　复堤日记
305　那难忘的日子里
310　百日临工队
312　打捞沉船
314　修　船
317　黄河口历险记
320　记忆中的防汛屋
322　组建黄河第一支水利执法队伍
325　追忆"红高粱部落"

人物春秋

330　山东人民治黄的开创者江衍坤
340　平易形象　高大背影
　　　　——回忆老首长钱正英同志
346　风范长存　励志后人
　　　　——怀念齐兆庆同志
351　于祚棠以淤代石挽狂澜
357　追忆黄河特等功臣薛九龄
363　坐手推车的工程师——周保祺
366　我的父亲是"老黄河"
371　傅氏家族的黄河缘
375　祖孙三代治黄人
378　平阴抗凌九烈士

382　怀念革命烈士董玉光
387　黄河上的"黄继光"——戴令德
393　河畔春华
398　"江河卫士"的文学情怀

长河印记

402　淘尽黄沙始见金
　　　——山东河务局荣获"全国五一劳动奖状"治黄成就综述
411　扬文明之帆　促和谐发展
　　　——淄博河务局荣膺全国文明单位
416　法润长河日日新
421　为了母亲河的微笑
　　　——山东黄河水政执法改革与黄河派出所建设纪实
427　以法为盾保安澜
　　　——东平县沿黄防洪山体禁采工作纪实
434　在改革探索中砥砺前行
441　会当水击三千里
　　　——山东黄河信息通信建设纪实

447　后　记

力挽

狂澜

黄河记忆

渤海解放区治黄纪事

张学信

山东省河务局于1946年5月在蒲台县城（今滨州市）建立，担负着领导渤海解放区人民反蒋治黄斗争的重任，开启了山东人民治理黄河的新纪元。敌人把破坏的对象对准了治黄的指挥机关，为避免损失，河务局办公地址几经辗转，冒着战火硝烟坚持工作。

1946年7月，联合国善后救济总署（简称联总）、国民政府行政院善后救济总署（简称行总）、解放区救济总会三方代表达成协议，解放区黄河复堤工程所需之一切器材、工粮，由联总、行总负责供给，河床内居民迁移之救济，由三方组织委员会负责处理。由于国民政府阴奉阳违，大多不能如数调拨给解放区。调给渤海解放区的部分救济物资，用海轮运到寿光羊角沟港，再倒运到小清河的渡槽船上，经小清河逆流而上，在博兴湾头港卸船转运。转运站竟然也遭到国民党飞机轰炸。

1946年8月，10多条满载面粉、医药等物资的货船抵达湾头港，正准备卸船转运，突然发现两架飞机从西南方向湾头港飞来，很快飞抵湾头港上空，扫射停靠码头的货船。卸货人员迅速潜入附近青纱帐里隐蔽。飞机轮番扫射后仓惶飞去。待飞机飞远后，工作人员立即到湾头港察看，发现许多面袋被子弹打穿、撕裂，面粉四溅，医药受损，船体中弹，造成一定损失，幸好没有人员伤亡。这是国民党政府丧失了起码的人道主义，进一步暴露出利用黄河洪水配合其内战的阴谋。

山东人民治理黄河缺乏技术干部。为尽快培养干部，1946年9月，在蒲台县城（今滨州市）举办首次培训班。从机关抽调部分人员，从农村招收18岁至25岁、具有初中文化程度的青年，共60名，定名为"测绘训练班"。待遇是供给制，睡的是麦秸打的地铺，上课坐的是用高粱秸捆起的把子，双腿合并是课桌。从山东省河务局机关挑选了理论、技术水平最高的罗宏任教师，张学信、牟玉玮、肖景惠、刘洪彬、姚秀文等都参加了这期学习班。

经过6个月紧张的学习，结业后学员多数分配到测量队，有的分配到基层修防单位的工程部门，在实践中进一步学习。培训的这批干部，在治黄工作的不同岗位上锻炼成长，许多人成长为中层以上领导与高级工程师，为黄河治理开发发挥了积极作用。

1947年，渤海区男女老幼齐上阵，抢修黄河大堤

人民治黄初期，大家都忙于组织群众从事紧张的黄河修防，加之文化水平低，很少注意系统地总结修防工作。1948年春修工程施工任务重，动员组织民工10余万人修堤，经过沿黄人民政府和广大群众的努力，各项施工任务完成得既快又好，完成复堤土方256万立方米，整修秸埽318段，使用秸料、苇料1383万千克，整修砖石坝317段，用砖石3.2万立方米，用民工133.9万工日。还筹运备防秸料814.4万千克，砖石5.1万立方米，支付施工用粮1850万千克及用款19亿元（北海币），为战胜洪水打下了基础。钱正英副局长亲自动手，广泛搜集资料，认真分析研究，进行了系统总结。7月11日，在滨县（今

黄河记忆

滨州市）山柳杜村，省河务局召开治河办事处主任会议，钱正英副局长做了春修工程总结报告。这个报告，从理论到实践，既全面又系统地总结了成绩、经验、问题及今后意见，受到与会者的一致好评，也受到渤海区行署领导同志的称赞。

1948年汛期，由于黄河流域连降大雨，泾、渭、汾、洛等支流及伊、洛、沁、汶等河同时涨水。9月14日，花园口洪峰流量12300立方米每秒。22日17时，洪峰到达泺口，水位32.33米，超过1937年麻湾决口时的最高水位0.21米，洪峰流量7410立方米每秒，创泺口水文站1919年建站以来的最高洪水位。秋汛连续3次涨水，泺口水位在30米以上持续59天。千里河防迫岸盈堤、险情丛生，防汛形势十分紧张。为确保堤防安全，中共山东分局、山东省军区、省政府紧急决定，动员沿河党政军民全力以赴，集中人力物力，投入抗洪抢险斗争。当时提出的口号是："要啥有啥，随要随有，一切面向黄河"，"确保黄河安全是压倒一切的中心任务"。在各级党委、政府的坚强领导下，迅速调集干部31118人，部队8989人，防汛民工293734人，工人学生11212人，各种车辆14723辆，船1000余只，投入紧张持久的防汛抢险战斗中。当时的堤防工程遭受战争破坏虽经修复，但单薄残缺严重，料物也十分缺乏，因此谷家、张辛、麻湾、王庄、前左等多处险工抢险告急，

沿黄百姓投身抗洪一线

埽坝掉蛰入水，共出险1465处，出现漏洞582处，渗水等险情2414处，千里河防进入全面持久而艰苦的抢险局面。9月10日夜，济阳沟阳家险工发生漏洞，有决堤危险。工程队工人戴令德发现后不顾个人安危，跳入水中以身体堵住洞口，并呼喊群众赶来抢堵，转危为安。经35万防汛人员严密防守，奋勇抢护，及时抢修加高了堤坝，抢修土方67万立方米，用砖石7.2万

立方米，秸柳料2568万千克，麻袋17.1万条，木桩8.3万根，终于战胜了解放后的首次大水，取得了抗洪斗争的胜利。

山东省河务局为庆祝解放后战胜黄河首次大水，从10月开始抓紧进行三方面筹备。一是全面总结抗洪斗争经验；二是由下而上评选治黄功臣，进行表彰奖励；三是排练大型文娱节目。经过两个多月的充分准备，于1948年12月21日，在驻地惠济县（今惠民）姜家楼举行庆安澜大会，到会功臣、各机关、各界代表及来宾2100多人，当地群众3000多人，首次使用麦克风与扩音器讲话。晚上举行盛大文娱晚会，到会群众万人以上，除渤海区京剧团演出了精彩京剧外，山东局机关演出了大型歌剧《白毛女》。在剧中张学信扮演杨白劳，薛剑秋、李双铃扮演喜儿，李宜平饰黄世仁，芦景尧饰穆仁智，满金凤、郭希颜等扮演了剧中其他角色。由于灯光布景、各种音响效果的配合，演出十分成功，在群众中引起轰动。如此盛大的文娱晚会，盛况空前，传为佳话。

1948年12月，山东河务局在姜家楼召开庆祝黄河安澜大会

（原载《黄河史志资料》2000年第1期，原题《山东人民治黄初期抗洪斗争》）

我亲历的两次黄河大抢险

口述：王　硕　整理：黄迎启

　　1947年3月15日，国民党政府单方面撕毁了国共两党达成的开封、菏泽、南京、上海、邯郸等历次协议，提前堵复了花园口口门，使黄河回归故道。因此，临黄各区除了土改、支援前线等战勤任务外，又增加了一项繁重的治黄任务。每年冬春都需要动员大批民工修筑堤坝，并把大量筑堤、坝抢险用料（秫秸等）及时运送到指定地点，汛期，还要动员大批民工上堤防守。我当时在郓城县10区（原寿张县6区）担任区长，1947~1949年间，曾亲自参加过两次黄河大抢险。

　　1947年8月，黄河水位猛涨，杨集险工1~4号坝相继出险，当时黄河大堤多年失修，用秫秸新修的坝头很不坚固，有的已被冲垮。同时，国民党新5军又正向郓城县进犯。在此黄、敌并攻的紧急情况下，接郓城县命令，要求我带领民工立即上堤抢险。在敌人未到达抢险地点以前，防汛民工由我亲自指挥，敌人到达后，我就利用乡绅（即敌我都不怕的人）和有经验的老农民出面领导，以群众自救的名义指挥调动民工，催要防汛抢险物料，终于战胜了洪水，转危为安。为此，汛期过后郓城修防段总结工作时，我受到了表彰，并奖给了毛巾、肥皂等物品。

　　第二次是1949年9月15日，黄河出现归故以来的最大一次洪峰。我接到郓城县参加抢险命令后，连夜召开了各小区领导干部紧急会议，对防汛工作重新作了具体部署，随后立即带领一些区干部上堤。经与修防段领导接头研究水情以后，即把区里干部和各小区干部分到各堤段。据修防段领导介绍，在我去管辖的堤段中四杰村至义和庄一段应作为防护重点，所以我就亲自去了那个堤段。当我到达那里时，有些地方水位已接近堤顶，且有继续上涨的趋势，再加上当时连日暴雨，风力又大，情况的确非常危险。所以，我就在那一段来回巡视，三天三夜没有下堤，特别是义和庄堤段曾有一天出现两次漏水。一次是夜间，在影塘街里堤段背河漏水，因发现及时，防汛人员奋力抢救，大约不到一个小时，就把洞口堵住了。另一次是中午，在义和村西向北拐弯处出现漏洞，从背河洞口淌出的黄水已达200多米远。郓城县委书记扈国华、县长刘子仁、副县长高析、修防段长雷朝卿等闻讯赶到现场指挥抢堵。我和修防段干部孟昭月始终站在最危险的第一线，与当地群众和防汛队伍一起拼命抢堵。当时采取的主要方法是人挨人、臂挽臂淌水探查临河洞口位置，但却很长时间找不到漏洞口。在这万分危机的情况下，我记不清是哪位有经验的同志提议，在大堤顶端挑沟找洞，于是大家赶紧动手，结果在挖到一人多深处找到了漏洞。于是先掘开大堤护岸，将麦秸、高粱叶塞进洞内，用两块门板堵住洞口，再顺着漏洞把大堤挖开，填土夯实。经过大约两个多小时的紧张战斗，方把洞口堵住。根据当时的情况，如果再延迟几分钟找不到洞口，危局就很难收拾。一旦黄河决口，堤内广大人民群众的生命财产就会受到严重损失。堵住漏洞的第二天，黄河水位即逐渐下降。

这两次防汛抢险之所以能够取得胜利的主要原因，我认为：一是郓城县委、修防段和区公所的领导极为重视，对防汛抗洪工作抓得紧，责任明确，措施得力。县委、县府、修防段长等主要领导亲自上堤，现场指挥，不但及时解决了防汛抢险中出现的问题，而且也大大地鼓舞了参加

黄河记忆

抢险人员的士气，从组织领导上起到了保证作用。二是在物资准备、防汛队伍组织和宣传动员等方面的工作，事先都做得非常充分，并且逐项狠抓了落实，为战胜大洪水打下了坚实基础。三是参加防汛的广大人民群众政治思想觉悟高，责任心强。他们上堤以后，在风雨交加、吃不好、睡不好的环境下，黑天、白日战斗在大堤上，特别是在堵塞漏洞的过程中，许多人争先下水，表现得很突出，真正表现出"一不怕苦、二不怕死"的大无畏革命精神。

郓城杨集上延8号坝抢险

（摘自2016年6月12日《山东黄河网》）

此文根据1983年11月19日时任中共中央组织部干审局局长王硕同志的录音整理。有些时间和抢险经过与事实不符的，依据《菏泽地区黄河志》稍作改动。

高村抢险：生命谱写的凯歌

郭国材

1948年，刘邓大军横渡黄河跃进大别山，高村险工因道窄水深便于船只通行靠岸，成为中原野战军与后方联系的重要渡口。高村险工堤段长3千米，原有16道坝，均系砖柳结构，再加多年失修，不堪洪峰一击。6月17~22日，高村一带解放，也恰值黄河归故以来第二个大汛期到来。出险时，河势在青庄与柿园之间坐一死弯，大溜挑向高村七坝，紧冲七坝以下险工堤段，而且对岸河湾正在刷尖下滑。大溜一靠，工程猛蛰。而国民党修防人员已携资逃走，并将各坝垛的铅丝、麻绳全部割去。为迅速制止险情的发展，冀鲁豫黄河水利委员会第一修防处和东明修防段20多名员工，于6月19日上午由河北岸渡到南岸投入抢修，拉开了高村抢险的大幕。

高村抢险经历了三个阶段。6月19日至7月6日，抢护七至十四坝，在东明县委和民主政府的领导下，成立了抢险指挥部，县长梁子序任指挥长，修防段长郭浩然任副指挥长。缺料少工是当时主要矛盾，但经过10余天的抢护，险情有所缓和，暂告一段落。7月6日下午大溜顶冲十四坝，险情日趋恶化，抢险进入第二阶段。十四坝厢修的护埽全部猛蛰冲垮，洪流急刷坝基。这一突发险情致使工地料物不足，除由黄河北岸运料支援外，东明的老百姓拆掉了城墙上的砖和街道上的牌坊，慷慨地拿出家中的砖块、衣物、秸料，甚至地里的青苗，沿

黄河记忆

河众多地区和单位也大力支援黄河抢险。冀鲁豫五专署派郭心斋副专员，修防处主任韩培诚、副主任张建斗等领导同志亲驻工地具体指挥。由于十四坝和十五坝冲刷了坝基，加之坝裆又宽，出现了横河，大溜冲刷堤根，在十四坝与十五坝间和十五坝与十六坝间增修了4个坝垛，这样高村的老十六坝即成了二十坝。7月31日，淫雨霏霏，河势再度急剧恶化，进入临堤抢险的阶段。这时，

1948年高村抢险时修筑的秸料埽坝

冀鲁豫黄河水利委员会主任王化云赶到工地亲自指挥，危急时分，他把自己的自行车和雨衣都送给了抢险的民工。当时虽说大堤已刷去2/3，但由于动员到位，人力充足，物料充分，指挥有方，临堤三十多段坝埽得以及时抢修完毕，加上水涨引河过水，河势下滑外移，终使险情转危为安，避免了一场灾难。

高村抢险惊心动魄，除恶劣的自然条件外，还有太多的人为干扰，我们戏称"四敌闹工"。一敌：国民党陆军突然袭击，抢粮抢物抢料，阻挠和破坏抢险。有一次，驻菏泽的国民党68师刘汝明部出动一个团的兵力，从白店村奔袭高村工，手无寸铁的抢险员工被迫撤退到黄河北岸，时任冀鲁豫黄河水利委员会秘书长的袁隆和第一修防处主任韩培诚及警卫员李文伯、李广成4人，掩护大家撤离被逼到坝上，最后跳河泅渡才脱险。二敌：

飞机轰炸。《冀鲁豫日报》曾报道"高村险工在万分危急中，蒋机竟一日12次骚扰"。其实还不止这些，五六架飞机每天不分昼夜轮番轰炸十来次。一天，二十一坝发生险情危在旦夕，空中敌机又来轰炸，郭心斋副专员站在坝顶沉着镇定，继续指挥。他的精神感动了许许多多的人，没有一人下火线，终于使工程转危为安。三敌：特务暗中破坏。他们要么趁夜潜上大堤，把我们抢护好的坝埽破坏掉；要么混杂在民工中间进行威胁恐吓。四敌：天气恶劣。大雨冲坝，险情不断恶化。期间，中国解放区救济总会主任董必武为黄河抢险问题向世界公益会中国服务会会长郝思金斯及美国红十字会驻华代表朱诺德发出了紧急呼吁，揭露国民党破坏高村险工的阴谋，我们的治黄员工也发扬艰苦奋斗、连续作战、舍生忘死的精神，在70余个日日夜夜里坚守岗位，出色地完成了任务。

（原载 2006 年 6 月 8 日《黄河报》第 1 版）

黄河记忆

回顾1949年一号坝抢大险

张荣安　宋吉明

1949年，黄河为丰水年，黄河连续出现7次洪峰，以第5次洪峰最大。9月22日，泺口站水位32.33米，洪峰流量7410立方米每秒（后来实测8360立方米每秒）。9月24日到达垦利县境时，利津刘家夹河水位13.47米，超过1937年正觉寺决口水位0.21米。10月13日回落，高水位持续35天。入汛期大溜曾一度靠近1号坝头（现义和险工15号坝）；进入秋汛主溜南移，一号坝顶冲大溜，成为整个险工的屏障。该坝是1949年3月动工新修的坝基，坝全长1600米，顶宽坝头最大15米，高1.6~1.8米。全坝分为1号裹头、2、3、4、5、6号鱼鳞秸埽，7号是月牙秸埽，共长193米，坝轴与主溜夹角60~70度（应不大于40度）成了拦河坝头。

8月30日，1号裹头出险，调驻一号坝的7个工程班及500民工先后立即投入抢险，连续15个昼夜，终因水流过急，河底松软，1号坝头及2、3、4号鱼鳞秸埽被水冲走，随即退守5号鱼鳞秸埽，并于7号月牙秸埽上首修做8号倒环鱼鳞秸埽。9月15日晚，5号鱼鳞秸埽又被冲走，随即退守6号鱼鳞秸埽。16日晚，6号鱼鳞秸埽又被冲走，即退守7号月牙秸埽，7号月牙秸埽"脱胎"，8号鱼鳞秸埽掉蛰。18~19日，将7号残留之月牙秸埽连同8号倒环鱼鳞秸埽合并抢修为磨盘秸埽，继在磨盘秸埽下跨角做裹头一段，连磨盘秸埽共53米，重新编为一号秸埽。磨盘秸埽上首新开2号、3号两段鱼鳞秸埽，共长55米。20日开始稳定。22日又开工4号月牙秸埽和5号鱼鳞秸埽。23日在背河开一段倒环鱼鳞秸埽。26日水渐退，主溜上提，27日，2、3号鱼鳞秸埽掉蛰，连续抢护7昼夜，2、3号鱼鳞及磨盘秸埽又被水冲走。10月5日退守4号月牙秸埽及5号鱼鳞秸埽。6日（中秋节）4号、5号埽又被水冲走。至此共28昼夜，冲走12段秸埽，冲走坝基长500多米。7日重新开埽，与洪水顽强搏斗，大家喊出口号"宁愿脱身皮，坚决保住一号坝，保证黄河不决口！"经过40余天的苦战，"且战且退"，退修抢护，直到10月13日，终于战胜了洪水、转危为安，保住了一号坝。

一号坝抢险开始，先后由渤海区党委行署及惠民专署党政机关抽调干部500多名，由省河务局等单位抽调干部、工程技术、卫生队、电话员110余人；动用警九、警十两个团，沾化、垦利县大队等八个连队之多，民工从邻近的民丰区、河滨区调来千人，又从永安区调来600人，新台区900人，丰国区500人，还从广饶县调来200人，博兴县调来600人，沾化县调来1000人及常备民工4800名。各种车辆近千辆，木船30只，秸料461.31万千克，柳枝100万千克，石料2223立方米，大砖1260立方米，大绳7484根，木桩14234根，麻袋3.5万条。此次抢险，有济南、青岛、烟台、淄博、广饶、沾化等十多个市县支援石料、麻袋、大绳、木桩等料物；还有从利津等地运来6000多立方米红胶泥，从河北、河南省运来了大批物资。抢险期间，渤海区党委研究室主任王连芳，渤海区行署秘书长于勋忱、行署专员王沛云，垦利县长郑林青、副县长李树春，驻垦利治河办事处主任蔡恩溥（原副县长）等，亲临第一线指挥抢险。郑林青县长从出险起，一个多月没有回过县府；王连芳主任三天三夜连续指挥抢护而精神难以支持，让医生注射兴奋剂以坚持工作；省河务局张学信技正、冯队长，利津工程股长苏俊岭等技

黄河记忆

人员日夜坚守岗位,掌握抢护。

在抢险过程中,蔡恩溥与大家并肩战斗,不断地为抢险人员鼓舞斗志;工程股长(原民丰区长)谭致和眼睛熬红了,嗓子喊哑了;民丰区副区长杨法道挽着裤腿在泥水中与抢险民工白天运土运料,晚上提灯巡坝查险,省局直属队二班副班长侯金山,在抢险中智勇双全,他采用"拐头骑马"家伙桩缓和了险情;工程一班长共产党员朱福昌七天七夜换不下班来,昼夜不停连续抢护,没有睡一个囫囵觉,没吃上一顿完整饭,有时吃饭都端不住碗。他不顾安危,腰里拴上绳子,下到4米多深的水下探摸埽根,被洪水大浪冲走,幸被岸上的人救出。在那抢险的日子里,几乎天天阴雨连绵,给抢险造成了巨大困难,厅局级干部一人一块漆布,工人一人一条麻袋,白天遮雨,晚上御寒,就这样坚持到胜利。

当时,党政军民齐动员,全力以赴抢险。沿黄村庄的干部群众都动员起来,大爷、大娘、青年妇女、小学生,老人孩子齐上阵。新华村缠足的吴大娘从十里路处扛运秸料;河滨区胜和村68岁的军属宋凤刚自己的庄稼不收,来参加抢险;中西羊栏子村于文凤、李桂兰、李向山等把自己的篱笆墙扒了送到大堤上来;还有19个小姐妹、17个儿童为抢险送砖,11岁的小芳同学每趟扛一个8.5千克重的大砖,一天半的时间他们就运送大砖1500个。料物不足,高粱快要成熟,为了抢险忍痛砍了下来,解放军来回三千米路跑步运送鲜高粱秸。众人齐心协力,终于抢护住了一号坝。

在总结经验时,大家都体会到,抢险成功,一是领导亲临工地指导抢险,及时解决了抢险中的一些难题;二是有英勇善战的技术队伍和广大的群众、解放军的支援;三是有充足的料物,要料有料,真是一方有难、八方支援;四是有顶打管用的照明设备,方便的电话通信。

这次防汛斗争胜利,迎来了新中国的诞生,谱写了人民治黄的新篇章。

建国初利津县黄河两次凌汛决口始末

崔 光

1951年 王庄凌汛决口

王庄位于利津县城以北12.5千米处,紧挨黄河大堤。村东北王庄险工坐弯顶冲,黄河在这里拐了一个90度的大弯后突然调头东北,每逢大汛,洪水直冲险工而来,因此历史上曾多次出险,有"黄河下游第一险"之称。

1951年1月7日,利津水文站流量460立方米每秒,河口段插冰封河。至14日已上延到郑州花园口,封冻总长度550千米,冰量5300万立方米,河槽蓄水量达10.57亿立方米。黄河口最大冰厚达40厘米。

1月20日,黄河口地区气温骤降后又升,接着又降。下旬上游气温回升,河南郑州段率先开河。1月27日,花园口凌峰流量770立方米每秒,冰水齐下。凌峰流量沿程逐渐增大,"武开河"态势已成定局。29日,济南泺口开河,流量增大到830立方米每秒。开至利津,流量迅速增大为1160立方米每秒,利津刘家夹河水位上涨1.45米,千里河段满河淌凌。

1月30日21时,冰凌开至垦利前左一号坝。时气温突降,冰层仍很坚厚。上游冰凌受阻,冰块上爬下塞,迅速形成冰坝,致使前左水位站水位急速上涨2.4米。

黄河记忆

31日6时，冰坝壅塞至上游的章丘屋子河段。18时冰凌发展到东张一带，冰坝增长到15千米，积冰1000余万立方米，局部断面的坚冰一插到底，水位急速抬高，凌汛形势险恶异常。

黄河口两岸近万人的群众防汛队伍日夜坚持在大堤上，打冰沟撒土撒灰，抢修两岸子埝，加强巡堤查险。山东河务局爆破队在王庄以下的前左实施紧急爆破。

2月2日18时，前左水位又上涨2米多。左岸利津站水位高达13.76米，比1949年伏秋大汛时的最高洪水位还高出0.8米。23时，狂风怒吼，星月无光。巡堤民工发现王家庄险工以下380米处背河土塘出现三个漏洞，最大的离大堤仅十多米，且发展迅猛。民工当即鸣锣报警。须臾，抢险队长、王庄段段长刘奎三带领30多名抢险队员和300余名民工赶赴现场抢护。出险的地方是赵家菜园，55年前这里两度决口，大堤下面全是堵口时的秸埽。

备用土牛几乎冻透，平地取土要凿开近一尺厚的冻土层。反滤围井和背河月堤都是背河抢堵漏洞的有效方式，可在天寒地冻缺土少料的情况下，有些无能为力。

漏洞出水愈发迅猛，临河全被冰凌覆盖，洞口难寻。这时，年轻的抢险队员张汝宾、于宗五跳上冰层，用大镐破冰查找洞口。但冰块坚硬，极不得手。此时背河洞口逐渐扩大，大股水流往外喷涌。在场的抢险队员全都拉了上去，轮流凿打冰层。当一个大漩涡显现在人们面前时，张汝宾及张窝村村长刘朝阳、民工赵永恩正准备用麻袋、棉被塞堵时，忽听到身后"嗯"的一声响，背河堤坡塌陷下去一大块，还未等人们反应过来，转瞬之间大堤塌陷10多米长，正在抢险的工程队员张汝宾、于宗五、刘焕民、王廷楷，张窝村村长刘朝阳及10多名民工身陷口门冰窟。冰水随之涌出，冰借水势，水助冰威，2月3日1时45分，堤防溃决。身陷口门冰窟的张汝宾、刘朝阳、赵永恩3人壮烈牺牲。

王庄堤防决口口门由10余米迅速扩展为216米。溃水出利津扑沾化入黄河北岸的徒骇河入海，洪水泛滥区宽14千米、长40千米，造成利津、沾化两县45万亩耕地、122个村庄受淹，倒塌房屋8641间，受灾人口8.5万人，死亡6人。

决口当日，山东河务局局长江衍坤一行疾速赶往现场组织抢救。2月4日，黄河水利委员会主任王化云带领多名专家、工程师星夜兼程赴利津查勘冰情工情，并确定在利津成立抢救委员会。即日，设立收容所6处，粥厂一处，山东省生产救灾委员会、华东军政委员会拨粮食250万千克，调船只358艘，干部218人分赴灾区施赈。短短的几天内，非灾区群众捐干粮、食物、粮食2万余千克。

2月15日，山东省人民政府出台王庄口门堵复工程决定。并由山东省、黄委组成堵口委员会，王化云任主任，江衍坤、陈梅川（惠民专员公署专员）任副主任并任堵口指挥部正、副指挥。山东省政府拨款480万元，调集技工、民工7000余人。

3月21日，王庄凌汛溃口堵复工程正式开工。根据工程计划，先行在口门前400米处打桩编柳，修筑透水坝，以还淤减轻口门压力。这项工程在水中进行，十分艰巨。利津修防段工程大队长于祚棠带领248名工程队员、民工、船工轮番上阵，在冰冷的泥水中奋战四天四夜，打桩1034根，柳编透水坝提前竣工。拿下关键一环，工地群情振奋，省府副主席郭子化、黄委主任王化云致电嘉勉。接着，于祚棠又接受了西坝进占的任务。整整6天，于祚棠肩负掌坝之职，寸步不离捆厢船。

4月1日，东西两坝开始进占，人流如梭，昼夜不停。至6日下午，两坝关门占稳落两侧，此时共进占11个，龙门口仅余12米。指挥部命令稍事休整，集结一切人力、物力以备合龙。

4月7日凌晨，7000名员工集结工地，山东省政府副主席郭子化乘舟督战。5时20分合龙大工开始。一声"进占"号令，东西两坝四路运料大军如箭离弦，各司其职，土、

黄河记忆

石、桩、绳、秸料通过每个员工的双手迅速组合，十几名筑埽高手或手持月斧，或手举大板，顺料、截料、铺料、下桩拴绳、拍打埽眉。口门堵复，时间决定成败。两个小时过去，合龙占稳稳筑成悬于龙门口水面之上。7时20分，利津修防段工程股股长苏俊岭紧身裹衣，手持铜锣，确认东西两坝准备停当，手举锣响，两坝松绳，占体徐徐下落入水到家。紧接着东西两坝民工把早已备好的麻袋、块石迅速抛至占前，8时30分抛出水面，旋即进土筑戗。9时，整个戗面出水，口门闭气，堵工告成。在此后一个多月的时间里，一鼓作气完成复堤土方四万余立方米及险工埽坝加固、抛根等项目。至5月20日，堵复工程全部告竣。

1955年 五庄凌汛决口

五庄在王庄上游，同在黄河左岸，相距25千米。1955年1月15日，河口至河南荥阳河段冰封已达600多千米，河道冰量比1951年凌汛翻了一番。

1月21日，黄河下游上段气温由负转正。至26日，6天内平均气温4.8摄氏度，济南以上已具备了开河条件。然而河口地区气温却在零度以下徘徊。同时上下游冰厚、冰质悬殊，艾山以上冰厚在20厘米以下，黄河口一带冰厚却在30~50厘米，个别地方厚达1米；河谷蓄水量大，上游气温回升过早过快。至1月22日，"武开河"形势显现。26日河南柳园口、夹河滩、石头庄、高村相继开河，27日凌头开至孙口，洪峰流量随之剧增。凌头到高村增至2180立方米每秒，28日凌头开至泺口时已增大到3000立方米每秒。河谷蓄水大量释放，凌头迅速膨胀，冰阻水，水拥冰，排山倒海般地推动着冰凌下行。自28日10时至29日凌晨3时，凌头自济南泺口以平均每小时12.5千米的速度开至利津王庄。

1月29日凌晨3时，一块场园大的冰块在王庄险工四号坝卡住，大量冰块随之上排下插，须臾间，河道被冰凌堵塞，堆成了冰山，大量冰块壅上堤顶和险工坝顶。

自王庄以上，水位急剧上升，利津水文站刘家夹河水位上涨了 4.28 米，最大涨率 1 小时上涨 0.9 米，水位最高涨到 15.31 米，30 千米河道超过保证水位 1.5 米。河道两岸大堤的出水高度步步降低，平均不到 0.5 米。小李、刘家夹河险工坝基全部漫水。

1 月 29 日 18 时，疾速壅高的水位给两岸堤防产生

严重的黄河冰凌

了巨大的压力，大堤防护能力已经处于极限，所有堤身隐患几乎是在同一时间里显现，山东省委书记舒同下令在右岸小街子减凌分水堰实施破堤分洪，却因爆破晚、分水少，水势不退。

左岸，刘家夹河。18 时 30 分，刘家夹河险工下首背河堤脚发现三处漏洞，经抢堵流水暂时止住。半个小时后又出现一大一小两个漏洞，形势急转而下，万分危急。这时由地委副书记江波、副专员李群、县委书记王风仁率随凌追击的地区抢险队、省防指随凌追击爆破队刚刚撤回路过，见此情况立即停车，全体员工迅速加入到抢险队伍中。附近村里的人们自发地组成了送料队伍，秫秸、麻袋、苇箔还有水文站职工们的被褥都抱来塞进洞口，但险情仍未缓解。

1955 年凌汛迫击炮炸冰

力挽狂澜

刘家夹河抢险人、料两缺的情况传到了指挥部，县委副书记宋传伦、修防段副段长刘洪彬当即决定，通知

10千米以外的明集区速调500民工跑步增援,从县粮局调麻袋速运刘家夹河。

21时许,漏洞已发展到难以收拾的地步。两个洞口汇成一个,水声"呼呼"作响。大堤顶开始蛰陷,陷落长达9米,深至5米,一名民工跌进洞内,随水流冲出,被人们赶紧救起。趁大堤蛰陷水流较缓的时机,用麻袋装土在临河修做围埝,同时在背河修做麻袋后戗,22时左右,已经形成溃口的险情大大缓解,一时群情振奋,越干越猛,迅速在麻袋前浇筑前戗。与此同时,增援民工赶到,从县粮局、油棉厂调来的大量麻袋、棉包也已运到,人们迅速将棉包填入缺口,立见成效。经一夜抢修,始得闭气断流,化险为夷。

与刘家夹河险情发生在同一时间的,还有北部的王庄、大李、南部的庄科、张家滩、五庄,对岸的佛头寺等处。

左岸,张家滩。离刘家夹河十华里的张家滩堤脚漏洞与刘家夹河漏洞发生在同一时间里。历城区区长李积功、利津修防段工程队长于祚棠、张家滩分段段长马同昌指挥、组织着县城200多名机关干部、工人以及附近群众进行抢堵。这里离县城不远,附近村庄密集,村里的群众听说出了险情,陆陆续续自动加入到了抢险队伍中,还有些群众源源不断地把被褥、麻袋、秸料、炕席送了来。历城粮局的麻袋已运光,恰好有两车没卸车的棉籽和部分棉包,这些物料为张家滩堵漏起了决定性作用,险情很快被控制。来自历城四街四关的搬运工人一人顶两三个人用,100千克重的棉包都是一个人扛,而且眼疾手快。由于他们的加入,很快控制住了险情。

右岸,佛头寺。就在刘家夹河、张家滩、五庄、大李夹河、庄科抢险的同时,佛头寺险工10号坝出现漏洞,地区指挥部当即决定,在此用炸药炸开大堤,进行分凌。结果,炸开堤顶冻土,反而将漏洞堵死。如此反复了几次,始终不能奏效。

左岸,五庄。29日19时,五庄洋桥西头,大堤背河柳荫地里方圆30多米的地方出现湮水、管涌，20时左右演进成漏洞，水柱喷涌而出，水头高逾人顶。在场的群众一时找不到临河洞口，先在背河压渗压堵，待临河找到洞口时，漏洞已成狂流。洞口迅速扩大，草捆、麻袋装土堵塞已是无济于事。此时，抢险的干部、工人、群众增加到600多人，拆除了附近房屋，把土坯装在两只小船上，然后将小船沉入水中，但瞬间都被吸入洞口冲走。接着又用两只大船装土袋、秸料填塞，也先后被大水冲出。约在23时30分，堤身完全溃决。

正在宫家险工执行爆破任务的利津修防段工程队副队长孟庆云率领机动爆破队赶到时，口门正在迅速扩大，离民房不足百米。孟庆云他们为了阻止口门扩大，尽一切可能减轻群众损失，决定捆枕裹护坝头。他们把桩绳拴在树上，连续做了三个秫秸枕，接连抛下，对坍塌起到了扼制作用。

1月30日凌晨2时，口门北面前宫村附近也开了个口子，有100多米宽。而这时的大口门已扩大到200多米了。孟庆云意识到，利津修防段17名抢险队员和上堤避险的三千多群众，已被困到了一个不足1.5千米的孤岛上。天刚放明，孟庆云与利津县六区区委书记刘义发迅速组织党员骨干，制定措施，进行自救；抢险队员继续进行查险抢险，严防在这1.5千米的堤防上再出现险情。

1月30日1时，五庄决口后一个半小时，指挥部做出五项决定：一、派人星夜告诉群众，立即堵街头、扎木筏，应付不测。二、继续加强堤线防守，以防险情扩大。三、部署城北刘家夹河虹吸干渠防守，防止河水向东泛滥，把受灾面压缩到最低限度（此时惠民地区已部署了防守徒骇河两岸）。四、防守加固历城护城堤，确保县城安全。五、部署调集船只，准备抢救被困群众。

五庄决口中的大口门与小口门在几千米外的一道废弃残堤处汇合，将五庄、四图、张潘马三村圈于其中，三个小村成了汪洋中的孤岛，受害尤重。泛水沿1921年

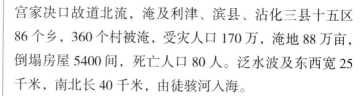

黄河记忆

宫家决口故道北流，淹及利津、滨县、沾化三县十五区86个乡，360个村被淹，受灾人口170万，淹地88万亩，倒塌房屋5400间，死亡人口80人。泛水波及东西宽25千米，南北长40千米，由徒骇河入海。

为使灾区早日恢复生产，山东省政府决定立即堵口。由山东河务局与惠民专署共同组成"山东黄河五庄堵口指挥部"，指挥王国华，政委李峰；副指挥田浮萍等。3月初，来自利津、滨县、惠民、蒲台、博兴、高青、齐河等县民工6600余人汇聚五庄。

2月9日，小口门采取挂柳缓溜落淤的方法减刹水势，借水小之势很快堵合。大口门先在滩唇修做柳石堆四段，防止继续刷宽，又在沟前大量沉柳缓溜，加速淤淀。3月6日开始截流，六千余名员工从东西两岸正坝同时进占，至3月10日，龙门口宽度仅余12米。11日7时30分合龙开始，先在正坝采取捆抛苇枕，两面夹击。连续抛至10时15分时，枕已裸露水面，正坝合龙告成。紧接完成了边坝下占合龙，12日闭气并浇筑前后戗，13日堵口告竣，提前两天完成。指挥部在工地举行隆重庆祝大会，表彰堵口有功人员。他们当中有：班长于文甲、刘道修、副班长马成福、李庭芝、于洪亮等。

1955年五庄凌汛决口门堵复中的合龙场面（图片来源于黄河博物馆）

五庄堵口工程，由决口到合龙，历时仅40个昼夜。从堵口到合龙进占共用7天。1921年7月，黄河在这里溃决，至1923年10月方告堵口竣工。国民政府无力承担，将工程承包于美商建业公司承办，谁知竟留坝基隐患，32年后终酿惨祸，殃及民生。新旧对比，彰显出中国共产党领导下的人民治黄的无比优越性。

（改编自2009年7月山东黄河文化丛书《沧海桑田黄河口》）

战洪图
——1958年黄河抗洪抢险

张学信

在47年前的1958年7月，黄河发生历史上罕见的大洪水，豫鲁两省党政军民团结抗洪，战胜了郑州花园口站22300立方米每秒的大洪水，谱写了一曲胜利的凯歌，堪称为治黄史上的奇迹。至今记忆犹新，回想起来仍然惊心动魄，感动不已。

罕见洪水的成因

黄河洪水的大小，是由黄河流域降雨多少而形成的。1958年7月，黄河进入汛期后，在多种气象原因情况下，黄河流域连降大雨。从7月14日开始，山、陕区间和三门峡到花园口干支流区间又连降大暴雨。暴雨总的笼罩面积8.6万平方千米，7月16日20时至17日8时，是形成这次洪水的最关键的一场大雨。

这场雨强度最大，蟒河济源雨量站、洛河宜阳流量站，12小时降雨分别为227.8毫米及174.4毫米，暴雨中心雨量达249毫米。因暴雨集中，发生了罕见洪水。洪峰的特点是，水量大、水位高、来势猛、含沙量小、持续时间长。根据实测记载，17日24时，花园口站出现了21000立方米每秒（后修正为22300立方米每秒），是黄河有水文观测以来，实测的最大洪水。对黄河下游

的整个堤防是一次严峻的考验。

不眠之夜的高参

17日夜是个不眠之夜，以王化云主任为首的高参，副主任江衍坤、赵明甫，秘书长陈东明，工务处长田浮萍，水文处副处长张林枫及黄河防总办公室的工作人员都坚守在工作岗位上，密切注视着雨情变化和洪水向下游推进的情况，紧张地思考着，谋划着重大抉择的建议选择。

根据预报的洪水级别，是在准许利用北金堤滞洪区分洪的范围内。但北金堤滞洪区内有100多万人，200多万亩耕地，分洪时不仅群众需要大迁移，仅财产损失即达4亿元。但如不分洪，千里堤防一旦失事，将给国家政治、经济造成不可估量的损失。河官将成为千古罪人。这是一项十分沉重的重大抉择。

17日清晨5时左右，王化云主任等听取了雨情、水情汇报后，随即召开副主任江衍坤、赵明甫，秘书长陈东明，工务处长田浮萍，水文处副处长张林枫等高参们参加的紧急会议，讨论议题集中在是否分洪的问题上。化云同志根据大家的讨论，以高度对党和人民负责的精神，做了两方面的考虑和两手准备。一是要求全党全民动员，加紧准备，加强防守，运用河道排泄洪水，还是有可能的。二是做好石头庄溢洪堰破除分洪的准备，以防万一。如果雨情、水情继续向严重方面发展，势必采取分洪措施，假若雨情、水情不再发展，趋向缓和，可全力防守，充分利用河道排泄洪水。会议决定派出赵明甫、汪雨亭、陈东明等领导同志分别到山东菏泽、东平湖和河南兰考东坝头、长垣县石头庄溢洪堰协助两省指挥防守。

17日24时，花园口站水位达到94.2米，当时推算流量21000立方米每秒，洪水是否继续上涨，亟待水文站的报告。18日晨花园口水位开始回落。由此判定17日24时出现的最高水位已是洪峰，伊、洛、沁河和三门峡以上干流区间的雨势也已减弱,和洪水预报基本吻合。王化云依据科学的分析,当机立断提出了不分洪,加强防守,充分运用河道排泄洪水的意见,与机关的有关同志会商后,即首先报告了黄河防汛总指挥、河南省委第一书记吴芝圃,吴当即表示同意。接着又打电话给山东省省长赵健民,征求山东意见。山东回复同意后,王化云亲自拟电向国务院、中央防汛总指挥部、水利电力部和河南、山东省委报告:"本次洪峰17日24时到达花园口,水位94.2米,低于1933年洪水位约0.5米,推算流量21000立方米每秒。现花园口以上水位已普遍下降,伊、洛、沁河至秦厂区间今日只有小雨、中雨,有的地方无雨,本次后续洪水已不大……目前洪水正向下游推进,进入渤海尚需一周时间。本次洪水为1933年后最大的一次洪水,情况是严重的,但特点是峰高而瘦,再加黄河原来底水低,汶河水不大,整个下游可能出现中间高、两头低的形势。据此,我们认为河南、山东党政军民坚决防守,昼夜巡查,注意弱点,防止破坏,勇敢谨慎,苦战一周,不使用分洪区滞洪,就能完全战胜洪水。希望两省黄河防汛指挥部根据上述情况和精神,结合各地具体情况部署防守,加强指挥,不达完全胜利不收兵。上述意见如有不妥之处,请中央和省委指示。"中央防汛总指挥部接到报告后,当即发出指示电,要黄河防汛总指挥部及各级防汛指挥部必须密切注意雨情、水情的发展,以高度的警惕性、最大的决心坚决保卫人民的生产成果,坚决制止洪涝为患。同时,派水电部李葆华副部长、黄委江衍坤副主任等乘专机到山东黄河视察水情,指挥防守,并报告国务院。

总理飞临黄河

当时,周恩来总理正在上海开会,接到报告后,立即停止会议,18日乘专机飞临黄河,首先从空中视察了洪水情况,下午4时飞抵郑州,吴芝圃到机场迎接总理。

黄河记忆

周总理到省委后，王化云立即汇报了水情和防守部署情况。最后提出：这次洪水总的情况是很严重的，对堤防工程是一次严峻的考验。但是洪量比1933年洪水小，后续水量不大，堤防工程经过10多年培修加固，抗洪能力有很大提高，特别是干部群众战斗情绪很高，建议不使用北金堤滞洪区，依靠堤防工程和人力防守战胜洪水。总理问："征求两省意见没有？"王化云答："两省都表示同意。"总理又详细询问了雨情和洪峰到达下游的沿程水位，于是批准了不分洪方案，指示两省加强防守，党政军民全力以赴，战胜洪水。

周总理对黄河防洪做出安排后，不顾连续工作的劳累，又登上列车，前往郑州黄河铁路大桥视察，对抢修铁路大桥做了重要指示。第二天，总理又乘专机视察水情，沿黄河飞行到山东，在山东省委第一书记舒同、书记处书记谭启龙、裴孟飞和济南铁路局党委书记李振陪同下视察了泺口铁路大桥的抢修情况，视察时周总理就如何使泺口铁路桥经受住黄河更大洪峰的问题做了重要指示。

抢修泺口铁路桥北导流堤

全民抗洪的典范

黄河发生大洪水后，沿黄党政军民紧急动员起来，全力以赴，把战胜洪水确保安全作为压倒一切的中心任务。河南省人民委员会召开紧急会议做了部署，号召全党全民全力以赴，动员一切人力、物力，坚决做好防汛工作，保证战胜特大洪水。河南省委第一书记、黄河防汛总指挥吴芝圃到花园口视察水情，检查防守情况，省委书记处书记史向生搬到河南黄河防汛指挥部办公，副省长、厅局长率领干部分赴兰考东坝头、武陟县庙宫、长垣县石头庄等重要险工、险段坐镇指挥。沿河各地、市县委书记亲临前线，领导干部分段包干负责，大批干部深入各乡、社防守责任段和群众一起巡堤查水、抗洪抢险，并迅速组织滩区群众迁移救护。河南省军区副司令员苏鳌亲率1100名官兵，守护花园口大堤，洪峰出现时，各地已严阵以待，做好了一切防守准备。投入堤线防守和滩区群众救护的各级干部5000余人，人民解放军各兵种4000余人，群众防守队伍30余万人，加上后方支援的二线预备队，达百万余人，形成了一支强大的抗洪大军。

洪水到来险情严重，东坝头以上大堤部分靠水，东坝头以下洪水迫岸盈堤，一般水深3~5米。广大军民斗志昂扬，提出"人在堤在，水涨堤高"的战斗口号，发现险情英勇抢护。河南堤防共计出现渗漏、蛰陷、脱坡、裂缝等险情130多处，险工出险12处、71坝次，均经抢护，化险为夷。

19日，洪峰进入山东境内，沿黄地、县共动员组织干部、群众和中国人民解放军110万人上堤防守。白天一片人海，夜间一片灯光，济南堤线临时架设近百千米的电灯照明线。20日下午，山东省委第一书记舒同、书

1958年7月，防汛部队进入防守阵地

黄河记忆

记处书记白如冰和副省长刘民生、李澄之等到泺口视察水情，并到盖家沟险工与正在加高大堤的民工一起挖土、抬土、加固大堤。

山东河段堤距较窄，洪峰水位表现较高，堤根水深2~4米，个别堤段达5~6米。险工坝头有的洪水漫顶，形势相当严峻。一夜之间，抢修子埝600余千米，对防止湖堤、黄堤漫顶起了重要作用。7月22日下午1时，齐河县许坊大堤中部突然发生漏洞，临河洞口直径约0.4米，背河出口直径0.05米，幸被焦兰英、焦秋香两个少先队员发现，立即报警。县指挥部迅速组织千余人奋力抢堵，二三十名青壮年不惧危险，跳入水里抢堵洞口，50多名搬运工人主动参战，经大力抢堵完全断流。防汛员工共同提出"人在堤在，誓与大堤共存亡"的战斗口号，济南老徐庄、惠民县白龙湾险工等英勇抢堵漏洞的事例不胜枚举。山东共发现各类险情1290余次，百万军民团结抗洪，艰苦奋斗8昼夜，战胜了建国以来的大洪水，堪称全民抗洪的典范。

加修险工堤段子埝

一曲胜利的凯歌

在抗洪抢险斗争最紧张的日子里，党中央、国务院和全国各地给予了巨大关怀和援助。人民解放军出动陆、海、空、炮兵、通信、工兵等部队，并调动飞机、橡皮舟救生工具，投入防洪抢险和滩区群众救护。在短短几天里，全国各地运来麻袋、蒲包、草袋200多万条。辽宁、江苏、广州、上海、天津、青岛等市赶运大批抢险物资。在全国人民的支援和豫鲁广大党政军民团结奋战，赢得了抗御这次大洪水的伟大胜利。

1958年是全国人民极为振奋、鼓足干劲、力争上游、多快好省建设社会主义的年代，在党政军民齐努力、万众一心战洪水的斗争过程中，充分体现了堤防加人防的重要作用，充分显示了在中国共产党领导下，社会主义制度的优越性，谱写了一曲胜利的凯歌。

洪水过后，胜利凯旋

（原载2006年7月19日《山东黄河网》）

黄河记忆

长河似虹 岁月如歌
——博兴黄河战胜1958年大洪水的回忆

司继颜

黄河治理难度之大是中外闻名的。1958年特大来水是人民治黄以来最大的一次洪水，也是黄河史上有水文记载以来为数不多的一次大洪水，取得这场抗洪斗争的胜利，是一个奇迹，这在世界上影响是非常大的。当时的许多抢险经验和实例，以及一方有难、八方支援的感人故事，笔者凭着回忆记录下来，对于以后的黄河防汛抢险或有可用之处。

一、从中央到地方，上下一心迎战洪水

众所周知，1958年特大来水为历史上罕见的特大洪水，此次来水三花区间降大到暴雨，其中，垣曲降雨量达510毫米，伊河洛河发生最大洪峰，到7月17日花园口站出现洪峰流量22300立方米每秒，水位94.4米。这次洪水特点是"来势猛、洪峰高、含沙量小"，大河上下十分紧张，当时工程防洪能力很差，堤身单薄，险工根基太弱，各种险点比比皆是，战胜这次洪水，任务十分艰巨。在上海开会的周总理立即停止会议，赶到济南亲自指挥黄河抗洪抢险。当总理听取了王化云主任汇报后，认真分析了当时的汛情，大胆做出决定：为减少损失，决定不分洪，充分发挥现有工程设施和人防力量，沿黄

党政军民全力以赴，严防死守，决不能开口子，让洪水从原河道下泄入海。

山东省委立即召开紧急电话会议，要求沿黄党政军民全力以赴，把防汛作为压倒一切的任务，全力搞好黄河防汛。各级一把手立即上堤迎战特大洪水。当时我在博兴段工作，县里的负责同志都赶赴道旭段驻地，全体上下一齐动员，投入紧张战斗。县委书记李笑星到机关后，听取我们的汇报、打算和建议，立即组织动员，全力以赴，保证不决口。到7月20日，大河水位持续上涨，博兴段34.5千米堤防全部漫滩，大堤偎水均在3～5米，个别达6米左右，黄河防汛进入非常时期。

二、洪水就是命令，全力以赴加固堤防，为迎战洪水打好基础

抢修加固险工、坝岸。根据花园口发生的高水位、大流量，测算下游堤防高度不够。决定在博兴段34.5千米堤线上全部加修高1米、宽1米的小埝，各责任段必须在24小时之内完成，完不成者追究一把手的责任。次日早8点之前，加修的34.5千米堤防小埝均如期如数完成，为迎接此次特大洪水，做好了必要的"战前"准备工作。

根据洪峰预报，博兴全县6处险工有近三分之一的

1958年大水加高加固险工

埽坝高度不够，大部分险工上下首、次要坝岸也是很危险的。全力动员各险工驻守人员，要在2~3天内加高出水0.5米。当时的情形相当紧张，沿黄群众大小车辆运送青料，各险工工人代替民工，突击加高埽坝，采取捆枕包石、包砖，麻袋装土加高。柳枝供应不上，大家就出主意、想办法，创造出了暂时用苇席包土代替柳枝包砖石，来加高埽坝。将双层苇席铺好，压土踏实，并留有一定收分，达到一定高度，将苇席再折上来，再压土，加到规定高程后，上面压上坦石。大水到来之时，全部坝岸均已加够标准，以迎战洪水。

严密防守，绝对不能出问题，明确责任界限。如果因防守失误造成问题，严肃查处，县委常委分别到各险工和责任段、各区的防守段，组织全力防守，各自为战。上防人数每汛屋4~6个基建班，和400~500人防汛队，每屋住脱产干部4~6人，带领群众巡堤查水24小时不间断，并同时宣布防汛纪律，全县形成了严密的、高度紧张的防守大军，各级干部认真负责，巡查一丝不苟，有险情或异常现象及时报告和积极抢护，形成了坚强的人防大军。

在整个防守的同时，还组织若干个检查组，做到及时督促查水、防守抢护和上下间的情况联系，这是很关键的。

险工的防守除基干班和防汛队外，主要是工人不间断地巡险查险，探摸根石，观察溜势变化，以便及时发现，治早治小。

三、完善非工程设施，为抗洪抢险创造必要条件

防大汛非工程措施做得及时有利，分析了水情工情后，打大仗、打恶仗必须相应办好几件事。李笑星书记亲自召集各有关单位布置任务，24~30小时之内必须完成。

一是电话通信。仅靠黄河专用线,已不能解决问题。由县邮电局负责架设临时电话线,通向各区中心防汛室和各指挥点,保证及时传达水情下发通知、抢险情况等。

二是有线广播。由县广播站负责全堤线架设有线广播,让每个防汛室都能及时收听县指挥部的广播声音。县广播站从站长到技术员、广播员、设备等,均按期到位,并安装调试成功,很快开始了防汛抗洪广播,起到了很好的宣传和发动作用。

三是险工抢险照明。为保证各处险工坝头都能亮起来,便于及时发现险情,安排县工业局负责调用各厂矿发电机组及电灯、电线等其他照明器材。在规定时限内,发动机、照明器材等一应设备均运到现场,安装调试完毕,保证了各险工按时亮起来。

四是交通运输。这是战胜特大洪水的关键之一,由交通局长任调度员,昼夜在后勤上值班听命,随叫随到,保证不误事。大家一切为了防汛大局,上下一条心,确保黄河的安全。

四、保障抢险物资供应及时,是战胜洪水的先决条件

抗洪抢险物资供应是战胜洪水的物质保证。1958年大洪水各险工多处出现险情,主要是埽坝蛰裂、根石走失。一出险立即行动,如道旭险工24号坝是该堤段的当家坝,大河溜势太凶,根石走失严重,工人立即抛

航运队运输抢险料物

枕护根。抢险当中往往是料源不及时,特别是柳枝,用量非常大,负责这方面料物的同志压力很大。临时从湖

黄河记忆

滨调来部分群众和大批苇席，解决了燃眉之急。

道旭险工抢险急需几十万千克青料（柳枝），博兴县组织起四个乡的运料队伍，桓台县向道旭险工支援5万千克柳料，这么多料物运输队，均要经过张北公路才能到达道旭险工。在同一时间内，上万人、数千车辆和牲畜在一条公路上，拥挤不堪，运行非常缓慢。负责运料的干部急得抓耳挠腮，毫无办法。落实了大批料物和运料人员问题后，运料交通拥挤问题，再次成为防汛料物及时供应的"瓶颈"。

我们深知情况的严重性，经过大家群力群策，采取紧急措施，县委书记李笑星安排县公安局负责组织警力，沿线进行疏导，决定让博兴县当地的运输队伍一律走公路下道，来支援博兴县抗洪抢险的桓台县的运输队伍走公路中间，并规定人畜马车一律给运料的汽车让路，任何人或牲畜车辆均不得阻挡道路，很快形势有了好转。送料的群众中，连

沿黄群众积极参加防汛抢险

儿童和老人也一齐上阵，人扛、车拉、牲口驮，车水马龙，人喊驴叫，大有百万雄师过大江时的宏伟场面。在公安干警及有关协管人员的努力下，一切均有条不紊地进行，运输速度进一步加快，防汛料物源源不断地运送上堤，保证了"前线"急需。

抗洪抢险是全党全民的责任，调动何人、何物毫无商量余地，只有一个"快"字，立说立行，真正体会到了"一方有难，八方支援"的意义。在道旭和麻湾抢险时，抢险料物不足，应及时补充，除从黄河上进行航运物资外，上级部署驻张店的大型企业501厂，务必在24小时内将

500立方米石料送达抢险地点，该厂接到命令后，到各小厂联系均无料源，501厂领导当机立断，安排大型推土机，将501厂围墙推倒，整理出砌墙石料装车发往道旭、麻湾两处险工，按时完成了应急任务。大水过后，我去501厂结算运送石料款时，厂领导带我去看拆除的残墙断垣，我深受感动，并代表黄河部门和沿黄群众对501厂为支援黄河防汛做出的牺牲表示感谢。厂领导说："这是我们应该做的，只要黄河安全无事，赔偿多少我们不在乎。"

青岛市粮食局接到运送10万条麻袋支援博兴黄河抗洪抢险的命令后，立即如数筹集，装上火车运到张店，再用汽车转运到抢险一线。我当时负责收料，给青岛市粮食局打了个收条，他们二话没说拿了就走，真是一方有难，八方支援，保证黄河安全。

五、加强领导，严肃纪律，实践与经验相结合，是战胜洪水的重要因素

段长不能离开县委书记、县长，更不能哪里出事就亲自去哪里。这是不行的，保证不了指挥中心是要误大事的。在关键时刻，要稳坐"钓鱼台"，头脑要清醒，遇事不乱，有一条名言：上堤防汛没小事，不论大事小事都是急办的事。1958年大洪水期间，博兴段比较有秩序。

防大汛期间，严格组织纪律非常必要，它是保证防汛任务和增强每个上防人员的责任心的必要手段，上防干部绝大多数没有经历过防汛，我们对每一批干部，分配到岗位前，必须交待三条：一、讲水情；二、交待任务；三、防汛纪律。来的干部多数都是很好的，认真负责，但个别的人不负责任。如县银行的刘行长是薛家坊的住屋干部，关键时刻，他到堤下找地方睡觉去了，被检查组发现，县委复查后属实，立即做出撤掉行长职务的决定，并通报全堤线，从而教育了干部，加强了纪律。

在当时抢险条件落后，技术人员奇缺的情况下，实

黄河记忆

践经验非常重要。过去有几次防汛，布置防汛、筹措料物等，人员一拥而上，非常混乱。在1958年大水时，博兴段做得比较好。接到水情预报后，立即研究明确，以河务段为基础，分成几个职能组，谁的业务范围谁去办，大事向有关领导汇报、请示，一般事情自己做主处理。特别是参谋部门更不能自乱阵脚，那样容易误大事，非常时期就得有非常时期的工作作风。

　　1958年大洪水因高水位侵压，超防洪标准运行，大堤已达饱和状态，险情不断发生。大堤上防守抢险惊心动魄，如刘汤家堤段出险，背河冒水，立即组织人力料物在临河抢护，很快控制住险情，未有发展。如乔庄顶坝头临河水面大片地出现冒气泡，误认为是大堤内进水，大家非常惊慌，采取临河加土固脚，但水很深，到不了位。经过认真分析，判断出该堤段地质是红淤层，地下有裂隙，高水位受压，地气排放所致，立即采取合理措施，化险为夷。如曹店村紧靠背河堤角大坑塘里不断冒水泡，临河水位很高，形势非常不妙。经过分析，认为该段大堤基础有问题，立即调用民工在临河修做月牙堤，缓解了险情。如小董家有100多米背河堤脚严重渗水，其原因是堤身单薄，浸润线不够，大堤是沙壤土筑成。立即组织人力做压渗处理，很快排除了险情。由于各级干部和上防人员的昼夜奋战，近10个日日夜夜的严密防守抢护，安全渡过这次大洪水。

　　据历史记载，民国廿二年（公元1933年8月），黄河伏秋大汛发生特大洪水，花园口同样达到22000立方米每秒流量，黄河下游两岸决口50余处，受灾面积达12000平方千米，淹没了河南、河北等省67个县，受灾之严重，波及之广泛，均称得上一场国家的大灾难。人民治黄之后的1958年，黄河相同流量的特大洪水却无一决口，并安然入海。

（原载2006年10月11日《山东黄河网》）

1976年我的防汛经历

兰登滨

1976年是我参加治黄工作的第一年。我高中毕业后回乡,便成为人民公社的一员,时至黄河汛期,我又加入了黄河防汛一线群众防汛队伍。

村队落实备汛积极性高涨

1976年公社的黄河防汛工作会议,召开到防汛一线管理区的沿黄村队。黄河防汛工作会议召开后,我所在的兰家村革命委员会立即召开了落实防汛准备工作的会议,选派了部分骨干民兵参加。民兵连长传达了滨县修防段兰家分段段长郑立光对防汛准备工作的要求:"今年的防汛形势非常严峻,群防工作要落到实处,必须达到家喻户晓、人人皆知",并对防汛准备工作进行了分工部署,由我们七八个骨干民兵负责防汛宣传和群众备料的落实工作。

一夜间,黄河防汛准备工作方面的标语、黑板报、宣传牌遍布大街小巷。为达到"家喻户晓、人人皆知"的目的,会后我们立即召来各路"人才",有写黑板报的,有制作宣传牌的,有浸泡石灰水在墙上刷写口号的,有负责写标语的,还有专门张贴的。忙活了半天一夜,"只准水不来,不准我不备""千里堤防、溃于蚁穴""召之即来、来之能战、战之能胜""黄河安危、事关大局"的标语口号遍布大街小巷。

黄河记忆

20世纪70年代计划经济时期的群众备料有两种储备形式，一是逐户登记造册，二是生产队专仓储存。生产队仓库储存的品种，一般是生产队集体所有，用于农业生产的运输车辆、工器具等，再就是通过农产品自己加工制作的，如草捆、软楔等。那一年的防汛备料任务就由我们几个民兵负责筹备和制作。

我们首先完成的是登记造册、挂牌号料。根据黄河修防段安排的储备任务，我们按人口分配到每家每户，逐户登记造册，用红纸毛笔写好标签，再贴到每家每户的家门口门框（或门沿）上。当时写的是：户名***，编号***，棉被3床、棉衣2件、铁锅1口、门板2块、麻袋（或口袋）3条。当时，村民对完成这些任务特别认真，我母亲就对我们说："早选好几床旧的被子和棉衣包好了，放在顺手的地方，水火无情啊，一旦出事就是急的。"

逐户登记造册完成了，我们立即开始筹集生产队集中存放的防汛物资，把平常用的抬筐、扁担、提灯、挑篮子，集中到专用仓库。回忆起来，最难最费力的就是草捆、软楔的制作，一是取料难，当时没有适宜的软料，必须先割鲜芦苇，待晒干后才能制作，又听说近期要检查防汛准备情况，可鲜芦苇短时间晒不干，真把我们急坏了，勤翻晒，下面垫木头，吊起来晾晒，所有的方法都用上了。二是制作难，捆绑的草捆必须下粗上细像宝塔糖（窝头糖）一样才行，编制软楔用的网兜又请来了专门的师傅，最后终于完成了任务。

基干班上防巡查严肃认真

虽然我们大部分基干班队员是第一次上防，但在巡堤查险过程中没有很陌生的感觉，这是因为我们基干班队员刚刚参加了滨县修防段兰家分段组织的"基干班上堤防守巡堤查险知识"培训。黄河老工人给我们讲述了巡堤查险知识和堤防上常见"八大险情"的鉴别与抢护。现在回忆起来记得还非常清晰，讲述"八大险情"时，在黄河大堤搞了一个非常形象的模型,有险工、平工和坝头,有漏洞、裂缝、管涌和脱坡等,讲得非常清晰、认真,我们记得也非常清楚、牢固,所讲述的"八大险情""三清三快""五时五到"是我第一次接触到的黄河防汛知识。

8月29日,接到紧急通知,要求黄河防汛一线群众防汛队伍立即上堤,于是我们带上已准备好的防汛物资和被褥,当天赶到了滨县修防段16号防汛屋。驻堤干部通报汛情:"接黄河防总水情代电,第5、6次洪峰即将到来,预计将超过1958年最高水位,滩区群众全部迁出,进入防大汛紧急状态。"我们便按照培训的要求,三人一组,抬着抬筐,带上铁锨、草捆、软楔和提灯,背河去,临河来,展开了认真细致的巡堤查险。

巡堤查险中度过中秋节

中秋节是家人团圆的节日,可那年黄河大堤上的防守大军必须坚守岗位。恰巧中秋节这天(9月8日),我们防守的区域内,张肖堂水位站报出人民治黄以来最高水位,超过1958年最高水位0.72米,防指要求所有队员不能离开岗位所在地,进入紧张状态。防守队员的家人还都挂在心上,我们自上堤防守以来,队员的伙食都是由队员自己家供应,生产队安排专人,每天把队员家人准备好的一天食粮送到我们的防守驻地。中秋节这天临近中午,我村队员中的几个弟弟和妹妹,拎着其他队员家人捎来的午饭赶到了我们的驻地,"大爷:这是大娘给你捎来的;叔叔:这是婶婶给你捎的;哥:这是咱娘给你做的"。我们解开一看,全是冬瓜猪肉烫面包,因为我们家乡的风俗,就是中秋节这天尽可能吃上一顿冬瓜猪肉烫面包,"你尝尝我的,我家的肉多";"你吃我的,我家的皮薄"……我们在大堤上也感受到了中秋节团圆的气氛。

9月9日,是最难忘、最紧张的一天。9月6日黄河

黄河记忆

第5、6号洪峰合一而至,9月8日报出人民治黄以来最高水位,大堤堤根水深已达3~5米之深,巡堤查险到了高度紧张的时刻,9月9日下午4时许,我们从收音机里听到《告全党全军全国各族人民书》,沉痛地宣布了毛主席逝世的消息,使得本来高度紧张的人们,顿时呆若木鸡,泪流满面,此刻,似乎地球也停止了转动。慢慢地,人们相互凝视,不声不语地继续巡查,大家心里都明白,面对这严峻的抗洪形势,我们的黄河不能再出事了,对巡堤查险工作我们不能有丝毫的懈怠,要更加严肃和认真。

9月21日,经过我们24个日日夜夜的防守,大河洪峰顺利通过,防汛队伍全部撤防,保证了黄河安全度汛。

(摘自2016年8月9日《山东黄河网》)

东平湖"82·8"分洪纪实

张光义　张玉国

黄河下游洪水威胁历来是中华民族的心腹之患。历史上，黄河"三年两决口，百年一改道"，给人民群众的生命财产安全和社会的稳定发展造成巨大损害。1946年中国共产党领导人民治理黄河以来，黄河取得了伏秋大汛连续60年岁岁安澜的巨大成就，创造了中华民族治河史上的奇迹。奇迹的创造，有着多方面的因素，其中，有一个功不可没的重要因素，就是被人们誉为确保黄河下游防洪安全的一张"王牌"——东平湖。

历史上，东平湖是分滞黄河、汶河洪水，补充京杭大运河漕运的"大水柜"，发挥过蓄水除患的作用。1950年7月，黄河防汛总指挥部确定东平湖为黄河自然滞洪区，当遇到超过大堤防御标准的特大洪水时，将会按照牺牲局部、保护大局的原则，运用东平湖滞洪区削减洪峰，确保下游安全。中国共产党领导人民治理黄河以来，东平湖先后7次于大洪水威胁的关键时刻，分滞黄河洪水，发挥了削峰作用，保证了下游人民群众安居乐业和经济社会稳定发展。

1982年，共和国再次利用东平湖分滞黄河洪水。

这一年，黄河花园口站10000立方米每秒以上的洪水持续52个小时；8月2日，黄河花园口站出现15300立方米每秒洪峰。东平湖水库上游大河水位一般高于1958年最高洪水位1~2米，滩区全部进水，艾山以下防

黄河记忆

洪安全面临威胁。

8月，中国共产党第十二次全国代表大会召开前夕，黄河再度发生大洪水。

"黄河宁，天下平"，国家政治经济社会的稳定是第一要务，中共中央、国务院高度关注黄河度汛安全。东平湖滞洪区这张确保黄河下游防洪安全的"王牌"，已经进入共和国高层决策者的视线。

对于是否分洪，黄河主管部门及其专家各抒己见，意见并不一致。

的确，分洪是一个两难的选择。分洪可以减缓黄河下游防洪压力，但会给湖区经济发展和人民群众带来巨大损失；不分洪，则下游河防压力重大，一旦大堤决口，将造成难以估量的损失，严重影响社会稳定。

8月3日，国务院副总理万里在北京召集水电部部长钱正英和河南省省长戴苏理、山东省省长苏毅然共同研究对策。

"分"与"不分"，一字千钧。提闸分洪无疑是确保下游防洪的万全之策，而受淹的是湖区人民群众。经过慎重研究，他们毅然决定，以中央防总的名义建议运用东平湖老湖分洪，控制艾山流量不超过8000立方米每秒。

为了实施好东平湖老湖分洪，山东省委副书记、副省长、省抗旱防汛指挥部指挥李振，黄河水利委员会副主任刘连铭，山东黄河河务局副局长张汝淮，赴东平湖指挥分洪工作。

"不允许死一人"，是党和政府交给分洪指挥部的政治任务。泰安、菏泽两地党政军派出庞大的救援队伍，对分洪区实施两次彻底清湖，挨家挨户动员组织搬迁。解放军官兵封闭所有进湖道路；有线广播半小时向群众宣传一次，及时发出分洪信号；各个关键部位设立指挥；闸门启动人员24小时坚守岗位；提前削弱闸前围堰；分洪工作在紧张有序的气氛中展开。

分洪的时刻终于到了:

镜头一:8月6日20时10分,东平湖林辛闸前,三颗红色的信号弹冲破漆黑的夜幕,随即响起震耳欲聋三声炮声,一队解放军官兵跑步到达闸前围堰,快速将围堰掘开缺口。

镜头二:8月6日22时6分,林辛进湖闸室内,电机轰鸣,15孔闸门缓缓提起,洪水从闸孔喷涌而出,滚滚浊浪立墙般扑入老湖,水气浩渺,涛声如雷,树倒房歪,临近林辛闸的林辛村刹那间淹没在洪水中。

1982年大水林辛分洪闸分洪入东平湖

镜头三:8月6日23时,6声闷雷,十里堡闸前围堰上尘飞土扬,剧烈的炸药将围堰撕开几十米长的口子。

镜头四:8月7日11时10分,山东省委副书记、副省长李振走进十里堡闸。"提闸!"一声令下,10孔闸门"咝咝"升起,洪水磅礴而出,与林辛闸洪流汇合交融,飞腾着奔向浩渺湖泊。

镜头五:湖堤上,6000多名军人、干部、农民来往穿梭,精心守护着72.6千米的堤防。

镜头六:8月9日19时,林辛、十里堡25孔闸门缓缓落下,切断湖区洪水与黄河的连通,分洪结束。

分洪历时3昼夜,两闸合计分洪流量一般1500~2000

黄河记忆

立方米每秒，最大流量 2400 立方米每秒。分洪期间两闸启闭调整 31 次，分洪总量 4 亿立方米。分洪后，泺口以下洪水基本没有漫滩，工情平稳，洪水安全流入大海。

1982 年分洪直接经济损失 2.7 亿元。分洪后，分洪闸口至金山坝间十几千米内的 7500 亩良田被黄沙掩埋，许多群众失去生产条件，生活贫困。生态环境恶化，风起沙飞，群众房屋内床铺、锅灶上，到处都是沙土，群众生产生活条件恶化。

1982 年分洪后，国家对湖区遭受的损失和遇到的困难，给予了高度重视。自 1986 年起安排专项资金帮助解决。1990 年，国家批复了东平湖水库遗留问题处理规划。山东省人民政府先后两次召集有关市县和黄河水利部门在东平湖召开现场办公会议，认真总结库区移民工作的经验教训。提出在搞好防汛蓄洪的前提下，加速湖区生产建设步伐，走开发性扶贫的路子，以渔为主，多种经营，综合开发，全面发展，提高库区的"造血功能"，使库区群众尽快脱贫致富。

长清黄河"88·8"洪水抢险

陈继安

1988年8月，黄河下游出现多次洪峰，洪峰流经济南长清河段桃园控导工程时，主溜顶冲该工程下首，致使该工程13～14号坝发生了较为严重的根石走失、滑坡、坝基蛰陷坍塌重大险情。险情发生后，长清防汛指挥部在上级防汛部门指导下，组织抢险人员奋力抢护，险情得到及时控制，确保了控导工程及附近滩区群众生命财产的安全。

光阴荏苒，"88·8"抗洪抢险已过去28年，但当时的一幕幕仍清晰地镌刻在我的脑海中，众志成城的抗洪精神时时激荡着我的胸怀，每每忆及总是心潮难抑。

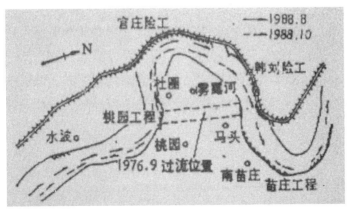

桃园工程1988年8月中旬河势图

当时，我负责宣传报道、统计工作，记录下了抗洪抢险的真实情况。

黄河记忆

1988年8月，受黄河流域"三花间"降雨影响，黄河下游连续多次发生了多次编号洪峰。洪峰特点：一是洪峰连续出现，中水持续时间长，花园口流量大于3000立方米每秒时间18天，大于5000立方米每秒时间达8天多；二是总水量较大，8月中水量较多年平均偏多32%；三是洪水来自中游，含沙量较高；四是花园口至夹河滩河段在4次大于6000立方米每秒的洪水传播中，比正常情况慢了10小时，出现这种情况与该河段水位表现高，水流漫滩有关。洪水期间，艾山至泺口河段工程上下河势变化较大，险工和控导工程险情多、发展快、出险时间集中。据统计，1988年7、8月期间，黄河下游共出险208处、868道坝、1402坝次，占全年的88%。期间，长清河段工程共计出险11处、24坝段、34坝次。

8月17日7时许，工程巡查人员发现长清桃园控导工程13号坝坝头护坡石蛰动，14号坝也出现滑动迹象，险情发展迅速，经测量蛰陷、坍塌和滑坡长度105米，高3~5米，坝前水深7~12米，险情十分危急。

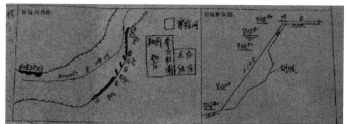

桃园控导出险示意图

省、市、县防指对桃园控导工程险情高度重视，长清县防指成立了由县长张新一任总指挥的黄河抢险指挥部；济南市封居尚副市长、济南黄河修防处司继颜主任迅速赶到现场，防汛指挥部领导及专家经现场查看、研究后，根据当时洪水流速快、水位高的特点，立即组织调动长清黄河专业队伍和民兵基干班抢险队伍挂柳缓冲、抛散石护坡，并抛了几个小柳石枕，临时抢护。因水大溜急，枕小不能下沉，在抛石400余立方米、用柳料1.5万千克后，坦石仍继续下滑，13号坝护坡下蛰长65米，蛰下2米，坝基土露出，而且险情不断向恶化方面发展。

险情严重且发展迅速，但抢险场地狭窄，且坝后为群众修建房台取土后形成的一片低洼地，其后附近为桃园、朱西等十几个村，地势较为平坦；更为不利的是抢险期间正在下雨，进出道路为群众生产便道，全部为土路，道路泥泞，抢险条件十分恶劣。由于情况危急，桃园控导工程附近村庄的村民已经自发地陆续开始向外村转移，如险情不能迅速控制，桃园控导工程以北低洼地带的十几个村将成为一片汪洋，3000多名群众的生命财产安全受到严重威胁；若险情继续进一步发展，洪水极有可能抄工程后路行洪，下游河势将发生重大变化，危及对岸堤防安全，后果不堪设想，情况万分紧急。

经抢险指挥部会商，果断决定向省防指和部队求援。1个小时20分钟，黄河第二专业机动抢险队40多名抢险队员携带4部大型工程车、1部防汛指挥车、1台柴油发电机、照明设备及部分木桩、麻绳、铅丝、斧头等抢险工具、料物，在抢险队队长李明同志带领下火速到达桃园控导工程出险地点，立即向现场人员了解情况，同时组织队员使用摸水工具对出险部位进行探测。3个小时后，解放军某部200余名指战员到达出险地点。经现场紧急会商，抢险指挥部根据水流急、水位高、回溜淘刷严重的特点，确定了"先上后下、先重后轻"的抢护原则，决定改用抛大柳石枕首先抢护13号坝。在李明队长统一技术指导下，参战队员和解放军同志于下午13时，第一个长10米、直径1.2米的柳石枕下水，枕下沉后龙筋绳被冲断，又改为双龙筋绳，连抛8个长10米、直径1.0米的大枕。因柳料用完，改为抛铅丝笼，至19日6时，13号坝的险情才基本得到控制。14号坝在回溜淘刷下，坝头以上40米石护坡下蛰，采用抛铅丝笼护根，水面以上抛乱石的方法护坡，控制了该坝险情的发展。至20日上午10时，经过山东黄河第二机动抢险队、人民解放军和当地民兵基干班全力抢险，奋战三昼夜，险情得到控制，工程转危为安，两坝的抢险工作全部结束。

黄河记忆

在这次抢险过程中，各级防汛指挥部在对险情充分了解、正确分析判断的基础上，及时调动组织了大量的专业抢险人员和群防人员进行全力抢险；果断地申请调用第二机动专业抢险队和人民解放军，集中力量，全力

专业机动抢险队奋力抢险

抢护；调集了当地社会和群众备料，保证了桃园控导工程的度汛安全。因此，在以后抢险中，全面贯彻落实行政首长负责制、各部门分工责任制和黄河防洪工程抢险责任制是确保重大险情抢护取得胜利的重要举措；成立"重大险情抢险指挥部"，指挥得当、迅速决策是贯穿险情抢护工作取得成功的关键。

桃园控导工程抢险中利用了传统埽工，捆抛柳石枕和抛铅丝笼的方法做好埽底，然后利用翻斗车把部分石料卸到坝面上或埽体上，辅助于人工抢护。这种做法的优点是：抢险速度快，效率高，抢险效果明显，能为险情最终抢护成功赢得宝贵的时间。

凭着责任意识和拼搏精神，长清黄河人最终战胜"88·8"洪水，夺取抗洪抢险的胜利。长清河务局被长清政府授予"1988年全县抗洪抢险先进集体"。

（原载《山东黄河》2016年第3期）

回顾"96·8"麻湾险工抗洪抢险

赵祥平

麻湾险工坐落在黄河右岸东营市1937年麻湾决口的老口门上,是宽河道进入麻湾至王庄30千米窄河道的起点和咽喉。麻湾险工上首与之近邻是南坝头险工,因1947年黄河归故在麻湾决口的上首西南端修建了一道200余米长的挑溜丁坝,命名为南坝头,原属麻湾险工的一部分,1953年独立为南坝头险工。两险工的设立,使河道水流由西向东流向改为自南向北流向,麻湾险工处于河道弯曲90°的顶点,险工坝头坐弯顶溜,河势险要,具有窄、弯、险的特点。

南坝头险工是麻湾险工的抗洪前哨,该险工的溜势变化直接影响到麻湾险工溜势的上提下延和次坝变主坝。"96·8"洪水就是因为南坝头险工上下游溜势变化而导致麻湾险工主溜上提,次坝变主坝,并发生较大险情。

1996年8月5日和13日,黄河下游花园口站分别发生了洪峰流量为7860立方米每秒的一号洪峰和

现如今的麻湾险工

5560立方米每秒的二号洪峰,两次洪水过程简称"96·8"洪水。两次洪峰虽属中常洪水,但黄河下游河势受1986年以来长期小水作用形成的河槽淤积萎缩影响、沿河两岸二河滩和嫩滩普遍种植高秆农作物影响以及滩地众多的行洪障碍、阻水建筑物等,大大降低了滩地过洪能力,加上主槽狭小,小流量即开始漫滩分流并壅高水位。第一号洪峰到达高村站的峰现时间为8月10日0时,洪峰流量6200立方米每秒,相应水位63.87米;泺口站峰现时间为8月18日5时50分,洪峰流量4780立方米每秒,相应水位32.24米;利津站峰现时间为8月20日23时,洪峰流量4100立方米每秒,相应水位14.70米,比1976年8020立方米每秒的历史最高洪水位14.71米低0.01米。麻湾水位站的峰现水位16.33米,比1976年历史最高洪水位16.59米,低0.26米。

"96·8"洪水其表现特点是:洪水水位高、传播速度慢、沿程变形异常,滩区淹没范围广,险情、灾情严重。

"96·8"洪水抗洪抢险的主体力量由黄河职工和群众防汛队伍组成,黄河老职工发挥了顾问指导作用。抢险技术、方法、机具仍沿用了传统做法。

新修建的南坝头险工下延3号、4号坝分别突入河中63米和117米,高度为控导标准,工程竣工不到一个月,就投入到迎战"96·8"洪水的斗争中。为了确保工程安全,东营区防指在此成立了由副区长、河务局长、一线龙居乡党委书记及区直有关单位负责人组成的抗洪抢险指挥部,自8月7日两坝出现基础淘塌险情以来,副区长刘培华、河务局长薛永华及龙居乡党委书记张安山、人武部长李道森等始终靠在现场指挥作战,40名黄河职工专业抢险队员、160名群众抢险人员和30部机动车辆昼夜轮班抢护。8月7日至21日15天的时间里,两坝始终大溜顶冲,共发生基础淘塌、坝身墩蛰、洪水漫顶等险情12次。在抢护坝身墩蛰等重大险情时,区长田吉海亲临现场指挥调度;在抢护坝顶漫水险情中,一线龙居乡在6

小时之内运送柳料6万千克。区、乡领导做到了要人有人、要物有物，把抗洪抢险当作压倒一切的头等大事。在抢护方法上，我们分别采取了编抛铅丝笼、捆抛柳石枕、抛大块石、修筑子埝、柳石压顶等抢护措施。共完成抢险用石3049立方米，土方2305立方米，柳料15.19万千克，铅丝4.4吨，麻料1.01吨，麻袋3000条，编制袋700条，木桩200根，投资58.64万元。经过全体指战员的共同努力和奋力拼搏，避免了垮坝重大险情的发生，确保了新修工程安全。

在"96·8"洪水的推进过程中，不但水位表现高、持续时间长，而且主流集中，淘刷力强，使麻湾险工的抗溜主坝根石走失，基础淘塌。由于溜势变化较大，麻湾险工溜势上提下延，次坝变主坝，险工下首的平工堤防顺堤行洪，抗溜主坝此量级洪水中由9号、12号坝上提到1号、5号、7号、9号坝，特别是1号、5号、7号三段次坝大溜顶冲，造成基础严重淘塌、坝身蛰陷，尤其是5号坝最为严重。8月21日8时，洪水位仍居高不下，大溜顶冲的5号坝50米长的坝身在根石顶以上墩蛰0.3~1.0米，根石顶部的坝身因墩蛰土胎被淘空，水土相连，情况十分严重。险情就是命令，经过15分钟的人员调集，40名黄河职工专业抢险队员首先赶到现场抛铅丝笼抢护，此时南坝头险工3号、4号坝已洪水漫顶，坐镇指挥的副区长刘培华现场查看险情后，立即调集龙居乡36名民兵抢险队员和36名基干班员，在乡武装部长李道森的带领下按时到达抢险地点投入战斗。原东营黄河修防处主任工程师、高级工程师、年近七十的抢险顾问王锡栋，接到险情报告立即赶往现场审查抢护方案指导抢险斗争；在接到报告不到四十分钟，区长田吉海、区委副书记杨桂楠、副区长王西峰等领导相继赶到；市领导武秀清、张秀香在河口管理局副局长孙寿松的陪同下亲临现场指挥抗洪抢险斗争。由于使用滑石板抛铅丝笼和大块石加固基础不到位，一直抢护到晚上仍未控制险情。夜幕降临，

抢险工地探照灯、电石灯灯火通明，抢险人员发扬了不怕苦、不怕累和连续作战的优良传统，轮班用地排车推石装抛铅丝笼，人人挥汗如雨，个个竭力大干。刘培华副区长看到此情此景心急如焚，当听到参谋人员提出焊接钢排架可抛石到位的建议后，他立即联系油田单位，将50根直径8厘米废油管送到抢险工地，连夜加工投入使用，经全体指战员的昼夜奋战，共抛铅丝笼300立方米，抛大块石100立方米，终于控制了险情发展，确保了工程安全。

"96·8"洪水锻炼和考验了新一代黄河职工队伍。在洪水肆虐的15个日日夜夜里，他们顶着骄阳似火的烈日，搬动一百多斤重的石头，一干就是几个小时，渴了喝黄河水，热得不能坚持了到滩水里洗个澡，人人挥汗如雨，个个英勇善战。南坝头河务段的全体职工在段长于爱忠的带领下，不但昼夜抗洪抢险，还要轮班巡坝查险，一连十几天连轴转，每天休息不到4小时，被群众称为不知疲倦的人。年近半百的职工韩梦武和年轻职工膘着膀子干，在几次的抢险中都是晕倒了爬起来继续干；刘俊田同志在夜间巡坝查险中，为了驱赶疲劳困乏的袭扰，故意穿上短衣短裤让蚊虫叮咬，生怕瞌睡误事，他们两人均获得了山东河务局"抗洪抢险先进个人"称号。麻湾河务段段长李广宝要求职工严格贯彻巡坝查险责任制，在麻湾险工42号坝的出险中，做到及时发现，及时抢护，他在历次抢险中身先士卒，靠前指挥，使一次次险情化险为夷；副段长薛方洪患严重乙肝住院两个月，身体正在恢复期，他硬是不听领导劝阻参加防汛值班和负责后勤保障工作。他们只是黄河职工其中的代表，这就是黄河精神一代代的传承，也正是由于全体职工的爱岗敬业和无私奉献精神，才取得了"96·8"抗洪抢险的全面胜利。

（摘自2016年6月7日《山东黄河网》）

金堤河：洪水袭来时
——阳谷迎战"2010.9"金堤河洪水记事

张福禄

洪水超越警戒水位。

河道9座桥梁被淹没。

……

2010年9月5日至8日，金堤河流域，河南省6县市普降大暴雨。9日8时，金堤河范县站洪水流量354立方米每秒，为1974年以来最大值。金堤河内洪水犹如万马奔腾，36年来最大流量的洪水自上游向处于金堤河最下游的阳谷境内河道滚滚而来。

9日8时，阳谷明堤水位达到43.60米，超警戒水位0.16米，阳谷22千米堤防洪水偎堤，9座桥梁被淹没。

水情就是命令。迎战金堤河36年来最大洪水的战斗在阳谷全面展开。

深夜，防汛指挥查水情

9月8日22时，阳谷县政府党组副书记杜梦华、县防办主任汤树国和阳谷河务局副局长甄超万、高工解吉祥等驱车直奔金堤河——他们要到辖金堤河李台和金斗营河道查看水情。

午夜的金堤河，滔滔洪水发出惊心动魄的声响，让人感到不寒而栗。此时的金斗营乡子南村生产桥淹没在

黄河记忆

洪水中，围村堰外靠近桥头的空房已经浸泡在洪水中，不断上涨的洪水在威胁着围村堰的安全，几十名村民在围村堰上开始了防守。

"洪水大，来势猛，涵闸、围村堰安全和金堤河危桥防守是当务之急。要迅速落实值守巡堤人员，立即上岗到位，各负其责，做好工程巡查和防守工作。"杜梦华要求防指要做好群众迁安救护准备工作，确保堤防不决口、不死人。

9日凌晨1时，杜梦华一行又和前来查看险情的聊城市副市长赵庆忠等再次查看了金斗营乡子路堤河段的洪水，并沿金斗营堤防向李台镇辖区进行查看，直到凌晨3时。

据悉，自9月9日到14日，聊城市副市长、聊城河务局、阳谷县委或县政府主要领导曾6次到金堤河查看汛情，督导防汛。9月10日，省防指副指挥、山东河务局局长周月鲁带领抢险专家查看金堤河水情、工情，指导防汛工作。

水猛涨，滩区展开大营救

9月9日17时，金堤河滩区洪水猛涨，处于陡坎上、长近100米的金斗营滩区道路在洪水的冲击下开始坍塌。

"哎呀，俺大娘还在地里收棒子（玉米）。怎么才能把她救出来啊？"

17时40分左右，一位20岁上下的年轻人气喘吁吁地跑下堤来，向查看滩区洪水的河务局高工解吉祥和张福禄、许东波喊道。

原来，金斗营乡莲花池六村的9名群众看到滩区玉米要遭洪水淹没，不顾危险地进入滩区抢收玉米。

"滩区有人，危险！"

解吉祥等人听到滩区有人，他们的第一个反应就是立即想办法救人！

他们向来报信的年轻人了解情况后，立即向县防指和金斗营防指报告。20分钟后，河务局明堤管理段陈朝军和其他职工赶到现场，金斗营乡人大主任侯胜华带领

20 人的防汛民兵也相继赶到。

此时天色转暗，滩区的水位越来越高，进出滩区的道路被冲毁。如果群众不能在天黑前脱离险境，随着洪水上涨，他们都将面临生命危险。

乡防指和河务人员经过简短商量后，决定采取水性好的民兵携带救生绳和救生轮胎涉水进入滩区进行施救。于是，一道长达近百米的绳索成了一条"救命通道。"8名群众手扯救生绳从河中走到了堤脚安全地带，一名近70岁的老人身套轮胎，在施救人员的帮助下也脱离危险之地。

此时，手表时针指向 19 时。

汛情急，全线防守北金堤

9月10日8时，金堤河明堤水位超警戒水位 0.46 米。

"我是防办主任汤树国，根据目前金堤河汛情和防汛方案，经研究决定：李台镇按每千米12人上堤防守，12时前必须到位。"

上午11时，阳谷县防办主任汤树国在堤防上向沿黄6个乡镇防指下达全线防守任务。11时30分，沿黄6个乡镇的领导干部、防汛民兵按要求火速上堤驻守。

"我们按要求上岗到位，在防守段搭建了3座帐篷，查险人员24小时轮流查险。"9月11日下午，十五里园镇副镇长张明宾告诉笔者，乡党委、政府对金堤河防汛十分重视，接到命令后立即行动，人员、物料和资金立即到位。

据了解，沿黄6乡镇的"防汛指挥部"都在堤上安了家，乡镇干部、群众和黄河职工实行每天24小时巡查。堤防查险，蚊子多，吃饭、饮水等都不方便，但是没有人叫苦叫累，坚持昼夜巡查堤防、观测水情，认真履行职责。

查险情，排除隐患保平安

9月12日12时50分，阳谷河务局局长陈丕虎和高

2010 年 9 月 10 日 金 堤 河莲花池小生产堤开口

黄河记忆

工解吉祥等人驱车向金斗营乡堤防疾驶而去。

12时40分左右，陈丕虎接到明堤管理段陈朝军电话：北金堤80+930处，距离堤防20米的临河滩区内水面出现水泡现象。

13时30分，陈丕虎等人到达现场，立即查看了临河水面水泡情况：水泡距离堤身约20米的水面有水泡冒出。滩区水深在1.3米左右。

2010年9月9日金堤河管涌险情抢险现场

陈丕虎、解吉祥和在此指挥防汛工作的金斗营乡党委书记、镇长等研究后，立即安排背河查险。由背河堤脚向外近100米的距离内，按一个人控制两米站成一排，顺堤查险长度500多米。特别是对背河的玉米地、大豆地和低洼处等重点巡查，未发现管涌等险情。为防万一，河务局和乡防指都固定专人观察和堤防查险，金斗营乡还紧急调来5000条编织袋，做好随时抢险的各项准备工作。

"巡查险情，排除险情，是防汛抗洪的重要任务，它关乎工程安全和人民生命财产安全。坚持巡查，认真仔细，不漏掉一个疑点。"阳谷河务局陈丕虎说，这是防汛查险人员坚持的原则。

落水查险，黄河职工的责任

9月14日8时，阳谷金堤河明堤水位43.33米，低于警戒水位0.11米，标志着金堤河进入退水期。经过退水期间两天巡堤查险，9月16日，阳谷取消三级防汛响应，防汛民兵撤离堤防。但是不论是在旭日朝阳里，还是在夕阳黄昏中，黄河职工们巡查的身影依然映照在霞光中。

黄汶牵手归大海

张玉国　王洪春

2013年仲夏，东平湖庞口闸畔，碧浪涌动，绿水潺潺，水光闪烁，大汶河水欢畅地流入黄河。大河中心处激起一道黄绿分明的浪波，随之交汇渗透，形成一体，这画面如母子重逢，如兄弟相亲，琴瑟和鸣，天地祥和，呈现出一幅和谐恬静的画卷。黄河、大汶河洪水相遇原是惊心动魄、危机四伏的大事件，而这次黄汶际会却没有碰撞、没有排斥，而是和谐融汇，这是黄河人探寻自然规律，科学调度洪水的创举。

黄汶相遇　复杂的际会

"黄汶相遇"是黄河人不得不面对的难题。大汶河是黄河下游最大的一条支流，古称汶水，发源于泰莱山区，汇泰山、蒙山支脉诸水，自东向西流经莱芜、新泰、泰安、肥城、宁阳、汶上、东平等县、市，穿越东平湖后进入黄河，全长208千米，流域面积8536平方千米。汤汤大汶河翻山越岭奔流直下，落差大、汇流快、洪峰急，自20世纪90年代，大汶河进入丰水期，先后发生多次洪水，2001年8月洪水冲决古老工程戴村坝。

让黄河人忧虑的是大汶河、黄河同时发生洪水，承载大流量负荷的黄河难以接纳大汶河来水，致使东平湖接纳大汶河洪水后出水受阻形成滞涨，老湖水位急速上涨，危及防洪工程安全，给滨湖地区人民群众安全带来

黄河记忆

威胁，同时影响湖区养殖业发展。

自20世纪90年代以来，先后发生多次"黄汶相遇"汛情。

1990年7月9日，黄河花园口站4440立方米每秒洪水尚未退下，大汶河于7月18日发生1770立方米每秒洪水，7月22日达到3250立方米每秒，8月17日再次出现2450立方米每秒洪峰，创出了当年43.78米的东平湖历史最高水位。

1994年8月8日，黄河花园口站洪峰流量6300立方米每秒，8月10日到孙口站洪峰流量3490立方米每秒，同期8月9日大汶河戴村坝站出现1120立方米每秒流量洪峰，因黄河顶托导致老湖超警戒水位达9天之久。

1996年7月26~31日，大汶河连续发生2610立方米每秒和2300立方米每秒的两次洪峰。黄河花园口站8月5日发生第一号洪峰流量7860立方米每秒，8月13日4时二次洪峰流量达5520立方米每秒，两次洪峰迫使东平湖出湖闸累计关闸175.5小时，8月18日18时湖水位上升至43.67米，超过警戒水位1.17米，形势万分危急。

2003年华西秋雨形成黄河中下游流域性秋汛，9月、10月流量在2400立方米每秒以上。9月5日6时戴村坝站出现流量2020立方米每秒的洪峰，此后，9月、10月大汶河流域多次发生较强降雨，湖水北排受黄河洪水

2001年东平湖出现超警戒水位洪水。图为奋力抢险

顶托出现黄汶洪水相遇汛情，10月15日老湖水位达到43.20米，老湖水位居高不下。自9月8日起，老湖水位一直在42.5米以上，持续时间超过一个月，长时间堤身受浸泡，工程大量出险。

面对持续而来的黄汶相遇汛情，黄河人一刻也不敢懈怠，采取一切措施抵御洪水，用智慧和汗水化解了一次次的危机。

牵着洪水入大海

黄委和山东黄河始终高度重视东平湖安全问题，执着探讨着黄汶相遇这个艰难的课题。大汶河受地形影响，洪峰形成快、历时短、来势猛，历史上多次发生7000立方米每秒左右甚至近万流量的洪水。2001年以来，东平湖有6年超过警戒水位。如果大汶河超标洪水与黄河来水发生严重顶托，就需要启用东平湖新湖进行蓄洪滞洪，这会给湖区群众和地方发展造成重大影响和损害。6月17日，东平湖防指召开防汛工作会议，东平湖防指指挥长、泰安市市长王云鹏着重强调：科学调控大汶河洪水对于东平湖防汛至关重要，再次把加快研究调控大汶河洪水，统筹处理好黄河、大汶河与确保人民群众安全的高度。

承担东平湖工程建管与防洪任务的东平湖管理局如履薄冰，戒慎恐惧，组成专门班子研究黄汶相遇应对措施。新建庞口施工期间，东平湖防指顺应北排边界条件的变化，综合分析分滞黄河洪水、承纳大汶河洪水后相机向黄河排泄洪水的需求，充分考虑大汶河来水规律以及黄汶洪水相遇等复杂情况，及早研究各种情况下北排出湖四闸联调运用方案，制定出动态控制运用措施。此方案不但能够加快东平湖北排入黄速度，有效减轻东平湖防洪压力，而且能够大幅提高排洪机动性，做到在各种复杂情况下相机实施实时调度，有效控制东平湖水位，既保证汛期防洪需求，又为后汛期适量储存东平湖水资源，支援地域经济建设提供更加便利的条件。根据方案确定

黄河记忆

2001年8月1日，大清河发生1050立方米每秒的中常洪水，戴村坝中段乱石坝被冲垮

意见，东平湖防指于2013年汛前即调控东平湖水位居于较低水平，7月1日，老湖水位仅仅41.57米，低于汛限水位0.43米，预留较大库容做好迎接大汶河可能来水的一切准备。

7月12日，黄委在防汛调度中心召开大汶河防洪调度专题会议，防办主任毕东升召集有关专家商讨大汶河洪水各种恶劣情况下的防御调度决策，从全河防洪高度确立东平湖调度策略。

仲夏，泰莱山区大雨磅礴，大汶河激流澎湃、洪水盈岸，激流飞瀑跃入东平湖，老湖水位迅速上升，7月19日16时东平湖老湖达到42.00米汛限水位。7月29日，大汶河流域再降暴雨，大汶口站洪峰流量最高达到1100立方米每秒，31日3时，戴村坝最大洪峰流量950立方米每秒，大汶河来水量达6.29亿立方米，是2008年以来最大来水量。这对于已超警戒水位的东平湖无疑是雪上加霜，8月1日11时老湖最高水位达到43.25米。

排洪降低水位是确保安全的第一要务，7月19日18时，东平湖防指根据预定方案，连夜开启东平湖出湖闸和庞口闸，四闸联合调度，全力向黄河泄洪。此时，黄河大水不期而至，7月29日艾山站洪峰流量4260立方米每秒，达到2010年以来最大流量。尽管经调水调沙冲刷

东平湖防指开启庞口闸紧急泄洪

河道,但黄河大流量提升水位是自然规律,东平湖泄洪受黄河高水位影响严重受阻,东平湖腹背受敌。

有强降雨后,黄河防总在中游洪水向下游继续演进和小浪底水库超汛限水位的情况下,7月27日起,将小浪底水库下泄流量从3600立方米每秒压减至2500立方米每秒,为东平湖泄洪创造了条件,减轻了下游山东黄河河道的防洪压力。泰安市政府做出巨大努力,在大汶河来水之际,泰安市副市长张瑞东立即到达东平湖坐镇指挥,调度大汶河上游水库等蓄水工程,延缓洪水下泄时间,调度大汶河干流引水工程分流洪水,减少进入东平湖水量,有效减缓了老湖的水位上涨趋势,减轻了老湖防守压力。科学快速水量调度发挥了重要作用,到8月4日14时,老湖的水位降到43.0米以下,超过警戒水位仅仅4天,黄河、大汶河洪水安全下泄入海。

工程永远是抗洪堡垒

防洪工程永远是确保黄河安全最坚实的基础,完善东平湖防洪体系,解决东平湖北排不畅问题是党和国家的英明决策。

黄河记忆

原庞口闸建于2003年，位于东平湖北面连接黄河的河道上，其作用是当遇大汶河超5年一遇洪水时，视来水情况及时破除防倒灌围堰，闸堰同时泄流，使老湖能满足单独处理大汶河20年一遇洪水的目标，减少新湖启用概率；同时，当黄河水位高于东平湖水位时，关闭庞口防倒灌闸，防止黄河水沙倒灌淤积入黄河道。

由于庞口闸设计的泄流能力不足，2007年8月大汶河发生大水，东平湖出现超警戒水位。为加速向黄河排水，在提升庞口闸的同时，破除闸东围堰加大泄量。但由于围堰破口后水流冲刷剧烈，危及河道东堤及滩区群众的生命财产安全。经过黄河职工连续5个昼夜的抢险，虽将口门强行堵复，保护了滩区安全，但耗资近千万元，

遭到大范围破坏的二级湖堤

给地方和黄河部门带来了较大的经济压力。一时间，解决庞口闸防洪问题的呼声此伏彼起。

2012年10月，庞口闸扩建工程得到批复，设计标准为大汶河发生20年一遇洪水、遭遇黄河中小洪水，两闸同时泄流为1400立方米每秒，比原泄洪流量增加一倍。工程投入使用可与陈山口、清河门两闸出湖流量相匹配，

极大地缓解东平湖防汛压力，使东平湖防汛由被动变为主动。2012年11月，庞口扩建的新闸率先动工。为及早发挥工程的防洪效益，各级黄河河务部门在保证质量的前提下，加班加点，倒排工期，新建庞口闸门及启闭机于5月17日吊装到位，达到省局和管理局党组关于5月底关门挡水的要求，汛前具备了防洪运用的基本条件，为防御洪水奠定了基础。

根据有关部门分析，如果今年不及时扩建庞口闸和调度及减少小浪底水库下泄流量，东平湖泄水入黄持续遭遇顶托情况下，东平湖老湖水位将远远高于43.25米，东平湖防汛工作将会面临非常紧张的局面。与此同时，东平湖二级湖堤加固工程紧张展开，为预防大水期间风浪险情提供保障。

来自山东省政府的感谢

黄河、东平湖的汛情引起山东省委、省政府的高度关注。8月5日，山东黄河河务局及时向省政府上报《山东黄河河务局关于防御黄河及东平湖洪水情况的报告》。8月9日，山东省省长郭树清做出批示：入汛以来，特别是7月下旬以来，我省防汛形势较为严峻，在黄河防总的正确领导和支持下，山东黄河河务局及我省水利、气象等部门密切配合、周密谋划，抓住时机及时调度，实现了东平湖下泄，化解了险情。目前仍处于抗洪的关键时期，各级各部门都不能掉以轻心，要随时准备迎接更严峻考验。谨向黄委及山东河务局致以衷心感谢！

刚进入2013年汛期，郭树清省长于6月11日即到东平湖检查指导防汛工作，全面了解东平湖防洪工程布局、防洪运用方式、设备运转、物资储备、湖区经济社会发展等综合情况，要求市、县政府和黄河河务部门负责同志，一定要密切关注汛情变化，加强防汛抢险演练，

黄河记忆

落实好群众迁安救护方案，保证人民群众生命安全，同时要求充分发挥黄河水资源的基础性、战略性作用，为山东省经济社会发展提供水源保证。

来自省政府的感谢，寄托着各级行政长官对河务部门的信任、期待与重托，那就是确保防洪安全，确保沿黄滨湖人民群众生命财产安全，确保区域经济社会发展的稳定和谐大局。自2013年入汛以来，东平湖管理局为保证度汛安全，修订完善了防洪预案、方案，结合新形势、新问题，编制了庞口闸泄洪调度运用等5个应急预案，防汛物资储备、群众防汛队伍和专业机动抢险队、滩湖区迁安救护等均落实到位。

洪水期间，山东省副省长赵润田亲临东平湖调度指挥，调集一切力量应对黄汶洪水。山东河务局局长周月鲁、泰安市副市长张瑞东、东平湖管理局局长格立民始终坚守一线，用实际行动诠释着"为民务实清廉"的执政理念。山东河务局多次召开防汛会商会，分析汛情，提出应对措施，及时部署抗洪工作，并派出工作组赴黄河、东平湖抗洪一线检查，现场调度。为确保防洪主动，7月19日提前开启出湖闸向黄河泄水，并在新建的庞口东闸下游河道采取了开挖拓宽等措施，加大东平湖出湖泄洪流量；同时协调沿黄市、县政府，调度大汶河上游水库，延缓雨洪下泄时间，有效减缓了东平湖老湖水位上涨；洪水期间，有4000余名黄河职工全力投入到抗洪抢险中，认真进行各项巡查观测、防守抢险等工作，并派出多个防汛督导组进行检查督促，确保了防洪工程及群众安全。

黄河安澜事关民生，事关区域经济社会发展。修建工程夯实基础，精心调度破解难题，黄河人用智慧和勇气化解了2013年这次黄汶相遇的危机，黄河、东平湖又一次安澜度汛。

（原载2013年9月26日《黄河报》）

励精

图治

黄河记忆

一项利在当前功在千秋的伟业

张春利

山东黄河第一期标准化堤防建设，在黄委党组和山东省委、省政府的领导下，在工期十分紧张、任务异常艰巨、矛盾特别突出的情况下，举全局之力，集全局之策，精心组织，克服困难，经过全体建设人员的艰苦奋斗，按时完成了128千米的标准化堤防建设任务。施工期间，最高上工人数达到16000人，累计完成土方6400万立方米，石方30万立方米，拆迁房屋30多万平方米，搬迁群众达7700余人，完成投资近15.3亿元。一年半的时间内完成如此大的工程量，在山东黄河史无前例。

一

1998年长江大水后，国家加快了黄河治理步伐，山东黄河消除了大量险点隐患，但仍有140千米堤防未进行淤背加固，500多千米淤背区尚未达到设防标准，尚有100余处险工、控导工程和1700多段坝岸急需加高改建，16座险闸亟待改建。山东黄河标准化堤防建设任重而道远。

为适应治黄发展需要，加强黄河工程管理工作，提高工程抗洪强度，按照建设"防洪保障线、抢险交通线、生态景观线"的要求，2003年黄委积极推进黄河下游标准化堤防建设。

2002年11月14日在山东黄河第一期标准化堤防开工仪式上陈延明副省长宣布开工

2004年初，黄委与山东黄河河务局签下"军令状"，到期完不成任务，主要领导将被诫勉。从2004年初到2005年6月底，山东段会战两个重点段：一是济南，一年工期；二是菏泽，一年半工期。两个重点段建设长度共128千米（其中菏泽东明62千米，济南66千米）。

黄委优先安排在山东省的济南与菏泽东明段实施黄河标准化堤防建设，是因为这两段堤防在黄河下游防汛中有着特殊位置。济南是省会城市，是山东省的政治、经济和文化中心，该段黄河河道狭窄，河床高出两岸地面3～5米，黄河堤防是济南的安全屏障，关系到数百万人民的生命、财产安全，防洪形势十分严峻。东明河段是著名的"豆腐腰"河段，河槽宽且浅，主流位置迁徙不定，水流散乱，具有变化速度快、摆动幅度大的特点，极易发生"横河"、"斜河"和"滚河"，形成水流顶冲堤防险工，造成冲决的危险，历史上多次发生决口。据统计，1855～1933年的78年间，东明河段发生决口多达23次；2003年黄河发生秋汛，2500立方米每秒左右的洪水就发生漫滩，东明滩区受灾严重，水围村庄141个，倒塌房屋3914间，受灾群众9.6万人，公

路、桥涵损坏严重，堤防出现了渗水、管涌、坍塌等严重险情。黄河东明段的汛情引起了党中央、国务院的高度重视，2003年12月14日上午，胡锦涛总书记来到东明县长兴集乡，看望黄河滩区受灾的群众。当年10月24日下午，回良玉副总理一行到东明县现场查看了郭庄渗水段和滚河防护工程，听取了山东黄河河务局局长袁崇仁关于东明郭庄渗水险情、滚河防护工程风浪淘刷坍塌险情出险和抢护情况的汇报，并乘冲锋舟到滩区黄杨寨、单庄两个被水围困的村庄，实地了解灾情，看望灾区群众，传达党中央、国务院对灾区人民的深切关怀。

也正是由于那场持续两个多月的秋汛和在秋汛抗洪中的共同经历，才使得从黄委到地方党委、政府在建设标准化堤防上达成高度共识。为确保按期完成山东黄河第一期标准化堤防建设任务，山东黄河河务局2004年2月6日向山东省人民政府报送了《加强领导，强化措施，确保按期完成我省黄河标准化堤防建设任务》的呈阅件，山东省政府领导高度重视，韩寓群省长立即做出批示，并指出：黄河标准化堤防是一项利在当前、功在千秋的伟业。副省长陈延明在工程建设协调会上对济南、菏泽两市领导说："为了黄河标准化堤防建设，可以说我们争取了几十年，努力了几十年。20世纪70年代初，黄河淤背固堤是山东的发明创造，现在才成为现实。标准化堤防建设主要是从河道里挖出泥沙来加固大堤，为此山东省和胜利油田拿了1.6亿资金在黄河河口做试验，都是为了争取工程尽快上马。如果我们抓住了机遇干上去，黄河南北两岸全部都建成标准化堤防，不说是固若金汤，起码遇到去年东明的水情、灾情，总不至于堤防那么单薄，全线渗水，这里出管涌，那里出渗水，日日夜夜在提心吊胆……"

为确保按期完成建设任务，黄委主任李国英亲自给山东省省长韩寓群写信。2004年8月19日，韩寓群省长看了李主任的信后，当即对济南、菏泽两市政府作出重要批示。根据韩寓群省长的重要批示，8月19日，陈延明副省长立即作出安排，并请王玉芬副秘书长亲自召开专题会议，搞一次专项检查。山东省政府黄河标准化堤防建设督导组也于当日赴菏泽、济南两市进行督导。

山东黄河标准化堤防建设第一期工程项目之集中、任务之艰巨、时间之紧迫、施工强度之大，均创山东黄河工程建设之最。正是有了这样的共识，正是为了一方百姓不再受洪灾之苦，当面对前所未有的年度工程量时，河务部门没有表现出丝毫的畏难情绪，省、市、县政府积极支持，做好沿黄群众的工作，千方百计打好这场黄河上史无前例的硬仗。

黄委主任李国英利用来山东检查工作的机会，多次向山东省委、省政府领导通报情况，并多次到施工现场视察指导。副主任徐乘、廖义伟、苏茂林等黄委领导，以及黄委机关有关部门领导多次深入到工地查看施工情况，给予了有力指导。2004年年初，黄委召开工作会议期间，李国英主任率领全河与会人员来山东参观济南与菏泽东明标准化堤防，并在济南历城标准化堤防现场召开表彰大会，亲自为受奖人员颁发证书，并带领黄委党组领导给标准化堤防建设的功臣们鞠躬，大家备受鼓舞。

山东黄河河务局党组把标准化堤防建设列为全局工作的重中之重、第一要务，要求各级全力以赴、动员全局力量完成工程建设任务。山东黄河河务局和济南、菏泽黄河河务局都成立了领导小组，层层签订了目标任务书。山东黄河河务局建立了例会制度，每周研究调度一次。袁崇仁局长定期或不定期地到工地检查调度，济南标准化堤防建设最后半个多月的紧要关头，袁崇仁局长每天去工地调度。山东黄河河务局先后向两工地派出四批工作组，尤其是进入2005年之后，能否按期完成任务，东明成为全河关注的焦点。为确保完成建设任务，山东黄河河务局派出以局长助理王银山为组长的8人工作组，进驻工地协调、指导施工，全权处理工程建设有关事务；

8个市河务（管理）局和山东黄河工程局均派出一名副局长常驻工地，坐镇指挥施工。

济南、菏泽两市及所属各级党委、政府对黄河标准化堤防建设都给予了高度重视，层层建立了领导机构，落实了责任制。两市市委书记、市长亲自过问，多次到工地检查指导。分管领导靠上抓，认真做好迁占等工作，努力优化施工环境。

二

群众搬迁工作是黄河标准化堤防建设的难点，工程涉及2个市、4个县（区）、14个乡（镇）、53个村，需迁安1840户、7700人，征地约1.35万亩，挖地约4.6万亩，迁房近30万平方米，工程迁占任务异常艰巨。济南段由于紧靠市区，人均土地资源少，房屋建设标准高，矛盾错综复杂，工作十分艰难。东明沿黄群众主要靠种地为生，经济比较困难，有的村庄土地全在临河滩区，在背河调剂宅基地十分困难。

迁占工作是制约工程建设的瓶颈，迁占做不好，施工将无从谈起。济南、菏泽黄河河务局作为建设单位，紧紧依靠地方党委、政府，积极主动地当好参谋，地方与河务部门密切配合，深入到群众中做了大量艰苦细致的工作，终于攻克了迁占难关。菏泽市把标准化堤防建设列入山东省"突破菏泽"战略的一项重点工程对待，市委、市政府主要负责同志亲自协调督察；分管市长带领有关部门实行一周一调度，现场解决实际问题。东明县派出5名县级干部，实行分片包段，"日通报、周调度"，在移民迁占、土场划定、土地征用、施工环境等方面积极搞好服务。县、乡两级政府还组建了标准化堤防建设治保会，市、县两级公安局及沿黄7个派出所联合在工地设立了3处"110"报警点，为工程建设保驾护航。

东明县政府根据工程赔偿标准和国家有关政策，出台了迁占补偿公告，张贴到所有拆迁村庄，做到了公开、公正、透明；菏泽、东明黄河河务局领导分段包片，并抽调骨干力量，会同县、乡(镇)及有关部门，组成迁占工作组，深入到各村庄和群众中做了大量卓有成效的工作，仅仅用了20多天就基本完成了迁占任务，攻克了迁占难关，为工程开工建设奠定了基础。济南市历城区政府注重"有情操作"，政策一口准，划线一次定，于2004年3月提前两个月完成迁占任务，不仅为工程施工创造了条件，而且有力地推动了全市迁占工作的进行。

说到迁占之难，首推济南市槐荫区的田庄村。该村有282户群众需要搬迁，其中近半数是二层楼房，而且人均土地不足0.4亩，又是省会近郊，是传统的蔬菜种植村，可谓寸土寸金，群众工作非常难做。由于赔偿价格相对其他工程偏低，迁占工作一度受阻。为了做好迁占工作，槐荫区区长、常务副区长、分管区长现场指挥，并向拆迁村派驻了工作组。段店镇党委、政府领导班子全部上堤办公，实行包村责任制，进村入宅，逐户登门；济南、槐荫黄河河务局全力以赴，配合地方政府做群众工作，宣传国家政策和标准化堤防建设的重要意义，并做好各项服务，争取群众支持，用"跑断鞋底子、磨破嘴皮子"来形容迁占工作人员的辛苦毫不为过。

精诚所至，金石为开。经过地方政府与河务部门长达7个月之久的艰苦卓绝的思想工作，终于说服感动了搬迁群众，2004年11月初取得重大突破，中旬全部完成搬迁任务，人们终于松了一口气。但这时距济南段最后完工期限仅剩一个多月的时间，60多万立方米土方的放淤固堤任务摆在了建设者的面前。

三

面对艰巨而紧迫的工程建设任务，在山东黄河河务局党组"集全局之策，倾全局之力，打好标准化堤防建设攻坚战"的号召鼓舞下，全局上下齐动员，加强领导，落实责任，强化措施，强力推进标准化堤防建设。

黄河记忆

济南黄河河务局2003年率先建成26.8千米的标准化堤防建设示范段后，2004年乘势而上，成立了槐荫、历城两个建设指挥部，局长李传顺亲自挂帅，7名局领导有5名常驻工地。从全局抽调16名处、科级干部充实到两个指挥部。济南市委、市政府、市人大、市政协等领导同志先后到工地现场办公，及时解决工程建设中的矛盾和问题。

2004年11月中旬，槐荫田庄拆迁一结束，按照山东黄河河务局的部署，济南黄河河务局及时组织了"田庄会战"。当时，有效工期不足一个月，而且到了寒冷的冬季，施工组织十分艰难。11月21日前后，济南地区又连续降大到暴雪，更为施工增加了难度。为了攻克济南段最后一个"堡垒"，济南黄河河务局车运和船淤并举，调集了6只吸泥船，集中向仅有160米长的田庄淤区输沙，同时组织300多辆大型自卸车拉土。当时，河道内机声隆隆，大堤上车流如梭，紧张的气氛如同抗洪抢险。为了保证在输沙管道破裂的情况下不停机，工地上出现了一支特殊的自行车巡逻队，自行车上挂满胶皮、铁丝、钳子、手电筒等，不论白天黑夜，一旦发现管道漏水现象，立即组织抢修；为了确保运土车辆畅通无阻，建设指挥部专门安排了一辆道路抢修车，及时抢修故障车辆，

标准化堤防工程机淤固堤百船大战

哪里道路不畅就出现在哪里。建设者们战浓雾、斗风雪、冒严寒，历尽千辛，排除万难，经过一个月的日夜奋战，终于取得了"田庄会战"的决定性胜利，确保了济南标准化堤防建设的顺利完工。

菏泽东明标准化堤防建设工程项目集中、投资集中、时间集中，迁占赔偿工作量大，要在一年多的时间里，在61.135千米的范围内，完成投资近10亿元和4000万立方米土方、18.58万立方米石方以及61.135千米堤防道路等工程，任务异常艰巨。为了确保按时、优质、高效地完成工程建设任务，菏泽黄河河务局于2004年一开始，一是从机关和各县区局抽调50余名骨干组成工程建设项目管理办公室，局长王玉华挂帅，领导班子成员除一人留在机关处理日常工作外，其余全部上堤分段包片，盯在工地，靠前指挥，现场调度；东明黄河河务局干部职工全力以赴，配合地方党委、政府做好移民迁占和优化施工环境工作。二是于2004年春节期间，组织人员加班加点编制了《东明标准化堤防建设实施方案》，制订了详细的工程建设进度计划，以倒排工期的方式编制了详细的施工组织方案。三是与所属4个参建县(区)黄河河务局签订了目标责任状，强化压力，落实责任，明确奖惩，纳入年度考核目标，实行重奖重罚。四是强化建设管理各个环节，在做好前期工作的基础上，抓开工、抓质量、抓进度、抓管理、抓程序、抓安全，组织劳动竞赛，定期进行评比，当场兑现奖励，促进了工程施工的进度。五是针对工程战线长、干扰多的现状，市、县黄河河务局领导分段包片，会同县、乡领导积极做好群众思想工作，山东黄河河务局工作组一名副组长专门负责协调关系；同时，在地方政府和公安部门的支持下，在沿线设立了3个"110"报警点，努力排除干扰，维持施工秩序，优化施工环境，保证施工顺利进行。

在济南标准化堤防建设完成后，山东黄河河务局调集全局人力、设备支援东明标准化堤防建设，施工高峰时，

有近5000人、88条吸泥船(组合泥浆泵、电泵平台)、2000多辆大小车辆投入施工,放淤固堤输沙管道总长近600千米,淤沙日产量高达25万多立方米。继2004年在济南、菏泽东明两处工地先后开展"奋战'十一'黄金周"和"奋战一百天"活动后,2005年3月,针对东明标准化堤防建设面临的严峻形势,山东黄河河务局党组做出了"决战一百天,打好攻坚战,确保按时完成东明标准化堤防建设任务"的决定,在东明标准化堤防建设工地掀起了春季施工热潮。按照山东黄河河务局党组"一切工作都要服从服务于东明标准化堤防建设"的要求,局机关各部门、局属各单位全力支持标准化堤防建设,一切工作都为标准化堤防建设让路,全力搞好服务。山东黄河河务局驻东明标准化堤防建设工作组本着指导、督促、协调、服务的原则积极开展工作,优化协调各方面关系,调度施工力量,促进工程平衡发展,施工紧张时每天都到工地巡回检查,每周协调调度一次,及时研究解决施工中存在的问题。

为提高施工水平,山东黄河河务局在东明工地举办了标准化堤防建设技术研讨暨经验交流会,对放淤固堤、堤防道路工程等从施工技术、组织、管理等方面进行深入探讨,总结交流施工经验,成功地解决了施工中遇到的一系列技术难题。广大建设者不断对吸泥船、渣浆泵、加力泵等进行技术革新,创造了14千米远距离输沙、日产放淤固堤土方25万立方米的奇迹,再次展现了黄河人的聪明与才智。

承担施工任务的8个市黄河河务(管理)局、山东黄河工程局,以大局为重,不计得失,从人力、物力、财力上全力支持东明标准化堤防建设。在周转资金不足的情况下,发动职工集资5248.2万元,及时送达工地,解决工程急需;更多的施工企业放弃盈利大的对外施工项目,调集施工人员、设备,抢时间,赶进度,在围堰上全部拉上了照明灯,昼夜奋战;有的科学安排,淤沙与盖顶同时进行，及早进行红土储备，把施工时间压缩到最短。坐镇工地协调指挥施工的各市黄河河务（管理）局和山东黄河工程局的领导人，盯在工地，帮助企业出主意、想办法，同广大职工一起日夜奋战。

四

在急、难、险、重任务面前，广大黄河职工舍小家、顾大家，付出了艰辛的劳动，涌现出了许多可歌可泣的感人事迹。2005年农历腊月二十九下午，山东黄河工程局工程一处的3号船钢缆被流冰拉断，船长杨兴泉顾不上自身安危，在抢修管道时，不慎掉进冰冷的大河里，幸亏挂在了下游1.5千米外的吸泥船浮桶上。被救上岸时，他已休克失去知觉。经东明县医院全力救护，杨兴泉奇迹般地活了下来。腊月三十下午，下着小雪，4名职工为了抢护围堰，跳到齐腰深的冰水中，一干就是一个多小时，浑身的泥水冻得硬邦邦的。对于这些，职工们不叫苦、不喊累，他们说"这些太正常了"。有个叫王贡献的黄河职工，父母亲已去世，只有兄妹二人，几年没回家的妹妹从甘肃赶回家过年，可为了工程建设，他却没有回家与家人团聚。东明县分管副县长大年初一到工地慰问，看到春节期间坚持施工的艰苦场面时，深受感动地说："像你们这样的干法，别说在菏泽，就是在全省也是没有的。"

2004年夏天持续高温，秋季秋雨连绵，广大建设者在炎炎烈日下坚持施工，吸泥船上和职工休息的简易工棚里，气温高达40多摄氏度，晴天一身汗，雨天一身泥，夜晚蚊虫叮咬，饱尝艰辛。接着冬春又异常寒冷，创山东18年来寒冬之最，大雪一场接一场，直到2005年3月上旬还零下八九摄氏度。广大建设者在零下十几摄氏度的大河里坚持施工，输沙管道经常被冻成冰棍，火烤水冲，一节节卸开敲打，什么办法都用过，管道冻裂无数。职工在刺骨的寒风中抱着水枪冲沙造浆，尽管戴着厚厚的手套，但双手仍被冻得麻木难忍，稍不活动就和水枪

黄河记忆

冻在一起。

2005年春节期间，天气寒冷，大雪飞舞，气温持续零下十几摄氏度。在冰天雪地的东明标准化堤防工地上，2000多名黄河职工坚守岗位，与飞雪共舞，为大河守岁，掀起了春节施工热潮。东明黄河百里长堤上，随处可见刺骨寒风中忙碌的人们、穿梭拉土的车辆、往返作业的筑堤机械。从除夕到正月初七，每天都有30余只吸泥船坚持正常生产，完成淤沙土方51.74万立方米，平均日产土方6.47万立方米。

在困难面前，黄河职工尽显"铁军"本色。顶烈日，冒风雨，战飞雪，风餐露宿，日夜奋战，不管是"五一""国庆"，还是"元旦""春节"，都没有停工停产。许多黄河职工几个月不回家一次，以"流血流汗不流泪，掉皮掉肉不掉队"的精神，克服了常人难以想象的困难，涌现了许许多多可歌可泣的感人事迹。

随着东明标准化堤防建设的完工，山东黄河标准化堤防已英姿初显，为今后黄河防洪工程的正规化、规范化管理和防汛抢险奠定了良好基础。两段集"防洪保障线、抢险交通线、生态景观线"为一体的黄河标准化堤防，以气势磅礴的雄姿展现在了世人面前。

竣工的黄河标准化堤防

历史记录了第一期标准化堤防建设这段难忘的岁月，历史不会忘记这一前无古人的创举。

（摘自2009年7月山东黄河文化丛书《千秋伟业》）

聚焦"金像"
——济南黄河标准化堤防摘取"鲁班奖"追踪

徐清华　朱兴国　徐兴涛

100多年以前（1855年），浩荡不羁的黄河在铜瓦厢冲破堤防约束，由原来的夺淮入黄海，折向东北，改走济水入渤海，自此因济水而命名的济南，有了与黄河相依为伴的历史。

一个多世纪以来，黄河在济南福祸共存，喜忧参半，一半是水资源供给支撑，一半是防洪威胁。可能更多的是后一个原因，黄河在泉城一度不受欢迎，不被关注。"意识里那总是一个风沙弥漫、荒凉苍茫的地方"。

但今天，济南的黄河变了，她成了与泉水齐名的旅游去处，成了市民亲水情结的又一载体。黄河在济南的可亲可爱，由黄河堤防的沧桑巨变可见一斑。

与"鸟巢"共享殊荣

历史上的黄河，下游最明显的特征莫过于河无定势、游荡不羁，"三年两决口，百年一改道"。河流流经之处，就是堤防诞生之地。伴随着人与自然的斗争和抗衡，黄河的历史在某种意义上也是一部堤防变迁史。

2008年12月26日，北京，远古走来的黄河堤防闪耀水立方，济南黄河标准化堤防问鼎"鲁班奖"，登上

黄河记忆

鲁班奖奖牌

中国建筑工程质量最高奖的领奖台,这也是黄河防洪工程首次摘取国家级建筑工程质量"桂冠"。

98座鲁班金像是98座现代建筑的靓丽音符。黄河,无异是在刷新自己的历史!

当与国家体育场"鸟巢"、国家大剧院、首都机场三号航站楼等这些享誉世界的精品佳作同步登上"鲁班奖"领奖台时,济南黄河标准化堤防的建设代表刘金福按捺不住内心的激动,他感慨颇多:"总觉得自己一辈子土里来、泥里去。世代河工都是搬搬石头、修修土堤,哪敢奢望有一天登上国家建筑精品的荣誉殿堂?"

"鲁班奖",素有中国建筑界的"奥林匹克"之称。它秉承质量第一,坚持高标准、严要求、优中选优和宁缺勿滥的评选原则。1987年设立至今,已评选21届,产

济南黄河标准化堤防工程荣获鲁班奖颁奖现场

生了千余项"鲁班奖"工程。但它也因严格控制质量标准，曾连续几年出现预定奖项空缺的现象。

而今随着我国现代建筑业的飞速发展，质量高、科技含量高的建筑工程层出不穷。1996年以来，"鲁班奖"和"国家优质工程奖"合二为一，大幅度增加了评奖名额，但其竞争激烈程度仍呈有增无减之势。2008年"鲁班奖"评审中，共有万余项工程参加角逐，最终参评160多项，评定98项。由此可见，济南黄河标准化堤防是"百里挑一"的结果。

那是2008年9月4日，济南黄河标准化堤防迎来"鲁班奖"复查工作组的7位专家。5日这一天，是专家组集中复查的日子。

上午，复查工作拉开帷幕。以李鹏庆为组长的评审专家逐项听取申报单位关于济南黄河标准化堤防工程概况、质量情况介绍，观看反映工程建设过程及工程管理面貌的电视片和多媒体汇报。然后，在申报单位回避的情况下，听取设计、监理、建设单位及使用单位、质量安全监督单位对工程质量、使用功能的意见。

11时30分许，专家组来到济南黄河标准化堤防上首槐荫段，开始自上而下现场审查。现场审查不预先定点，而是随走随抽查。当行进到槐荫杨庄黄河险工时，专家要求停车看工程，7位专家走到22~23号坝头，分头行动，审看工程质量、工程美化、工程管理情况。其中有一位水利专家，可能是最清楚水利工程建设的薄弱环节在哪里，他顺着石坝阶梯走下去，仔细察看石坝砌垒及石缝排列是否严密，坝体根部及护坝根石排列是否规则。陪同人员说，"专家查看工程就像在地上寻针一样细心"。

随后，专家组在标准化堤防槐荫下界柳七沟堤段，停车审看背河工程管护及生态建设。背河堤坡是防洪工程的"隐秘"角落，专家组选择远离城区人迹罕至的堤段审看，可见其"煞费苦心"。几位专家分别沿着淤背区步行向两侧走出50米左右进行查验，有的还走下堤坡

观察。专家们边看边议论，不时对工程拍照。

12时30分许，专家一行抽查至标准化堤防天桥段。穿越占地2000多亩碧绿的银杏林，在黄河险工66号坝，各位专家分头进行审看，大家指点着、议论着。终于有一位专家像发现了"新大陆"，指着坝体石缝里长出的一株小草说："管理应该更细心些，坝坡石缝里是不应该长草的。"在经过泺口水文站牵引测流缆绳的铁塔时，有专家指出："铁塔上有锈迹，附着在工程上的建筑物应该加强维护。"

整个济南标准化堤防工程总长66.55千米，结束现场查看已是14时。

下午，专家们依据相关规定及标准，检查申报工程内业资料，包括工程立项的审批文件，建设用地、建设工程规划许可证，工程招标及承包合同文件，施工许可证，建设工程竣工验收资料，荣获省优、部优工程的文件证书等，以及施工组织设计、施工方案，分项、分部及单位工程质量验收记录等资料，一一过目，务求完备。

晚上，专家组聚在一起讨论复查意见。这一夜，对于期待中的黄河人来说，显得格外漫长……

7日上午9时30分，复查专家反馈结果，在综合考量工程建设设计、施工质量、科技创新、管理养护和实用效用的基础上，给出了"上好"的结论！

至此，评审进入终审程序。其后又是漫长的等待。11月21日，评审结果网上公示。12月3日，中国建筑业协会正式发文确认获奖工程名单。至此，黄河人心里的石头落了地。

回顾这一评选复查过程，曾亲历过济南黄河标准化堤防建设的李传顺局长告诉记者："评审过程严谨、细致、认真，甚至达到苛刻程度，专家组对工程审核一丝不苟的态度令人敬畏。"

济南黄河标准化堤防投资4亿元，与奥运工程鸟巢、水立方、奥帆中心以及首都机场三号航站楼等投资上百亿的大手笔相比，的确"个头"小了点。但它却给复审专家以规模宏大、气势磅礴、令人震撼的直观印象。专家们甚至深怀感触地说："工程建设历时4年之久，堤防上的每一寸土、每一块石头，都浸透着黄河人的汗水。历史上，大禹和李冰是治水的先驱。我们看了黄河标准化堤防之后，感觉你们（黄河人）就是当代的大禹！当代的李冰！"

作为黄河人，有没有那种像鸟巢建设者一样的自豪感、荣誉感？

12月27日，"鲁班"金像从北京飞抵济南，济南黄河河务局的干部职工闻讯纷纷前往一睹为快，山东黄河河务局以及曾经的承建单位代表也先后前去欣赏这一"时代丰碑"。

2008年济南黄河标准化堤防工程荣获鲁班奖记事碑揭碑仪式

12月31日，黄委在济南召开标准化堤防荣获"鲁班奖"表彰大会，并立碑纪念——这一中国共产党领导下人民治黄60多年历程中的第一个"鲁班奖"。工程的相关建设、施工、设计、监理、管理、使用等单位、部门千余人参加了"鲁班奖"落地仪式——他们都是济南黄河标准化堤防的建设者和见证者！

回望地平线

当2000多年前的"鲁班"手持墨斗前来丈量同样经

黄河记忆

历了千年风雨的黄河堤防时，历史的时空在这一刻会意握手：他们都达到了一个新的时代高度，"班母"所及之处，亦是新的起点跃升之时。

那是2002年11月14日上午，河风萧萧中，济南黄河标准化堤防建设拉开帷幕，山东省人民政府一位副省长在济南历城堤段举行的开工仪式上宣布了开工令。2003年完成了26千米，2004年年底，主体工程全部完工。2006年9月，包括附属工程各子项目全部通过竣工验收。

按照国务院批复的《黄河近期重点治理开发规划》，建成的黄河标准化堤防要统一形成：大堤堤顶普遍帮宽至12米，中间修筑6米宽平顺的沥青路面，堤顶两侧种植行道林；100米宽的淤背区内适生林广泛种植；背河种植10米宽的护堤林，临河种植30米宽的防浪林，构筑集"防洪保障线、抢险交通线、生态景观线"于一体的绿色"水上长城"。黄河标准化堤防建成亮相济南，为泉城增添了一道新的生态屏障和绿色风貌带，工程荣获2007年中国水利工程优质（大禹）奖。

谈起今天标准化堤防荣膺大奖，李传顺显得很平静，这位工程建设单位——济南黄河河务局的"一把手"说，标准化堤防赢得"鲁班奖"，得益于工程建设的科学规划和正确决策，得益于广大干部职工的心血付出，荣誉属于黄河！

但工程建设那战天斗地、战风斗雪的日日夜夜却足以让每一个参建者铭记终生。寒来暑往，吃住在大堤帐篷里，工期紧张，千人大会战。2004年11月，济南槐荫田庄会战，为在一个月内完成淤沙60万立方米和8万立方米的载土盖顶任务，他们调度了一切可以调用的力量，数十只吸泥船、渣浆泵和60辆大型自卸车投入到2千米的作业区。创造了一个个施工奇迹：第一次投入黄河施工的渣浆泵，在输沙距离10多千米的情况下，创造了单泵日产量超过5000立方米的骄人战绩；田庄淤区最后合围时刻，6只吸泥船同时向仅有160米长的淤区内放淤，实属前所未闻……千军万马集中崖战的情景，着实考验了标准化堤防建设的统筹调度和科学管理水准。

也正是这些奇迹，衍生出一项项科技突破和技术创新，成为标准化堤防荣膺"鲁班奖"的得分之举。专家们除了看中黄河标准化堤防工程的质量高、规模大，对建设施工的各项突破也广为认可。

譬如，工程建设采用冲吸式吸泥船从黄河河道内采沙的水力冲填施工技术，达到了加固饯台与挖河减淤的双重目的。同时，节约土地24360亩，工程成本降低50%。在国内水利工程施工中首次设置4级加力泵站，逐级传递，有效解决了超长距离输沙问题，避免了近距离挖沙对堤防的影响，同时提高了施工效率。

施工中研究使用的"冲吸全喂入式笼头""环氧树脂涂金刚砂耐磨泵叶"等新技术，采用改进型渣浆泵新工艺，推广应用400毫米大直径输沙管道，使施工设备稳定地保持在500~700千克每立方米高含沙区运行，创造了冲吸式吸泥船单船日产土方超过3000立方米、月产量超过10万立方米的历史最高记录，提高了吸泥船和泥浆泵的工作效率。

建成后的济南标准化堤防

黄河记忆

同时，他们还在施工中自主研发运用了"同位素泥浆浓度测量仪""吸泥船远程计量核算系统"，保证了工程量的准确计量。建设者根据黄河流量、含沙量的变化，采取及时调整船位和输沙管道出水口高度、位置等技术措施，采取多种措施保证尾水排放速度，控制尾水含沙量不高于3千克每立方米，回淤量控制达到行业先进水平。

从设计理念到质量标准，从精细管理到综合功能发挥，黄河标准化堤防的每一个环节、每一步成长，无不印证着"鲁班奖"所倡导的精益求精和勇于创新的精神。

当来之不易的济南黄河标准化堤防工程建成后，参建人员又抓住国家推行管养分离改革的有利时机，高标准、高起点规划实施了堤防工程的绿化、美化和精细化管理工作。大到管护设施，小到一草一木，无不匠心独运，别具一格。当前的百里长堤上，已形成由百亩紫薇园、百亩杜仲园、百亩黄金梨园和千亩银杏片林、解放军青年林、中日友谊林等生态画卷组成的绿色长廊。行道林长柳飘逸、红叶婆娑、紫薇争艳；背河绿草如毯、树木掩映、景石点缀；临河险工雄峻、备石列阵、亭台错落，映衬得工程愈加靓丽。

常年生活在黄河岸边的一位老者说，黄河大堤旧貌换新颜，让市民对黄河一下子拉近了心理距离，有了新的憧憬和企盼。"鲁班奖"复审专家曾在看过现场后感叹：黄河标准化堤防工程是水利工程的样板工程，"防洪保障线、抢险交通线、生态景观线"的特点十分突出，使水利堤防工程建设进入新阶段。

当前，黄河标准化堤防工程建设仍在河南、山东两省数百千米的河岸旁大规模推进。回首千年的历史，沧海桑田见证了黄河堤防的春秋演变。黄河堤防由单薄走向健壮、由残破走向新生的每一步，无不是一个个不断超越地平线的精彩瞬间！

俄罗斯女子撑杆跳高名将伊辛巴耶娃第24次打破世界纪录后说："只有天空是我的极限！"

捧回"鲁班奖"之后，刘金福告诉记者，申报参评的过程其实是一个学习提高、积累经验的过程，纵横比较我们也看到了自己的不足和薄弱环节，比如科技进步和管理创新的更上层楼，这应该是我们努力追求的方向和重点。

（本文载于2009年1月1日《黄河网》、《黄河报》）

"鲁班奖"简介

"鲁班奖"全称"建筑工程鲁班奖"，1987年由中国建筑业联合会设立。取名源于中国建筑业鼻祖鲁班，该奖的设立旨在增强行业质量意识，推动工程质量不断提高。该奖有严格的评选办法和申报、评审程序，并有严格的评审纪律。"鲁班奖"工程由我国建筑施工企业自愿申报，经省、自治区、直辖市建筑业协会和国务院有关部门（总公司）建设协会择优推荐后进行评选。1996年7月，建设部将1981年政府设立并组织实施的"国家优质工程奖"与"建筑工程鲁班奖"合并，定名为"中国建设工程鲁班奖"（国家优质工程）。该奖是我国建筑行业工程质量方面的最高荣誉奖，建设部、中国建筑业协会对荣获"鲁班奖"的单位，授予"鲁班奖"金像和荣誉证书，对主要参建单位颁发奖状，并通报表彰。获奖企业在获奖工程上镶嵌统一荣誉标志。中国建筑业协会还编纂专辑，将其载入史册。

黄河记忆

筑牢东平湖防洪体系

刘性泉　张玉国

2016年4月，国家发改委批复《黄河东平湖蓄滞洪区防洪工程可行性研究报告》，总投资6.53亿元的建设项目即将进入实施阶段。这对完善东平湖蓄滞洪区防洪体系，提升抗御洪水强度至关重要，对东平湖来说无疑是个天大的喜讯。

东平湖是黄河下游重要蓄滞洪区，地跨山东泰安、济宁的东平、梁山、汶上3县，是确保山东黄河防洪安全的"王牌"工程，是山东黄河"哑铃战略"的重要一环，是黄河"上拦下排，两岸分滞"防洪体系的重要组成部分。

追忆人民治黄70年，一代代治黄人在实践与探索中不断完善加固东平湖防洪体系。他们战天斗地、搏风击浪、拼搏奉献，为确保黄河、东平湖防洪安全，前赴后继、永往直前，用汗水和心血谱写出东平湖综合治理与开发的新篇章。

东平湖的前世今生

历史上，东平湖一直是黄河的自然滞洪区，黄河水大便自然漫溢入湖，对减轻下游防洪压力作用明显。人民治黄70年，黄河岁岁安澜，东平湖功不可没，先后7次分滞蓄黄河洪水，危急时刻力挽狂澜，牺牲局部保全大局，吞洪吸浪彰显"王牌"风范。

新中国成立后，开始对东平湖进行大规模治理。

1952年，黄委对东平湖滞洪区进行了第一次系统建设规划，初步构筑起分级运用的东平湖防洪体系；1958年黄河大水后，国家正式批准将东平湖建设为能控制运用的平原水库，修建了环湖围堤和进出湖闸；1960年全湖试蓄洪运用后，针对存在的问题进行了一系列调整和加固改建。

20世纪90年代到"十五"期间，国家通过各种渠道加大对东平湖防洪工程建设投资。加培二级湖堤，提高老湖的防洪能力；改建陈山口、清河门泄洪闸，加大泄洪流量；疏浚入黄河道，打通泄洪"梗塞"；修复戴村坝，恢复固槽拦沙、缓流杀势功能；加高加固大清河北堤，消除堤防渗水险情；改建八里湾闸，为洪水南排创造条件；新建庞口闸，防止黄河倒灌淤积，东平湖防洪工程设施基本完善。

"01·8"洪水后加固大清河北堤

逐步加固筑牢东平湖，"十一五"治理成就非凡

2006年，党中央提出树立科学发展观和构建社会主义和谐社会的重大战略思想。2007年，水利部提出"民生水利"概念，开启治水新时代，东平湖管理局抢抓机遇，先后完成东平湖综合治理、黄河堤防标准化建设等，防洪体系日趋完善。

黄河记忆

东平湖围坝是1958年黄河大水后在原民埝基础上雨季突击抢修而成，施工质量较差，在1960年试蓄洪运用中半数以上坝段出现渗水等严重险情，存在了半个多世纪的"心腹之患"一直未能根除。

面对坝基渗漏等问题，在完成2003年开工建设的亚行贷款项目围坝除险加固后，2006年8月亚行贷款Ⅳ期项目围坝除险加固工程开工，2007年12月通过竣工验收，对77.9千米的围坝进行了坝基截渗处理，翻修了部分坝段石护坡、加高帮宽了坝身等。东平湖管理局视质量为生命，以"确保合同工期，争创优质工程，创建和谐、安全、文明建设工地"为目标，创新实施一系列建设管理措施。加强建设部、监理部、项目部"三部"建设，实行例会、巡查、飞检和通报制度；建立完善由施工单位保证、监理单位控制、项目法人检查和政府机构监督等多层次质量管理体系；创新和推广"三新"成果，采用水泥土搅拌桩截渗墙搭接高摆喷截渗墙施工技术；坚持工程建设与精神文明建设的有机统一，荣获黄委"文明建设工地"。

2008年12月，该局黄河标准化堤防工程开工。以"建设管理规范、工程质量优良、投资效益明显、施工文明安全、干部廉洁勤政、提前完成任务"为总目标，举全局之力推进工程建设。为解决迁占赔偿难题，以地方政府为主导，坚持"透明迁占、依法迁占"，落实责任，包户到人；泰安、济宁两市领导多次一线督导，各级共同推进

东平湖蓄滞洪区石洼进湖闸 张玉国 摄

工作进展；创新实施"动车组式"管理模式，"行政约束、合同管理、监理控制、效能监察"多动力驱动；严格推行监理、质监和两级项目办"四位一体"的质检制度，加强事前预控、现场核查和过程控制；优化机械设备组合，合理布局施工场地，全面落实进度计划。2010年9月底，

工程提前完工。

"十一五"期间,东平湖管理局防洪工程建设实现历史性突破,共完成投资约5亿元,其中东平湖综合治理项目荣获中国水利工程"大禹奖"。

防洪体系更加完善,"十二五"治理成效显著

2011年,中央一号文件出台,水利工作摆上党和国家事业发展更加突出的位置。"十二五"国家继续实施大江大河治理,水利改革发展加快,东平湖防洪体系也得到进一步的健全完善。

始建于2003年的庞口闸,原设计作用一是防止黄河水沙倒灌淤积,二是遇汶河超5年一遇洪水适时破除闸东围堰,"闸堰结合"泄洪。07·8洪水期间,东平湖现超警戒水位,完全开启庞口闸后又破除闸东围堰,但水流冲刷剧烈,洪水无法节制,不得不提前强行堵复口门,耗资近千万元,泄洪流量不足成为制约东平湖防洪安全的重要"瓶颈"。2012年发改委批复实施庞口闸扩建工程,山东河务局将其列为重点度汛工程,东平湖管理局组织精兵强将大力推进工程建设。工地两侧临水,犹如泥潭,采用35眼深井降水,高峰期35台潜水泵昼夜不停;

黄河下游蓄滞洪工程——东平湖水库

为清除上层高黏性土，先调来履带式挖掘机，铺上钢板，把高黏性土挖运出来，才能开进大批施工机械。2013年汛前主体工程完工，彻底结束"闸堰结合"泄洪入黄的历史，为东平湖加设了一个"安全阀"。

二级湖堤是东平湖新、老湖区分界线，新湖无水，老湖却水深浪高。2003年10月，老湖持续6级以上北风达80多个小时，最高风力11级，风浪爬坡高达5米，二级湖堤石护坡坍塌长度16.85千米、面积4.53万平方米。2012年，解决防风浪不足的关键工程——二级湖堤加固工程通过国家批复。栅栏板混凝土护坡是二级湖堤加固主要施工任务，这是黄河防洪工程首次运用的新工艺，没有现成的经验可循。为提高防浪效果，工程采用现场浇筑，却遇到斜坡立模难、混凝土易流动、模具易变形等难题。建设者经过反复研究，制出装拆快捷、操作简便的模板结构，有效保障了施工进度和质量。2013年11月工程完工，消除了二级湖堤防风浪强度不足的隐患。

新修建的二级护堤防浪栅栏

"十二五"期间，该局完成防洪工程建设投资约1.6亿元，进一步解决了东平湖防洪运用中暴露出来的突出问题，增加了安全屏障。

补强短板再壮筋骨，"十三五"迎来发展良机

随着国家持续加大对水利基础设施的投入，"十三五"

东平湖防洪体系中的薄弱环节将进一步得到改善，补强短板，再壮筋骨。

黄河下游"十三五"防洪工程是国家重点推进的172项重大水利工程之一，东平湖段主要包括梁山机淤固堤、山口隔堤截渗、马山头涵洞改建等。工程于2015年11月开工，至2016年6月底，已按计划完成各项主体工程。

《黄河东平湖蓄滞洪区防洪工程可行性研究报告》主要包括东平湖围坝堤防加固、护坡改建、大清河河道整治、清河门闸机电设备启闭机改造等，项目的实施将全面改善和加固东平湖防洪工程的薄弱环节。

石洼、林辛、十里堡3座大型分洪涵闸除险加固工程可行性研究报告也已通过国家发改委批复，林辛闸已进入招标实施阶段。3座分洪闸的除险加固建设，将再次为分滞黄河洪水筑牢基础，确保下游防洪安全。

随着党和国家的不断重视，东平湖防洪体系的日趋完善，在党政军民团结奋斗下，相信一定能够战胜极端天气带来的自然灾害，战胜黄河、汶河超常规洪水，护地域经济发展，保一方百姓安康。

亚行项目修建东平湖围坝混凝土护坡

黄河记忆

百岁险工展新颜

张福禄

当翻开2014年日历的那一刻,东堤险工开始踏上了100岁征程。

阳谷金堤河东堤险工,是金堤河上最下游一处险工。500多年前,黄河迁徙、决泛,孕育出了一条自河南省滑县向东北而行的河道雏形。1453年,徐有贞借助河道实施引水济会通河工程,形成了一条长达158.6千米的河道——金堤河,并成为黄河下游的一条支流,流域面积5047平方千米。金堤河洪水出口就处于阳谷黄河与金堤河交汇处的东堤险工附近。为了抗击洪水对堤防的冲刷,1914年,在这里建设了一处防御洪水的工程——东堤险工。

金堤河深水区的东堤险工

金堤河流域呈狭长三角形,上宽下窄,东西长200多千米,最宽处近60千米。金堤河阳谷段长43千米,流域面积77.84平方千米。金堤河阳谷段处于金堤河的深水区。为了保障北金堤的安全,清光绪三年(1877年)开始,在阳谷县北金堤上开始修做坝岸工程,防止洪水冲刷。

1914年,东堤险工开始建设。当时险工长1420米,曾建有4段坝,历年累计用石头0.787万立方米、土方3.76万立方米。据1950年1月统计,该险工有7道砌石坝,坝长7~16米，宽12~26米，高1.8~3.9米，坡度1:0.5，抛石高0.8~1米。1950年整险改建，坝头加高加长，抛为乱石坝二段，即1、2号坝，同年新增3号"人"字坝，乱石围护。1976年复堤时，1~3号坝全部占压，拆石做三段乱石护坡。4号坝于1952年修建，当年抛为乱石坝，1964年加高为1.5米，1965年修建了裹头护岸。

历经百年风雨沧桑，截至2005年，东堤险工已显得坝头低矮，标准低，工程面貌破烂不堪，再加上该险工处于金堤河最下游的黄河口门处，受资金所限，自1976年到2005年进行整修之前一直没有动"手术"。2005年，展现在人们面前的是破烂的坝头、高低不平的坝面，曾被人们描述为"獾狐出没，垃圾成堆"之地。

东堤险工加固抗大洪

新中国成立后，国家对北金堤进行了三次加固，东堤险工也得到建设，但是坝岸抗洪强度和面貌依然很差。1999年，国家对金堤河干流按"三年一遇"排涝标准进行了疏浚治理，加快了上游洪水下泄速度，上游洪水集中在位于阳谷境内的北金堤滞洪区末端，让金堤河末端的防汛形势变得异常严峻。但是，阳谷北金堤工程依然存在很多问题。据阳谷黄河防办同志告诉笔者，目前，阳谷境内北金堤尚有几十处在册的险点险段。

据了解，2000年以来，金堤河大洪水频率增大，破坏能力增强，灾害造成的经济损失增大。2000年，金堤河发生大洪水。7月7日16时，金堤河范县水文站流量陡增至270立方米每秒。7月10日，台前县城南关大桥水位达43.22米，接近历史最高水位。12座桥梁淹没深度达到了1米以上。其中，3座桥梁地基深陷，桥板倾斜。北金堤堤防、险工出现大量水毁工程。金堤河贾垓险工和张秋险工坝头进行了抛石抢险，东堤险工更是危机四伏，加固改建势在必行。

2005年9月，东堤险工人声鼎沸，机器隆隆……东

堤险工改建加固工程施工全面展开。按照设计，东堤险工改建工程将原来的坝头进行了拆除，改建成了一道长长的扣石护岸，岸顶设计高程49.76米（原来高程47.5米），坦石宽1米，结构为丁扣石结构，外边坡1:1.8。新建设险工护岸，在保证防洪工程设计需要的情况下，力求工程建设与黄河和金堤河浑然一体，体现水利景观特色，兼顾自然生态。

9月26日，阳谷黄河河务局开始进行工程拆除改建加固施工。此时已到深秋，为了能按时完成施工任务，施工人员不怕风雨，不顾寒冷，加班加点进行工程拆除，10月11日安全完成了乱石拆除任务，11月15日开始新坝体扣石石方施工。施工人员严格按工程施工标准，对每一块石头进行精心打凿，并坚持随施工随检查，防止出现燕窝洞、直缝、小石等现象，此次施工共完成丁扣石873立方米。新建后的东堤险工，犹如一道金光闪闪的弧线银条镶嵌在东堤险工。清一色的丁扣石，排列规范整齐，犹如一件精雕细琢的艺术品，工程面貌焕然一新。有人说，以前的险工如果用一位衣衫褴褛、疾病缠身的"叫花子"来形容，那么现在的险工则是精神饱满、刚毅强壮、威风凛凛的"将军"。2010年、2013年金堤河再次发生超警戒水位洪水，东堤险工安然无恙。

东堤险工绿化容颜新

"这里是俺村的花园啊！"

"咱这里是聊城摄影家协会的摄影基地，也是咱村民游玩的风水宝地！"

如今，人们对东堤险工的景色赞不绝口。

2008年，根据生态环境建设规划，在保障工程抗洪强度的基础上，阳谷黄河河务局对东堤险工进行了绿化建设，将景观工程的美观性和艺术性元素注入险工。在东堤险工栽种了观赏树，建设了石亭、石碑等人文景观，并点缀了景观石等"园林小品"，埽面上种植了草坪、黄杨、合欢树、紫叶李、三叶草等，铺设了鹅卵石的石径。通过园林性艺术配置，使东堤险工的文化气息逐渐浓郁，使之兼具防洪功能、景观亮点、旅游设施，给人一种回归大自然的意境。春天杨柳依依，蜂蝶飞舞，游人如织；夏天合欢花开，香飘四溢……

阳谷河务局职工修剪堤防草皮

如今的东堤险工堪比公园。置身凉亭，看金堤河漫天碧水；俯视草绿，彰显盎然生机。险工垂柳随风飘逸，轻舞飞扬；凉亭中情侣偎依细语，亭上燕子呢喃。人们或逗水、或散步、或观柳、或下棋，他们神情悠闲，让金堤河变得更加热闹和美丽。

百年沧桑岁月，东堤险工在与洪水的抗衡中成长。如今，一个巍然而立、光鲜四溢的新东堤险工展现在人们面前。相信，随着国家水利建设力度的加大，金堤河险工和北金堤工程将得到新的发展，展现在人们面前的将是一条新的抗洪保障线、一道新的靓丽风景线！

黄河记忆

"红心一号"开辟治黄新纪元
——山东黄河放淤固堤技术的创新与发展

李芹国

据权威统计,黄河每年进入下游的泥沙多达16亿吨,其中有4亿吨淤积在河道里,致使下游河床平均每年以10厘米的速率淤积抬升,黄河下游形成了典型的地上"悬河",给防洪保安全带来了巨大压力。减少泥沙淤积,确保黄河安澜,成了历代治黄者孜孜以求的目标。

1978年的春天,是一个"科学的春天",黄河职工创造的引黄放淤固堤成果获得了全国科学大会奖。

引黄放淤固堤是由黄河职工因地制宜、自主创新的、最为简便、最易实施的治理措施,为处理黄河泥沙、巩固堤防闯出了一条新路子,它是实现黄河长治久安的一个重大发明创造,一项战略举措,是黄河下游治理实践中的伟大创举。放淤固堤技术的成功推广,无疑开启了又一扇建设堤防的新大门。

2008年10月,来自全国各地的专家齐聚山东共同庆祝引黄放淤固堤成果获全国科学大会奖30周年,共同回眸放淤固堤的产生、发展与创新的历程,共同为放淤固堤技术的发展畅所欲言,谋求黄河的长治久安。

2008年10月23日,吸泥船"红心一号"纪念雕塑揭幕

"红心一号"开辟新纪元

谈起引黄放淤固堤,第一支吸泥船"红心一号"不得不提,它的诞生开辟了黄河下游机械放淤固堤的新纪元。

1969年之前,放淤固堤属于自流放淤阶段,施工技艺落后,工作效率较低。

"受虹吸引黄灌溉沉沙淤地的启示,1970年2月15日,当时的齐河修防段革委会正式宣布造船动工开始。造这样的大船,在修防段的院内找不到能够造船的大地方,同志们就到南坦险工找了一块场地。场地确定后,大家自己动手,挖土平坑,搬石头垛墙,拉起破帐篷当厂房。垛起的石头墙挡不住寒风,搭起的破帐篷露着月亮,这就是当时的造船厂。在黄河岸边,同志们顶着寒风,冒着风雪,夜以继日地露天造船。当时,大家立下共同誓言:风雪再大,也没有我们造船的决心大;天气再冷,也冻不住我们忠于毛主席的一颗红心。"当时参与吸泥船研制工作的孙承安介绍说。

在回忆起当年造船情景时,"红心一号"吸泥船研制人员袁根喜老人激动地说,"当时生产条件十分简陋,工具、设备、技术、料物都奇缺,但是大家不等不靠、

黄河记忆

自力更生,用一部电焊机、两个氧气瓶和几把大锤作工具,开始了轰轰烈烈的造船事业。没船台,我们就在齐河南坦黄河坝头上垫起方木当船台;没有压平机,我们就拼上满身的力气,用大锤和压堤用的混凝土碾轧钢板一点点砸平、压展;没有圆钢加工设备,我们就平地挖炉,冒着上百度的高温将灼烧后的圆钢烧了砸、砸了烧,一锤锤、一錾錾,反复上百次将圆钢加工成型;没有起重设备,我们就赤膊上阵、肩扛人抬。"

在当时的历史条件下,生产资料严重匮乏,面对一没技术、二没设备、三没经验的窘况,黄河职工凭着"一颗红心两只手,自力更生样样有"的雄心壮志,憧憬着心中吸泥船的样子。

造船初期,学习电焊的工人李少敏刚开始没有经验,不是钢板烧窟窿,就是焊缝焊不透,眼睛被强光刺得又肿又胀,衣服也被火花烧成了"马蜂窝",但他积极钻研、努力克服困难,在较短的时间内就掌握了电焊技术。弯船体肋骨的时候,需要一个胎具。在老工人徐承佩的带动下,找了一些旧钢铁做了一个胎架,制出弯肋骨的胎具。但只能弯一种弯度,而整个船上有几十种不同的弯度。有一名工人受车床上花盘的启示,经过几天的反复试验,反复改进,一锤锤、一錾錾,不知打断了多少锤把,砸坏了多少錾子,终于造出了一台能够弯各种不同角度的"万能胎具"。随后,他们又根据施工需要,制造了丝钢钳、杆钳、压螺丝平锤等十余种土造机具,保证了造船的正常进行。

艰难困苦,玉汝于成。同年7月,黄河上

弯压船体肋骨

第一只简易机动自航式钢板吸泥船建成，9月，在齐河南坦下水试运转成功。当时的人们认为，这只船的顺利下水是整个造船组在毛泽东思想指引下向党献出的一颗红心，因此命名为"红心一号"。

放淤固堤技术的发展创新

"红心一号"于南坦下水试验成功。从此，开辟了淤背固堤、以河治河的新途径，并迅速在黄河下游豫鲁两省推广。至2008年黄河下游累计完成放淤固堤土方7.85亿立方米，加固黄河大堤790千米，大堤防御洪水的能力显著增强。

"红心一号"吸泥船下水场景

为了提高生产效率，孜孜不倦的黄河职工并没有停息，他们围绕机淤固堤延长输沙距离和提高含沙量两大关键问题，不断革新技术、改进工艺、完善系统，成功地探索了吸泥船、泥浆泵二级接力、三级接力、四级接力远距离高浓度输沙。1980年，输沙距离仅有几百米，含沙量在每立方米200千克左右，单船生产效率日上千、

黄河记忆

旬上万。如今，在3000米的输沙距离内，含沙量保持在每立方米650千克以上，单船日产土方4000立方米已不再稀奇，最远输沙距离已经达到12千米以上。

当时造船组的技术组组长、原德州市河务局主任工程师熊萍生说，"'红心一号'在研发的过程中十分艰难，但在黄河下游堤防建设中成效显著，经过几十年的不断探索和生产实践，放淤固堤技术已日臻完善和成熟，目前已成为黄河下游治理中一项不可缺少的技术手段。"

如今走上黄河大堤，可见大堤外侧有一条用黄河泥沙筑成的带状淤背区，淤背区与大堤连为一体，在黄河两岸绵延数百千米，宛若一条雄壮的"绿色长城"。

20世纪80年代吸泥船工作场景

从以下事实，我们可以看出机淤固堤的显著效益：

——改变了黄河洪水漫滩后，大堤渗水、管涌险情频发的不利局面。

——减缓了河道的淤积抬高，截至2008年，利用机械放淤固堤技术在河道中挖沙5.5亿立方米，减少河道淤积3.85亿立方米，相当于山东黄河600千米长、500米宽的河槽平均降低1.25米。

——保护了耕地，如果改为挖地取土5.5亿立方米加固堤防，按平均挖深1米计算，需要挖地5.5万公顷，这相当于数十万农民的耕地数量。

——提高了生产效率，在同样运距情况下，机淤固堤与人工或其他机械施工比较，单位土方工程造价减少20%~40%……

放淤固堤作为黄河下游治理实践中的伟大创举，已被广泛应用于滩区治理、水库加固、渠道清淤、土地改造等诸多领域，仅在山东沿黄试验淤改盐碱涝洼地就已经实现了近万亩，改造出了大量可耕良田，创造出了巨大的社会效益、经济效益和生态效益。亲眼见过吸泥船威力的沿黄地区干部群众说，黄河职工发明的这种船可不得了，功在当代，利在千秋。

"引黄放淤固堤技术的推广开创了国内的先河，该技术不但开创了治理黄河泥沙的新办法，还为构筑'相对地下河'有着推动作用，此外，此技术还对国内外的河道疏浚、围海造田都具有很大的推广作用。"清华大学教授对引黄放淤固堤成果给予了高度评价。

黄河难治，根在泥沙。黄河多泥沙的特性将长期存在，必须采取"拦、排、放、调、挖"多种举措综合处理和利用泥沙。放淤固堤作为"放"的主要内容之一，将是黄河治理中的长期任务。按照国务院批复的《黄河近期重点治理开发规划》，到21世纪中叶，将建成完善的黄河防洪减淤体系，有效控制黄河洪水泥沙，初步形成"相对地下河"，放淤固堤技术也必将成为黄河防洪减淤体系、黄河下游标准化堤防建设、河道整治中一项不可缺少的技术手段。

目前，在黄河下游河道里，仍然可以见到一只只正在昼夜生产的吸泥船，它们抽吸黄河泥沙，加固黄河大堤。由于它们的存在，河道在看不见的下降，堤防在慢慢地增宽。可以说，黄河堤防长城是吸泥船的杰出作品，是当年第一只吸泥船"红心一号"巨大潜力的显现。还可以说，黄河绿色长城，足以证明——先进的生产方式，一旦被人们掌握，就会变成改造自然、改造社会的巨大力量！

黄河记忆

走出国门的智能堤坝隐患探测仪

李长海　刘建伟　葛丽荣

人民治黄70年来，山东黄河历代治黄职工勇于探索、大胆创新，结合治黄生产实践取得了丰硕的科技成果，1704项成果荣获各类科技奖励。其中"智能堤坝隐患探测仪"等一批优秀科技成果惠及黄河，推向全国，并走出了国门。

破传统，引进电法探测堤坝隐患新技术

"千里之堤，溃于蚁穴"。山东黄河有各类堤防1500余千米，如何有效地探测查找裂缝、洞穴、松散土层等堤身隐患，并及时加固处理，一直是黄河下游防洪的重要课题。传统的槽（坑）探、钻探、湮堤等机械方法探测堤身隐患，工期长、费用高、局限性大，且湮堤会造成堤身不同程度的损坏。为打破传统，1987年，山东河务局引进电法探测堤坝隐患技术，经多年的探测、分析和开挖验证，取得了较好的探测效果。

1987年9月，采用聊城无线电十一厂生产的DDC-2Z型电阻率仪在北金堤进行洞穴隐患探测试验分析，选择三个异常点进行开挖，均发现洞穴隐患，洞径0.21～0.3米，埋深0.73～2.2米。

1990年10月，采用DDC-2M型电阻率仪对东平湖

水库围坝进行探测分析，发现异常点17处，选择5个异常点进行开挖，均挖出裂缝隐患，裂缝埋深0.4~1.2米，缝宽0.7~1.5厘米，有两条裂缝伴有灌浆浆脉。

1991年，各地（市）河务局配置了山东水利科学研究所研制的"TZT-1型堤坝隐患自动探测仪"，在山东黄河全面推广电法探测堤坝隐患技术。至1995年底，探测堤段长度87987米，探出异常点346个，异常段49段，为及时消除堤身隐患提供了依据。

1996年6月，"电法探测黄河堤坝隐患实验及推广应用"成果通过黄河水利委员会科技评审，居国内领先水平，获黄委1996年度科技进步二等奖。

提绩效，研发智能堤坝隐患探测仪

1987~1996年，所使用的堤坝隐患探测仪器全靠人工计数、计算、绘图、分析，每工作日探测堤身长度约500米，效率、精度相对较低。为提高堤坝隐患探测绩效，1994年开始，山东河务局与复旦大学合作研发"ZDT-I型智能堤坝隐患探测仪"，列入山东省1996年科学技术发展计划。

ZDT-I型智能堤坝隐患探测仪是结合电法勘探基本原理和电子与计算机技术研制的集计算机、发射机、接收机和多电极切换器于一体的智能化仪器，具有液晶屏幕菜单提示、人机对话、探测数据和曲线显示、数据储存、查询、通信等智能，特设了连续测深、恒流供电等独创功能。研制采用了独特的自适应动态补偿和极化电位抑制技术及通道零漂消除技术，有效地抑制了地电干扰，提高了探测精度，电压探测分辨率达到1微伏，电流分辨率0.1毫安，精度±0.3%。可满足视电阻率、自然电位、激发极化法等多种电法勘探需求，每小时探测堤身长度可达500米。此外，还开发了专用探测数据处理软件，由微机自动生成视电阻率剖面曲线、灰阶图、色谱图及电阻率层析成像等各种分析解释图件，提高了数据处理和分析绩效。

ZDT-I型智能堤坝隐患探测仪，1997年3月获国家发明专利，1997年4月获中国专利博览会金奖；1997年7月通过山东省科技鉴定，居国际领先水平；1998年获山东省科技进步一等奖，1999年获国家技术发明三等奖。

抗大洪，科技查险建奇功

1998年8月，长江、嫩江发生百年不遇的特大洪水。山东省科委建议运用山东河务局"ZDT-I型智能堤坝隐患探测仪"前往长江探测大堤险点隐患，支援抗洪抢险。

山东河务局立即派遣人员携带探测仪前往支援。8月11~28日，他们辗转于江西九江和湖南岳阳长江抗洪沿线，采用自然电位法和视电阻率法探出重点管涌和渗漏14处、蚁穴1处，确定了其通道走向及位置，探明临江面集中渗漏进水点22处。在尽早发现险情，及时抢护处理，确保大堤安全等方面发挥了重要作用，也为洪水过后处理堤防隐患提供了重要依据。受到当地政府、水利专家的肯定，并得到黄委的嘉奖。

湖南省防指和江西九江市防指分别向山东省委、省政府发来感谢信；湖南省人民政府向山东河务局赠送一面锦旗，上书"无私支援抗大洪，科技查险建奇功"。

重实用，新成果推向全国

智能堤坝隐患探测仪的研制和成功应用，引起黄委的高度重视。1996年6月24日至7月

ZDT-I堤防隐患探测仪

1998年8月，湖南省给堤防隐患探测仪研制单位山东河务局赠送锦旗

5日，组织三家探测单位在东平湖围坝、长垣临黄堤及武陟沁河新左堤部分坝段进行堤坝隐患探测对比试验。经探测资料分析和开挖验证，ZDT-I型智能堤坝隐患探测仪在探测速度、探测精度等方面均具有一定的优势。

1997年5月，山东、河南两局进行"黄河大堤隐患探测仪器生产应用测试"，探测堤防长度10千米。山东河务局选择黄委两个在册渗水险点堤段齐河临黄堤孔官段和许坊段进行探测，取得较好的探测分析效果。

1999年4月，黄委将堤坝隐患探测列入年度工作计划。至2000年底，山东河务局完成黄委下达的715.783千米堤坝隐患探测任务，发现隐患异常点段2664处，为及时加固处理提供了科学依据。

在做好黄河堤坝隐患探测对比试验、应用测试和推广应用的同时，山东河务局加强宣传推介，促进仪器在国内的推广应用。至2002年底，共制造ZDT-I型智能堤坝隐患探测仪72台，其中38台推广到广西、湖南、江苏、宁夏、新疆、河北、天津、辽宁等国内21个省、直辖市、自治区水利系统，在各类江河、湖泊、水库等水利工程堤坝隐患探测工作中发挥着重要作用。

再创新，智能化仪器迈出国门

如何不断创新？山东河务局大胆引进尝试新技术。2000年，山东河务局与复旦大学联合研制"FD2000分布式智能堤坝隐患综合探测系统"，列入该局科学技术研究计划。该系统由数字化主机、分布式智能电极系、数据分析软件等组成。采用了地球物理勘查、电子、计算机等方面相关的最新发展技术，设置了"四极滚动快速隐患定位""高密度自适应小MN装置隐患详查""恒定电流场源探测堤坝漏水""二次场动态测量"等独特功能。既能便捷地进行大面积堤坝普查，快速确定隐患位置，又能进行高密度数据采集，对隐患进行层析成像。具有分辨率高、抗干扰能力强、智能化、操作简捷、轻巧便携等特点。经检验，其探测精度、分辨率、测量速度、装备重量等性能优于国内外同类仪器。2005年12月，该成果通过山东省科技鉴定，居国际领先水平。

2006年6月23日，江泽民总书记、温家宝总理考察黄河山东段期间，参观了智能堤坝隐患探测仪演示。

2007年，"FD2000分布式智能堤坝隐患综合探测系统"列入《水利先进实用技术重点推广指导目录》，推介全国推广应用。并列入2007年水利部科技成果重点推广计划，划拨经费10万元，资助完成5套仪器设备的推广应用。2009年9月，通过水利部国际合作与科技司验收。

2006年5月，在上海中荷水利合作项目洽谈展示会上，荷兰专家对该探测系统产生浓厚兴趣。根据2006年10月在荷兰召开的第七届中荷水利联合指导委员会会议精神，黄委应邀派遣山东河务局和黄河水利科学研究院共三人，赴荷兰进行为期21天的堤防隐患探测试验与技术交流活动。

向荷兰交通水利部官员递交试验报告仪式

期间，采用"FD2000分布式智能堤坝隐患综合探测系统"在Hazerswoude堤防上进行了裂缝、洞穴、松软体、渗漏等隐患探测，在Vianen堤防上进行了堤身质量和故河道探测，经与荷方提供资料对比，探测结果与资料相吻合，取得了良好的效果。

山东河务局两代智能堤坝隐患探测仪的成功研制促进了堤坝隐患探测技术进步，并最终推向了全国，走出了国门，成为了科技创新成果中的一颗闪耀之星。

因势利导 小为大益
——1953年人工开挖小口子引河改道纪实

冉祥龙

清水沟流路已安全行水 40 年，在清水沟流路行水之前，曾于 1953 年、1964 年进行过两次人工改道，均对黄河治理发挥了积极作用。

1947 年 3 月，黄河归山东故道入海。在尾闾河段仍沿 1934 年自然改道时形成的 3 股（甜水沟、神仙沟、宋春荣沟）河道注入渤海，形成大、小两个孤岛。随着来水来沙条件和入海区域滩涂、潮汐的不同影响，3 股河道入海口都发生支汊，分流量悬殊，尾闾河段淤积很快，河道弯曲度按各自的条件不断演化。1952 年以四段村以上为顶点分汊为甜水沟、神仙沟，流至小口子村附近，开始相向坐弯，两沟最近处仅有 95 米，俗称"压腰葫芦"。1952 年 7 月，甜水沟流量占全河流量的 70%（含宋春荣沟 10%），神仙沟占 30%。至 1953 年 4 月，两沟流量各占 50%。而神仙沟流路比甜水沟流路短 11 千米，比降大 0.4‰。若因势利导，助强抑弱，只要少加作为，即获巨大成效。三股河归一入海，既有利于尾闾河段发育、成熟，也利于排洪与河海航运，又有利于滩区农业生产和交通方便。

1953 年 4 月，中共垦利县委、县人民政府向山东河

黄河记忆

务局报送《申请挖通两河的报告》。山东河务局同意申请理由，提出防护工程的建议，转报黄委审批。同年5月，黄委批复同意人工开挖引河。并指示："目前对于掌握海口河道的变化尚未具备足够条件，两沟分汊处不必施修工程。选定引河位置，应以顺应溜势、减少坐弯程度为宜。对罗家屋子以下民埝防守增加困难，应作一定估计。"

按照黄委上述批复，垦利县人民政府组织垦利修防段、前左水文站、垦利县农业局的负责同志和技术干部王汝桥、张建安、杨俊岭、朱荣昌等，深入现场、勘测定线。并征集临河区孤岛乡民工200名，于6月14日动工，挖引河长119米，上口宽17米，底宽10米，共挖土2570立方米。至7月8日水势上涨，遂通开隔墙引河过水。10日实测过水流量963.7立方米每秒，占全河流量的43.3%。30日占全河流量的64%。8月1日实测甜水沟生产屋子处，水面宽296米，流量仅为474立方米每秒，占全河流量的29.3%；而由引河入神仙沟罗家屋子处，水面宽225米，水深1.3~8.2米，过流量已达1141.4立方米每秒，占全河流量的70.7%。近海河流河势顺直，入海口门泄水畅通。载重15吨的货船从海上可以驶入河道。22日黄河出现3946立方米每秒洪峰时，引河宽300米，神仙沟分流已占全河流量的91.1%。26日甜水沟（含宋春荣沟）淤塞断流。引河以上临河村附近的神仙沟河段已趋断流。水小时为干河，水大时干河行水，又形成一个小岛，鲜为人知。它给在此滩区套河（俗称北岸小孤岛）居住的垦利县北岸的汀河、临河区太阳升屋子、卜家庙子、汪二河、崔范等7个小村，带来生产生活及交通不便。

此次人工开挖引河，做并汊集流的尝试，原想主要是便于滩区农业生产与交通方便，同时也有利于行洪。实践证明，非常成功，效益特别巨大，成为人民治理黄河以来的第一次人工改道。三沟归一，两岛变陆地，对当地农业生产与交通安全方便自不待言，更大的效益是，

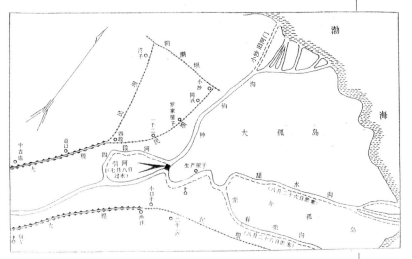

1953年7月小口子裁弯后河势图

仅用550个劳动工日，国家只补助生活补助费（每方土补助0.1元）250余元，就取得了1953~1956年不同流量河道溯源冲刷水位下降。分别影响到前左、杨房、刘家园、艾山等200余千米的河段。真乃因势利导，小为而大益也。更是顺应了自然规律，才获得事半功倍之效果。

随着交通方便，农业、林业、军工生产的迅猛发展，20世纪50年代末，垦利县委、县政府迁至友林，过去的大小孤岛成了垦利县的政治、经济、文化中心。然而它和其他的入海流路一样，也有其发育、成熟、衰亡的过程，以及不同时空中的演变规律。经过缩短与延伸、冲刷与淤积、顺直与弯曲、独流与散乱的演化，行水10年许，至1964年1月1日，因解除凌洪威胁，又一次人工破堤分洪改道，另辟新径入海。

此事已逾半个多世纪，它在人民治理黄河的过程中，在河口流路的变迁中，已载入史册。但因当时施工极为简单，又加媒体落后也未宣传，故鲜为人知。笔者20世纪80年代编纂《惠民地区黄河志》时，回忆当时虽在垦利修防段工作，略知此事，尚不具体，查阅档案仅有黄委批复文件，遂想到水文站杨俊岭同志，在采访中，杨俊岭找到了当时的记录本，才获得了本文中极为珍贵翔实的数据。

（作者为滨州河务区离休干部，原载2006年6月17日《黄河报》第3版）

黄河记忆

黄河清水沟流路改道

马　琳　蒋义奎　神盈盈　吕建芳

十几千米不长，却是清水沟的长度；四十年匆匆，却成为人民治黄史上的奇迹。清水沟，这条雨水、海潮冲刷出来的小水沟，长期承担了黄河安澜稳定入海的重任，见证了一代代黄河人不懈的探索和付出……

紧迫：十年一劫

黄河的不羁一次次刺伤着这片新淤地。

1855年，黄河在铜瓦厢决口之后弃徐淮故道北徙，再次从山东利津入海。此后，桀骜不驯、狂放不羁的她便在黄河河口地区任意行走，塑造了广袤富饶的黄河三角洲。

然而，善淤、善决、善徙的黄河在带给黄河口地区巨大福利的同时，也在不断地制造着"烦恼"。"一石水而六斗沙"的黄河把入海口塑造成了世界上独一无二的强烈堆积性河口。黄河恣意淤积、延伸、摆动、改道，信马由缰，狂放不羁。1855~1946年，黄河入海行水80多年间，尾闾决口、摆动、改道竟达50次之多，其中黄河河口摆动幅度大的改道就有6次。可以说，黄河在河口地区基本上是三年两决口，十年一改道。"大孤岛，人烟少，年年洪水撵着跑。人过不停步，鸟来不搭巢"。这就是昔日黄河三角洲的真实写照。

新中国成立初期，面临的是小水三河并行、大水漫流横溢的黄河入海流路。1953年，垦利县经上级批准在小口子村附近人工挑挖引河，使三河归一，黄河改道神仙沟。黄河人从此走上了数十年的探寻黄河入海流路的艰难历程。1963年，黄河入海口处的小沙汊河卡冰阻水，洪水围困当时的垦利县机关驻地孤岛。在形势危急的情况下，山东省委现场决定：在罗家屋子爆破民坝分水，黄河入海北走刁口河。然而，毫无准备、临危受命的刁口河河道在大水过后竟出现了5河并流的现象，河道改道迹象明显……

十年河东，十年河西。黄河十年一改道、流路不稳定的特性不仅造成河患频发，威胁人民的生命财产安全，而且还束缚着黄河三角洲国民经济的发展，尤其是地底蕴藏量丰富的石油资源的开采。

1961年4月16日，华八井的油花，吹响了十几万铁军钢马会战华北的号角！那隆隆的钻机声，唤醒了这片沉睡的共和国最年轻的土地。与无拘无束的黄河尾闾展开了持久对峙的石油人喊出了"手牵黄河跟我走，叫你咋走你咋走"的豪言壮语，而黄河人却心藏隐忧——

1964年7月30日，胜利油田遭遇开发以来的黄河最大洪水，利津站洪峰流量8650立方米每秒，地处黄河滩区的油井，在一片汪洋中全部停产；

1975年10月，利津站洪峰流量6500立方米每秒，河口河段堤防、民坝险情迭出，防不胜防，罗家屋子水位超过1958年特大洪水时最高水位0.57米！油井再次停产。

……

胜利油田年年告急。在胜利油田开发、黄河三角洲建设、东营市规划定位、严峻的防洪形势等各种矛盾交织下，稳定黄河口入海流路已成为摆在人们面前的重大课题。

黄河记忆

探索：九年之役

20世纪60年代末，一次失误的防洪预报，竟为找到黄河入海流路频繁摆动的症结、使黄河清水沟流路稳走40年创造了契机。

1967年8月，当黄河洪峰以6970立方米每秒的流量向河口地区逼近时，经验丰富的黄河人却出现了两次汛中水位推估失误。黄河水位的一反常态，令黄河人百思不得其解。10月中旬，一支由北京水利科学院、黄河水利委员会、济南军区、山东河务局等单位组成的河口查勘队伍，进行了新中国成立以来第一次大规模的河口勘察。

经过一个月的风餐露宿、舍命苦干，一个艰难的局面摆在了决策者的面前——刁口河流路，河口已向大海延伸27千米，河道平均淤高3.5米，改道的迹象已很明显。此时，胜利油田正进入大规模开发阶段。如果像往常一样任黄河自由改道，势必对油田生产造成严重冲击。

巨大的责任，促使黄河人在总结前两次人工干预改道的基础上，提出了人工主动改道的设想。为找出一条理想的入海流路，涉及的县、农场、林场以及油田分管生产的领导经过激烈讨论和反复斟酌，最终选定离海近、影响范围小的清水沟作为新的入海流路。

1967年12月，一份倾注了黄河人心血的《关于黄河河口地区查勘情况和近期治理意见的报告》出台，山东省、黄委、山东河务局、惠民地区组团赴京汇报，争取到了黄河口治理史上第一个中央建议地方项目。

1968年春，在黄河入海口茫茫荒原上，来自11个县51000多名民工人抬肩扛、挑泥筑坝，胜利

923厂（今胜利油田）派出大型推土机参加截流，大大提高了工效
张仲良 摄

油田等单位支援的300多台机械各显其能，展开了河口治理史上第一次大会战。开挖引河、加培南大堤、新修防洪堤……累计完成土方693万立方米。

1976年河口清水沟流路改道施工现场 张仲良 摄

1969春天，大河截流的时机成熟。当各种准备就绪时，却传来了东方红（大孤岛）地区打出了石油的消息。胜利油田以该地区油质好、产量高等8条理由要求延缓黄河改道清水沟时间。黄河人为了国家的利益作出了无奈的选择，改道清水沟受阻。

1975年汛期，西河口呈现近10米的高水位，改道清水沟进程加速。1976年5月3日，国务院同意改道清水沟建议。大河上下发扬"团结治水，局部服从整体"的精神，统一指挥，紧密配合，于1976年5月21日在罗家屋子成功截流。

1976年黄河口罗家屋子改道截流祝捷授奖大会场景 张仲良 摄

经过长达9年的准备和等待，滚滚黄河终于按照人的意愿从清水沟注入渤海，让"手牵黄河跟我走"从一句缥缈口号变成了铮铮现实。黄河入海口任意摆动的历史得以改写，油田会战、海港建设、

黄河记忆

河口地区开发有序进行。

守望：四十不惑

曾有专家断言：清水沟流路行水最多能维持9~12年。现实没有留给我们喘息的机会——

1982年7月，黄河水拦腰切断孤岛通向齐鲁石化的河底输油管线，致使400多口油井全部关闭；

1987年冬，黄河凌汛漫滩，孤东油田被淹，直接经济损失1000多万元；

清水沟流路行水11年，入海流路出现了主道不畅，六汊并行，尾闾摆动的征兆……

危情就是命令！

1988年，"市府出政策，油田出资金，河务部门出方案"的三家联合治河方针出台。随后，黄河口疏浚治理前线指挥部成立，在黄委和山东河务局的支持下，"截支强干，工程导流，疏浚破门，巧用潮汐，定向入海"的河口治理方案成熟并付诸实践。自此，长达5年的河口疏浚试验开始，一大批年轻的黄河工程技术人员，为黄河有一条稳定的入海流路，走上了艰苦卓绝的探索之途。

任何的描述在事实面前都显苍白——1988~1993年，先后截堵支流汊沟80多条，延长加高北岸大堤14.4千米，

1988年黄河职工在清七断面处堵截河汊　崔光　摄

修做导流堤53千米，修建控导护滩工程3处，险工3处，清除河道障碍20平方千米，累计完成土方1449万立方米，石方10.69万立方米……治理当年，黄河连续8次洪峰，一次比一次凶猛，但河口的水位却一次比一次下降。疏浚治河的成功，掀开了稳定入海流路的新篇章。

河口治理，也时时牵动着中南海。国家决策层的关注催生了河口治理一期工程的立项与实施。一期工程总投资为3.64亿元，主要实施了北大堤沿六号路延长及孤东油田南围堤加高加固和险工新建、南防洪堤加高加固及延长、清7以上河道整治、险工建设等。从规划到验收，一期治理工程历经了17个春秋。河口防洪体系初见端倪，堤防加固抬高与险工建设使防御洪水的能力由原来的6400立方米每秒提高到10000立方米每秒。

李烨（中，时任胜利油田党委书记，东营市委书记）等领导在黄河入海口调研，在船上午餐

在一期工程实施的同时，一次跨越7年时间、8次组织施工、历经三次调水调沙的挖河固堤工程也在2004年6月30日全部结束。黄河人以实际行动展现了"团结、务实、开拓、拼搏、奉献"的黄河精神，演绎了一场大气磅礴的现代版愚公移山。挖掘机、自卸车、组合泥浆泵、挖泥船等多种机械设备轮番上阵，近万人参加，共挖出泥沙1057万立方米，加固堤防24.8千米，疏浚河道总长度53.6千米。挖河固堤起到了降低河床、减缓淤积的作用，挖出的泥沙加固了大堤，将荒碱地改造成林木繁茂的堤

黄河记忆

防淤背区,"挖沙"与"放沙"得以有机地结合……

1988年6月28日,黄河三角洲经济技术和社会发展战略研讨会在东营召开,会议通过研讨、考察、论证,由费孝通、钱伟长上书国务院,提出了河口治理列入国家计划的建议。图为专家在入海口考察

1997年11月,黄河口河道整治工程之挖河固堤开始

大河稳,社稷兴。经过不懈治理,现行黄河清水沟流路已平稳度过专家预测的而立之年,迎来了它四十周岁的生日。希望我们身边的这条桀骜不驯的大河也能"清水沟里,不生歧路"!

(原载2016年9月13日《黄河报》)

我参与的第一次挖河固堤工程

李守斌

"上拦下排,两岸分滞"控制洪水,"拦、排、放、调、挖"处理和利用泥沙的黄河减淤体系,是经过几代黄河人不断探索形成的治河基本思路。其中"挖"是指挖出主河槽的泥沙,减少泥沙淤积,挖出的泥沙用来加固黄河大堤。1997年11月在黄河口的崔庄护滩进行了第一次挖河固堤工程建设,我参与了部分工程的施工,往事历历在目,时时感怀于心。

前所未有 百姓惊奇

1997年11月21日,我们接到通知,要求尽快赶到崔庄护滩,整平场地,开通道路,因为两天后在这里要举行一次重要的仪式。

11月24日,崔庄护滩红旗招展,施工设备林立,省、市、县的领导及各路施工人员聚集在一起,临时搭建的拱门上写着"黄河河口挖河固堤工程启动仪式"。像这样规模的仪式,在这荒洼之地还是第一次,附近的村民纷至沓来,人头攒动。当他们听说是"挖河底"时,都露出惊讶的表情。因为他们还是第一次听说在河床上挖土,他们担心一旦来水还不都又淤平了?黄河含沙量这么高,能挖得清吗?那得花多少钱啊!

黄河记忆

枯水季节　旱挖先行

黄河河口挖河固堤工程启动时已近隆冬，在黄河三角洲土地上，已是草树枯败，天寒地冻。按项目部的安排，我们沿着开挖线先挖渗水沟，然后翻斗车装土，利用冬季的冻土层，开动了挖河固堤工程的第一车。黄河河口泥沙的特点是颗粒非常小，在河槽原始状态时，人一踩上就出水，但如果有渗水沟，加上施工机械震动，含水很快散出，经过几天就硬如公路。那个冬天，我们在黄河口空旷的原野上，干着前人想到但没有做到的事情，虽然滴水成冰，和风沙同行，与野兔做伴，但心情是灿烂的。挖河固堤是治理黄河的又一创举，在我们手里得以实践，对治黄工作者来说是快乐的。我所在的利津黄河河务局工程公司承担了35万立方米土方，除去本公司的机车外，还在社会上雇用了50多部自卸车参与施工。

采用挖塘机进行挖河固堤　崔光摄

7天未解衣　筑就拦河坝

挖河固堤施工方法不但有旱挖，而且有水挖（远距离输沙汇流泵）。第二年4月，大规模的挖河固堤工程在十几千米的河床上展开，有旱挖，有水挖。但水挖必须有水。充足而又适当的水源，是水挖顺利进展的保证。在时间紧、任务重的情况下，工程建设项目办公室提出筑一道拦河坝，拦住黄河的来水（1998年春季黄河水量很小，时常断流），再用倒虹吸控制水量，以保证施工用水，进而按时完成工程。当时的情况是：施工时间已剩余不多，大批施工设备正因为没有水而停工，项目办领导正为拦河坝是否能行、多长时间完成而思考，我们在会上提出一周完成拦河坝的施工方案，在场的许多人都拭目以待。

利用枯水期进行旱挖，图为罗家屋子施工段

任务就是命令。根据坝址位置、土场、进占路线，我们倒排工期，24小时连轴转，歇人不歇马。4月的河口风沙弥漫，我们几个负责人轮流值班，站在合龙口，指挥进占的车辆，眼睛熬得通红，迎着风沙直流泪。有的同志修车时竟然拿着工具睡过去。个个嘴唇都剥了皮，工作服因出汗都是酸酸的。司机师傅们为了进占加快，在不宽的作业面上，集中精力开车，车与车之间的距离仅有几十厘米，在最后合龙时，几台车同时卸土，大型推土机把土送到急流翻滚的水面，然后迅速撤回，再有几台车后倒卸土，如此往返。那场面后来想起仍历历在目。经过7天8夜的轮番施工，拦河坝终于完成。

黄河记忆

冒雨安装　迎接验收

每天装土、运土、修车，时间过得很快，工程量算到每天、每个班，工期仍很紧。偏偏天公不作美，老是下雨，转眼到了5月底，没几天就到了工程验收的日子。开挖的断面有200多米，由于土层中有红土夹层，旱挖的设备上不去，没有挖出来，因此这200多米断面宽度没有达到设计要求。原计划是用水挖完成，但连日的雨天各方面的施工没法进行，大型发电机进不了工地。眼看就到了验收的时间，天空中乌云密布，我们的心情比这乌云还要沉重，不能再等了，淌着泥水，到了泥浆泵施工队那里，老板说电车进不来，怎么也不好办。但又建议说，在30千米外的西河口有柴油机连轴的泥浆泵。我们立即行动，用链轨拖拉机沿河边把连轴泥浆泵运来，冒雨安装。同志们人拉肩扛，一点一点把设备移到施工位置。为了赶工期，我们和泥浆泵施工的民工同吃一锅饭，同睡一张床。

一声炮响　载入史册

经过艰苦奋斗，顽强拼搏，6月初挖河固堤工程进入尾声。听说水利部部长要来看挖河，我们备受鼓舞，拦河坝要拆除，实施定向爆破。6月4日，我们接受开挖药室的任务。开挖药室的技术要求较高，先机械粗挖，然后人工精确挖，为了达到万无一失，实行了领导站段，责任到人的行政管理。艳阳高照，汗流浃背，一铲一锹准确到位，为了使第一次挖河固堤有一个良好的结局，同志们像完成一件传世作品一样细细做来。

1998年6月6日，在数千名工程建设者注目下，随着大会主持人一声令下，一声炮响，拦河坝随即翻滚入流，消失在水中。同时也宣告第一次挖河固堤工程胜利竣工。

挖河固堤作为治理黄河的手段之一载入史册。

（转载2006年6月24日《黄河报》第3版）

黄河口模型基地建设不走寻常路

王继和　蒋义奎

黄河入海口、中国最美湿地、中国第二大石油工业基地、共和国最年轻的土地……山东省东营市这些闪亮的名片，都与一个自然元素相关——黄河。

2015年12月，在东营市中心城东南部的黄金地段，又一张新的名片崛起，仍与黄河密不可分，它就是河口物理模型大厅，简称模型河口。黄河口模型大厅以其单体建筑占地45000平方米和单体跨度148米的"亚洲第一跨"，成为东营市又一个璀璨夺目的新地标。

黄河口物理模型大厅　孙志遥 摄

模型河口始建于2004年，2009年就已经封顶，但是时至2015年才竣工验收。回顾漫漫建设过程，模型河口走过的是一条不寻常的路。

起初的顺利

20世纪90年代，黄河连年断流，愈演愈烈。面对日益逼近的水资源危机，2001年11月，黄委创造性地提出建设"三条黄河"，即原型黄河、数字黄河、模型黄河。模型河口就是模型黄河的重要组成部分。

模型河口建设是通过实体模型、数学模型和原型资

黄河记忆

料分析等手段，研究和探索河口演变规律，推进河口治理研究，提高治黄科技含量的一项重大举措。水利部、黄委、山东省和东营市、胜利油田对模型河口的建设都给予了高度重视和大力支持。黄河水科院、黄河设计公司等单位做了大量前期研究工作，提出了总体建设规划；水利部2004年9月3日正式批复了模型河口建设规划；黄委批准在黄河口治理研究所的基础上组建黄河河口研究院；山东省将模型河口建设作为全省重点建设项目给予立项，东营市将其列为2004年全市十大建设工程，在市政府前黄金地段无偿划拨了1000亩建设用地，胜利石油管理局也给予资金扶持……

2004年10月12日，在东营市东城广利河南岸的一片空地上，举行了模型河口奠基暨黄河河口研究院揭牌庆典。

2006年11月，作为模型河口核心部分的河口模型试验厅开工建设。此后的三年，黄委与东营市政府抓住国家扩大内需的机遇，加快推进河口治理进程，模型河口建设有序进行。2009年7月21日，河口模型试验厅主体工程通过验收。有着"亚洲第一跨"之称的河口模型试验厅就此横空出世。

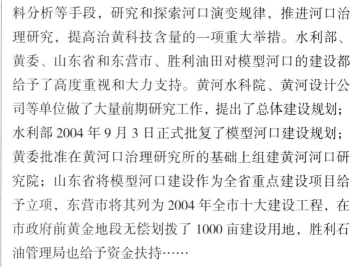

2004年10月，河口模型厅奠基

曾经的徘徊

然而，河口模型试验厅顺利落成之后，其后续附属工程建设却一波三折，进度缓慢。

后续资金缺位，模型河口建设悄然之间放慢了脚步。曾经热火朝天的建设工地，渐渐地归于岑寂，几年后成了一片荒草丛生、野兔出没之地。

随着胜利油田与东营市的资助相继到位，河口管理局又重新启动了模型河口建设。2012年12月，委托中南建设公司，先后设计了11个附属方案报市政府和市规划局，并且制订了附属工程建设的推进计划,上报山东河务局。

2013年6月20日,山东河务局就附属工程的建设管理问题进行研究,要求年底前完成工程建设任务,尽快与黄委建管局沟通,并明确河口模型厅建设具体事宜继续由河口管理局负责,以项目办名义履行建设单位相关职责和义务,对全部工程负责,直至竣工验收。8月29日,河口管理局与原承包商中建六局签订了《黄河河口物理模型建设模型试验厅项目补充合同》。8月30日,模型厅填土工程开工,十几台挖掘机、推土机、自卸汽车等轰鸣着驶进工地,停工长达4年之久的模型河口终于迈开了续建的步伐。

后来由于东营市修路,通行道路封堵,模型厅填土不得不停工。而模型厅A、B装饰架在放线完成之后,由于部分柱基位置占压模型厅基础,部分柱子在模型厅门口处,影响了施工,于10月8日提交黄河设计公司变更,要等待新的设计图出来后才能继续施工。模型河口建设屡次受阻,在摸索中磕绊前行。

最终的决战

2014年7月17日,河口管理局成立了"黄河河口物理模型建设工程竣工验收领导小组"。为了尽最大努力做好竣工验收准备工作,积极配合推进模型厅附属设施建设和模型制作项目,从领导小组成立起5个月的时间内,召开了19次专题会议,其中最关键的8月召开了10次专题会议。

2014年10月31日,河口管理局与黄河水利科学研究院联合成立了黄河口模型制作建设工程项目办公室,共同推动模型制作工程。11月,山东乾元工程集团有限公司进驻工地,这场迟到的决战终于到来。

续建的河口模型制作工程主要任务包括模型制作、回水渠建设及供水加沙系统建设等,而模型辅助及配套设施建设工程主要任务包括科研业务用房工程和室外工

黄河记忆

程。河口模型制作工程计划2015年4月底竣工，模型辅助及配套设施建设工程计划2015年6月30日竣工，可谓工期短、任务重、施工难度大。

在河口管理局的高度重视和大力协调下，乾元集团全力以赴、加班加点，在最炎热的三伏天也坚持奋战，严格按照合同要求，按计划工期完成了两项工程施工任务。

2015年12月23日，河口模型试验厅通过了河口管理局组织的验收，验收组认为：该工程符合我国现行的法律法规、工程建设强制性条文、施工规范、设计文件和施工合同的要求，工程资料齐全有效，工程质量合格。

2016年1月13日，从东北面的大门走进宏大、空阔的河口模型试验厅，只见一个微缩的黄河入海口已具雏形：一条逶迤的入海河道，通向广阔的渤海湾，雄伟的黄河公路大桥横跨南北，黄河险工、控

黄河河口模型厅建设工地（2014.12）

导依河临滩，许多村庄在两岸星罗棋布……当开展试验时，按水沙比例混合的模拟黄河水进入入海河道，蜿蜒流入大海，从而再现了黄河入海流的壮观景象，为黄河河口治理和三角洲的开发建设提供了理想的试验场地。

模型河口建设一期工程建成投入使用，只是万里长征走完了第一步。而随后的管理和运营及后续项目建设，更具有挑战性。最近，黄委和东营市已达成协议，将在河口模型基地建设黄河河口科普展览馆，以充分发挥模型基地的作用。我们相信，在各方的努力下，河口模型基地的路会越走越宽阔，河口模型的明天会更美好。

（原载2016年2月2日《黄河网》，缩写：神盈盈）

黄河下游近期防洪工程（山东段）建设纪实

郭凤春

人民治黄以来，战胜了历次黄河大洪水，取得抗洪抢险伟大胜利，确保了人民生命财产安全和经济社会稳定发展。伴随着重大防洪考验，"上拦下排、两岸分滞"的防洪工程体系得到一步步完善。

不断完善防洪体系，始终是山东黄河安澜的关键举措，也是经济新常态下保障黄淮海平原经济社会可持续发展的迫切需要。

黄河下游近期防洪工程建设的主要任务是以继续建设黄河下游标准化堤防和开展游荡性河段河道整治为重点，通过工程建设和实施，提高黄河下游抗洪能力。山东河段工程面广量大，类型多，战线长，包括堤防工程、险工改建和河道整治工程三大类别，共涉及泰安、济宁、聊城、济南、淄博、滨州和东营7市14个县（区）。

全新考验

与以往黄河下游防洪工程建设不同，近期防洪工程从立项准备到批复、从建设管理到验收，经历了国家建设管理体制、移民政策、工期约束等一系列新的变化和要求，也意味着迎来全新考验。

黄河记忆

2014年，山东黄河工程招标在黄委系统率先全部进入地方交易市场。为公开、公平、公正选择中标单位，山东河务局严格学习把握招投标法有关规定，对招投标进入地方交易市场的基本原则、工作流程、专家库等进行专题研究，做出安排部署。投标保证金一律由投标人注册地基本账户转入招标人指定账户，评标专家由交易中心系统随机抽取，全程由山东河务局有关部门进行监督，评标结果实行网上公示，一系列严格的招标程序和规范措施，确保了招标零投诉。

近期防洪工程山东段涉及建设用地34099亩，其中工程永久用地6731亩，工程范围外渠道等占地160亩，临时用地27208亩，需要拆迁房屋97451平方米，搬迁人口2441人。山东河务局工程建设中心（以下简称山东建设中心）切实履行职责，督促地方政府成立迁占办公室。从源头抓起，规范完善占地及移民资料。把好过程控制，发挥移民监理作用，聘请移民专家，不定期对占地及移民工作进行专项检查，确保移民资料、往来款项、赔付资料等工作规范有序，遇有新增移民项目，组织设计单位、监理单位、迁占单位进行现场核实，现场解决问题，确保完成各项移民工作目标。

标准化堤防施工

春寒料峭中，黄河岸边常温低至零下十四五摄氏度。但在聊城、济南、淄博、滨州、河口等地，争开工、赶进度的热潮已经竞相展开。随着一艘艘吸泥船下水、一节节输沙管道连通延伸，大批挖掘机、自卸车等机械设备进驻到位，一场持续三年之久、没有节假日的新一轮防洪工程建设攻坚战全面打响。

2013年河口防洪工程建设堤防帮宽工程

面对数百千米施工战线，4478.70万立方米土方、34.22万立方米石方、7.73万立方米混凝土的施工任务，三年按时完成殊为不易。山东建设中心与各项目办签订目标责任书，要求参建各方严格按照建设要求，制订切实可行的工期计划及保证措施。同时加强工程进度检查，不定期现场摸底，及时掌握进展情况。对于施工力量不足导致进展缓慢的重点项目实施重点督办，约谈施工单位。对于遭遇实际困难的，召开现场调度会，及时解决问题，力保工程进度。

正是这些贯穿始终、一抓到底、得力有效的措施，保证了主体工程如期完成，2016年全面进入验收和扫尾阶段工作。

质量如山

百年大计，质量第一。

山东建设中心完善质量管理体系，以合同管理为抓手。其中，涵盖工程设计、施工、监理、质量检测、水保技术评估、环境保护验收等13个方面内容的合同共213份。这些合同文本编织起一个完整的、覆盖工程各环节的责任体系。山东建设中心强化履约监督，要求参建各单位严格执行合同，违约必罚。循着合同跟踪检查，

始终确保工程质量、进度、安全的规范推进、执行到位。严把设计变更关，完善合同手续，严禁擅自变更和事后变更。

山东建设中心建立了"项目法人负责、监理单位控制、施工单位保证、政府监督相结合"的质量管理体制，严格落实施工规范，加强监督巡查，全面推行第三方质量检测，开展专项治理。

施工单位全部建立工地实验室，定期对工程土样进行抽查检测。落实见证取样制度、施工质量检验与评定制度。督促监理单位落实旁站监理制度，做好巡视、跟踪检测和平行检测工作；项目法人定期、不定期组织对施工现场进行巡回检查，狠抓质量管理行为和实体工程质量，严把人员、设备、材料及检查验收等关口，共组织专项检查156次；委托有资质的质量检测机构进行第三方质量检测，做到了在建项目全检查、全覆盖，共检测了2113点次，合格率百分之百；项目办、监理、施工等单位认真开展突出问题专项治理自查自纠和隐患治理，对27个项目开展了8次专项治理，有效提升了参建单位质量管理能力。

安全是质量的保障，也是质量的应有内涵之一。

山东建设中心把安全生产纳入年度目标管理考核体系之中，与各项目办签订安全生产工作目标责任书。督促参建各方建立健全安全生产制度体系，配备专职安全员，做到日常管理抓防范、工程度汛有方案、飞检抽查不间断、排除隐患保安全。

山东建设中心全面实行"双合同"制度，在签订施工、监理合同的同时，签订廉政合同书，开展廉政教育。严格规范建设管理费使用，管好、用好建设资金，确保资金安全。

功夫不负有心人。山东黄河近期防洪工程中，1个标段获得了全国水利建设工程文明工地称号，7个标段获得黄委文明工地称号。

效益彰显

寒来暑往,流水无言。

三年来,黄河下游近期防洪工程山东段共完成工程总投资197068万元。建设堤防帮宽92.663千米、堤防加固90.34千米、堤防道路64.27千米、防浪林17.921千米、险工改建14处212道坝垛、控导工程改建加固2处50道坝垛、二级湖堤加固20.137千米。

让我们满怀豪情、共同回望数万名建设者、历经三年艰辛换来的这一新黄河、新画卷、新丰碑!

——全面完工后的滨州黄河防洪工程,堤防、险工、道路、淤背区等各个工程部位,全部达到国家标准化水平。

——改建后的刘春家险工,在提高抗洪强度的同时,面貌焕然一新,绿化面积由5万余平方米增加到9万多平方米,为淄博国家级水利风景区注入新活力。

——济南章丘黄河工程的新面貌,一改往日防洪标准低、工程管理基础差窘况,借助近期工程实施的东风,一举跨入国家一级水管单位行列。

——下游防洪"王牌"东平湖,创新使用栅栏板护坡技术加固二级湖堤,改建、扩建庞口闸,使泄洪能力增加一倍,让东平湖蓄滞洪区正常运用再添安全系数。

建设中的东平湖出湖庞口防倒灌闸

——东营市垦利县胜利社区,工程建设让世代居住在黄河堤根之下的3万多名百姓群众喜迁新家园,住进了宽敞洁净的楼房。

——聊城堤防加固、济南长清控导工程、垦利县西双河引黄闸……它们或安澜裕堤,或保护滩区,或为工农业生产送去生命水源。

当一处处堤防工程再次加宽加固,当一道道坝垛修葺一新,当一座座引黄闸、防洪闸修建完成,当一排排防浪林绽放新姿,山东黄河近期防洪工程的建设者们笑容绽放。

(改编自黄河电视台专题片《护航齐鲁》)

惠泽

齐鲁

黄河记忆

"悬河"兴利在山东

宋传国　孙开岗

我们的越野车平稳地行进在黄河标准化堤防济南段上，一座座维护一新、装备先进的引黄闸不时一闪而过。我们望着奔腾的黄河水，欣赏着集"防洪保障线、抢险交通线、生态景观线"于一体的标准化堤防美景，看着背河绿油油的农田和日新月异的城乡建设，不禁对黄河造福于人民的成就感到自豪。

引黄供水：润泽齐鲁的富裕与文明

在山东，黄河水资源的利用与沿黄地区经济社会发展密不可分。可以说，黄河水流到哪里，哪里就富裕；黄河水流到哪里，哪里就显现出和谐与文明。

"我们老百姓爱黄河、怕黄河，离开黄河没法活"；"要想吃上饭，围着黄河转"。这些传遍黄河两岸的民谣，道出了山东人民对黄河的无限眷恋与依赖。

从1950年春，山东河务局设计修建利津县綦家嘴引黄放淤闸迈出破堤建闸引黄兴利的第一步，到2006年人民治理黄河60年，山东全省已建成引黄涵闸63座，设计引水流量2423立方米每秒。已累计引用黄河水2500亿立方米，引水量最多的1989年引水量达123亿立方米。已有11个市的68个县（市、区）用上了黄河水，开辟引黄灌区58处，引黄灌溉面积达3000多万亩。近10年，年均引用黄河水60亿立方米，引黄水量和灌溉面积接近全省总用水量和总灌溉面积的50%。黄河水资源已经成为山东经济社会发展的命脉。

引黄供水的用途也由最初单纯的农业灌溉发展成为工农业生产、城乡居民生活及生态用水的多目标全方位供水。不但把黄河水送到了菏泽南五县和滨州市的沾化、无棣等严重缺水区，基本解决了群众的吃水难问题，而且把黄河水远距离送到了烟台、青岛、河北、天津等地，为国民经济和社会发展做出了巨大贡献。河口地区的生态环境因黄河水的补给得到明显改善，许多珍稀和濒危鸟类被成群发现。黄河三角洲湿地已成为东北亚内陆和环西太平洋鸟类迁徙的重要"中转站"和繁殖地。

1987年3月大崔引黄闸施工现场 丁惠新 摄

如今，放眼齐鲁大地，得到黄河水润泽的沃野良田一片葱绿，连年丰收；得到黄河水补给的地下水位相对平稳，水质良好；新建的济南鹊山水库、玉清湖水库，邹平韩店水库，聊城电厂水库以及聊城"江北水城"古老的东昌湖碧波荡漾，常年不竭，经济效益、生态效益、社会效益日益明显。

放淤固堤："以河养河"的新路子

放淤固堤是山东黄河人巧用黄河泥沙资源治理黄河的又一创举。

"黄河斗水，沙居其七"。为利用好丰富的黄河泥沙资源，山东人民早在20世纪50年代就尝试着利用黄河泥沙淤背固堤。经过利津县綦家嘴引黄放淤闸自流沉沙、济南王家梨行和杨庄虹吸工程提水淤背两个阶段的试验，山东黄河人得出了这样的结论："引黄放淤能压碱洗碱，改良土壤，同时提高了背河地面高程，加固了

黄河记忆

大堤堤脚，并可补给修堤用土"；"经过沉沙落淤，将沿堤的一些土坑、水湾、洼地淤成高地，形成大堤的后戗，解决汛期出现渗水管涌等险情，提高了堤防抗洪能力"。

机淤固堤则兴起于20世纪70年代。1970年7月，齐河修防段干部职工群策群力，土法上马，建成了黄河上第一只吸泥船，当年完成机淤土方1.31万立方米，开创了黄河机淤固堤施工的先河。

1973年11月，黄委在黄河下游治理工作会议上肯定引黄放淤固堤为巩固堤防闯出了一条新路子，并确定"大力加高加固堤防"。1974年3月，国务院将放淤固堤正式列为黄河防洪基本建设工程。同年，引黄放淤固堤经验在山东全河推广。

1974～1978年，山东机淤固堤工程迅速发展，5年内建造吸泥船174只，完成机淤土方1.06亿立方米。引黄放淤固堤经验1978年还荣获了"全国科学大会奖"。

经多年探索改进，机淤固堤输沙距离已由最初的几百米增加到现在的15000米以上，输沙生产效率比原来提高了3.7倍，生产成本同比降低30.4%。特别是在2005年的黄河标准化堤防建设中，机淤固堤发挥了重要作用。

据统计，实施放淤固堤以来，山东省已累计从黄河抽吸泥沙5.92亿立方米加固堤防，取得了河道减淤、堤防加固、少挖耕地、节约国家投资的巨大经济效益和社会效益。

2013年3月河口防洪工程建设——放淤固堤工程

淤改土地：新农村建设的有力之举

利用黄河水沙放淤改土，是山东省改变沿黄地区农业生产与城乡面貌的重要措施。

新中国成立初期，山东沿黄人民为摆脱沙荒盐碱危害，曾采取过深翻土地、移土压沙和修筑台田、条田、沟洫畦田等多种治理措施，对发展农业生产起到了一定作用，但对于改造整个沿黄地区的自然面貌效果不够理想。自1969年开始，山东省先后修建了垦利县十八户和东明县阎潭放淤工程，积极利用引黄闸和虹吸管进行放淤改土并获得成功，先后将沿黄280万亩盐碱涝洼地淤成了肥沃良田，粮食产量大幅度上升。

1964年，济南市为改造沿黄盐碱涝洼地，学习临沂地区改种水稻获得丰收的经验，在洼碱地试种水稻18420亩，亩产达150~200千克。

黄河水稻在沿黄两岸大面积推广

济南市利用盐碱涝洼地改种水稻获得丰收后，沿黄各地开始小面积试种，稻改面积很快发展到近40万亩，单产达到200千克左右，高产地块达到500千克以上。引黄稻改成为改造沿黄洼碱地的一项重要措施，昔日的盐碱涝洼地如今稻谷飘香，呈现出一派欣欣向荣的丰收景象。

近年来，山东黄河还通过淤改沿黄村队盐碱涝洼地、为小城镇建设提供土源、发展泥沙产品制造等多种途径，使黄河泥沙资源得到较好利用。近期，正把沿黄现有的80万亩坑塘洼地淤改成沃野良田，以实际行动践行科学发展观，为建设资源节约型和环境友好型社会，推进社会主义新农村建设做出新贡献。

黄河落天走东海，万里写入胸怀间。如今，中国共产党领导下的山东黄河，正如一条高高隆起于华北平原上的输水总干渠，以其丰富的水沙资源造福着齐鲁，润泽着华夏！

（原载2006年10月12日《黄河报》第4版）

黄河记忆

舒同和"山东打渔张灌区引黄闸"

刘策源

走近打渔张引黄闸,上书"山东打渔张灌区引黄闸"。这座引黄闸1956年3月开工建设,11月竣工放水。几近一个甲子的风雨历程,让这座曾经宏伟的建筑,衰变为一位老者,衰老到静默,衰老到把自己无奈地交给时间,交给历史,安然地、静静地卧在高大巍峨的新闸下首,默默地坚守着自己防渗、防沙和拦冰的职责。

曾经的高大嵯峨、巍然屹立,曾经的车水马龙、人声喧嚣,曾经的火车长鸣、驳轮穿梭,曾经的店铺林立、商贾云集,还有河面上那桨声灯影、白帆点点。然而这些,在某一个早晨,都悠然飘逝了,"山东打渔张灌区引黄闸"在历经近60年的风雨沧桑以后,只留下了钢筋铁骨的躯体,还有舒同,和他那十个"舒体"大字。

作为书家的舒同

舒同,江西省东乡县孝冈镇人,生于1905年12月14日,1998年5月27日病逝,享年93岁。舒同5岁学书,14岁誉满乡间,师法颜柳,师古不泥,尊法求变,取其精华,渐成一派,遂命"舒体",备受海内外推崇。舒体书法,藏头护尾,圆劲婉通,用笔老重,宽博端庄,点画刚劲,润厚通畅,别具一格。

"山东打渔张灌区引黄闸"工程开工兴建和竣工之时，舒同任中共山东省委第一书记兼济南军区第一政委、党委第一书记。他组织和领导了这一"全省最大的工程"，并题写了闸名："山东打渔张灌区引黄闸"。

　　笔墨之间蕴涵着新中国刚刚成立，人民当家做主，大规模地建设社会主义祖国的豪情壮志，让人越是端详，越是感受到行笔落墨之间所投射出来的从容、豪迈气度，并会深深地为这样的气度所感染、所打动。新中国成立初期，国家实行过渡时期总路线，全国一片激情高涨，要跑步进入共产主义社会。历经半个多世纪的风雨剥蚀，依然蕴涵着自信、豪迈、稳健的书风。舒体自由洒脱，豪放不羁，浑然天成，为人民广泛喜爱，也为黄河留下了极其珍贵的墨宝，成为大河之上宝贵的历史文化遗产之一，它生动地记载和诉说着历史，让人们凭吊先人，追念历史，总结经验。也就从那个时候开始，博兴县王旺庄"山东打渔张灌区引黄闸"就与舒同的名字紧紧地联在了一起，并且横亘在大河之上，映照着大河上的天空，至今依然书风雄健，骨力遒劲，熠熠生辉，成为那个年代的鲜明印记。

　　作为书家的舒同，成自家一体，开一派书风，当如高山嵯峨，令后世景仰。但作为政治家的舒同，或许是不成功的，或许他本质上就是一个书家，就是一个书生，就像瞿秋白、陈独秀应对不了风云际会、变幻无端的政治。他在延安，与同样开启了一家书体——"毛体"的毛泽东主席研究切磋的是书学，不是政治；毛泽东主席看重他的也是书法，而不是政治。若是在和平年代里，他无疑会成为一个书学研究者，一个文化学者，而在战争年代他只好首先是一个职业革命家，然后才是"马背书法家"，并被毛泽东主席赞誉为："红军书法家、党内一支笔"。

　　许多来自水利部、黄委以及其他流域机构的水利专家，来到打渔张引黄闸，看到"山东打渔张灌区引黄闸"这十个大字后，所发出的第一声感叹就是："我终于见

到了赫赫有名的打渔张了！"

打渔张"灌区"

走遍黄河上下，以"灌区"命名引黄闸的，只有打渔张这一处。何以冠名为"灌区"，值得寻根溯源。即是说，新中国的引黄兴利事业，是首先确定灌区，并在灌区内进行了较为充分的土壤、水文、地下水、沉沙等方面的试验观测和科学论证后，才确定是否兴建引黄闸。同时也标志着"山东打渔张灌区引黄闸"是首先从灌区试验开始，并成为山东省大规模引用黄河水的发端。

新中国成立初期，党和政府就开始计划开发黄河下游水土资源。1951年底，中央军委决定在山东广饶北部滨海地区开辟军垦区，安排部队转业人员屯垦。1952年春，华东棉垦委员会亦决定开垦山东滨海荒地。6月，山东省人民政府遵照中央军委和华东棉垦委员会的决定，成立了山东省棉垦委员会，统一组织领导山东东北部滨海荒地的开垦工作。为解决垦区人、畜和灌溉用水，山东省棉垦委员会决定兴建打渔张引黄灌溉工程。9月，山东省棉垦委员会完成《山东省棉垦区打渔张引黄灌溉工程初步设计》，12月1日，水利部传达中央财政委员会"同意兴办"的指示，山东省人民政府随即组建了"山东省棉垦区打渔张引黄灌溉工程局"，具体负责工程的设计与施工。

1953年3月12日，水利部灌溉总局副局长刘学荣陪同苏联专家沙巴耶夫、拉布图列夫到打渔张灌区考察。专家认为，打渔张灌区的设计实际是一个十分复杂的土壤改良设计，应首先对有关土壤改良等问题进行详细调查研究，然后再根据调查结果确定工程设计。为此，专家建议首先进行一系列的勘测、研究工作和渠首建筑物的室内模拟试验，搜集土壤、水文地质等资料。

1955年4月19~24日，中国科学院竺可桢副院长偕同中国科学院首席顾问、苏联科学院院士柯夫达一行，来打渔张灌区进行实地考察。4月25日，山东省副省长李澄之在济南主持座谈会，柯夫达代表考察团谈了以下结论性意见："打渔张灌区地处黄河下游滨海地区，土壤含盐多为氯盐，容易冲洗，底土有透水沙层，排水效果好，通过冲洗排水改良土壤，灌区开发是有前途的，在技术上是可行的，在经济上也是合理的。几年来的试验研究工作，方向是正确的，得到的资料是宝贵的，不但对该地区开发有决定意义，同时尚有全国性意义。"于是，在当代治黄史上，一个大规模开发利用黄河水利、造福人民的序幕就这样徐徐拉开了。

打渔张"灌区引黄闸"

打渔张灌区引黄闸，是当时全国最大的引黄灌区之一，也是黄河干流最末一级水利枢纽工程的组成部分，是山东省的重点工程，对沿黄、沿海的博兴、广饶、垦利等县200万亩可耕地和124万亩的荒碱地改造，提供水土资源。

博兴县原水利局局长牛蓝田老人回忆：打渔张引黄灌溉工程是我国经济建设第一个五年计划中限额以上工程之一，是全国引黄灌溉的第一座大闸。该闸的设计自1953年起，采用苏联的先进技术和方法，是经过详细的调查研究，进行了多方面的水土试验后确定和完成的。设计标准为一级建筑物，闸高9.0米，长89.6米，共12孔，每孔净宽4米，皆为钢筋混凝土结构，引水角40度，引水段长150米，设计引水流量120立方米每秒，具体施工由淮委第六机械总队承建，惠民地区调集博兴、广饶等县民工1500人参加施工，工程投资244.3万元，1956年3月动工，11月完成。

据相关史料记载：1956年11月30日举行了放水典礼大会。水利部副部长何基沣，山东省副省长王卓如、李澄之，山东省政协副主席赵笃生，各民主党派山东地方组织的代表，全国人大代表钱昌照，中国科学院、淮委、引黄济卫管理局、山东农学院、山东师范学院的代表，惠民、昌潍、泰安专区、淄博市和广饶、博兴等县党政负责人和

黄河记忆

1956年苏联援建的打渔张引黄闸，新闸于1981年改建，1989年成为引黄济青渠首闸，图为2013年7月打渔张引黄闸 相树明 摄

当地区、乡的代表，新闻、广播记者以及参加工程建设的工人、民工、灌区农民代表等1500余人参加了大会。

打渔张引黄灌溉工程，是在"鼓足干劲，力争上游，多快好省地建设社会主义"总路线指引下，在"勤俭建国"方针指导下进行的。当时大打引黄工程的"人民战争"，

大力开展社会主义劳动竞赛，施工口号是："跃进年，大苦干，保证今年争模范。白天赶太阳，晚上追月亮，抓晴天，抢阴天，微风细雨当好天。现在多流汗，社会主义早实现。"原惠民、胶州、昌潍、泰安等4个专区20多个县的人民，为打渔张工程做出了重要贡献。

今天，我们只能通过凭吊这座孤寂的建筑，以及细细地端详那依然熠熠生辉的十个大字，才能触摸得到昔日那些热血、豪情和汗水。

《山东黄河志》记载：山东引黄涵闸建设，是在试办小型虹吸引黄工程取得经验的基础上逐步发展起来的，1956年，为开发滨海垦区资源，修建了打渔张引黄灌溉工程，是山东省举办大型引黄工程的开端。

今天的"打渔张灌区引黄闸"

历经近一个甲子的岁月沧桑，"打渔张灌区引黄闸"迎来了生命的"涅槃"，得以"浴火重生"。

通过几十年持续不断地进行黄河生态林、防浪林、

经济林的深度开发和积累，沿博兴黄河一线，以"打渔张灌区引黄闸"为中心，一个沿黄工程林带风景园区正在形成。涵闸上下，工程整洁，杨柳依依，花木葱茏，凉亭楼阁，百岁垂柳，景色秀丽，"大禹治水""黄河母亲"等雕塑掩映绿荫丛中。公园内有各类植物40多科100多种，林内有杜鹃、啄木鸟、灰喜鹊、斑鸠、家燕、猫头鹰等鸟类资源17科40余种，园内鸟语花香、林海茫茫、水声涛涛，景色宜人。特别是标准化堤防建成以后，交通更加便利，成为集观光、垂钓、采摘、游园于一体、远近驰名的旅游观光胜地。2001年12月，被山东省政府命名为"打渔张森林公园"。2010年4月"打渔张灌区引黄闸"被博兴县列为重点保护建筑文物单位。

打渔张引黄闸（2014年9月） 刘策源 摄

近日，打渔张引黄闸被列为滨州市"新八景"之一。历经一年多的评选，"滨州新八景"评选结果最终揭晓，"打渔张森林公园"景区，从全市28个备选景区中脱颖而出，入选"滨州新八景"，荣膺"双闸飞潮"称号。其广告词中说："打渔张森林公园，紧依黄河，一片翠海，来此休闲，可观黄河美景，洪波涌起，汹涌澎湃。50年前修建的全国第一座引黄闸，开始了新中国的引黄事业。在这里还可以看到几十年以来修建的各种闸坝条渠工程，聆听50年前兴建黄河拦河坝的故事和传说，遥想书法家舒同为打渔张引黄闸题字时的风采。林中休闲，还可以享受到森林公园鸟的世界，田园风光，黄河涛声和林涛，都会给您留下美好的记忆。"

近年，博兴打渔张灌区积极打造"省级水利风景区"，现在正在申报。昔日"打渔张"人开创的人民引黄事业，今天正在得到更加广泛的继承和发扬，正在黄河三角洲更加广阔的土地上，更加蓬勃地发展起来。

黄河记忆

水润齐鲁惠民生

高博文

水是生命之源、生产之要、生态之基。水资源极度匮乏的齐鲁大地，对水的渴求尤为迫切。人民治理黄河70年来，为发挥和利用好有限的黄河水资源，山东河务局认真落实黄委工作部署，求真务实、开拓创新，积极服务受水地区经济社会发展，不断优化水资源配置与管理，推动引黄供水工作走出了一条治理开发与管理保护并举，社会效益、生态效益和经济效益并重的新路子。

发展引黄灌溉　开启人民治黄新篇章

山东第一处引黄兴利工程是1933年底建成的历城王家梨行虹吸工程，但受资金、战乱等因素影响，未能推而广之。

1950年春，山东河务局在利津县綦家嘴设计修建了全省第一座引黄放淤闸，真正结束了山东黄河有害无利的历史，开启了山东引黄供水、为民造福的新篇章。

近70年来，山东河务局协同山东省水利厅、沿黄地市大力发展引黄灌溉，建设引黄水闸63座、虹吸工程78处，同步完善了扬水站等兴利设施。

如今，因为供水能力小，存在防洪安全隐患，虹吸工程已经退出了历史舞台，渠首引黄水闸成为兴利造福的主力。山东黄河年均供水量接近70亿立方米，供水范围扩大到了全省51%的土地、58%的耕地和48%的人口，同时担负着向天津、河北、胶东半岛以及南四湖等地跨区供水的任务。

创新两水分供　促进水资源高效利用

山东是全国经济和农业大省，但人均水资源占有量却不到全国人均占有量的六分之一。每逢春季，沿黄各地城乡用水、工农业用水矛盾突出，争抢黄河水的现象时有发生，干旱年份更加严重。为保障农灌用水，促进工业产业升级，提高水资源利用率，山东河务局创新工作理念和供水模式，于2006年在山东沿黄9市全面实施两水分供。所谓两水分供，就是在对现有闸、渠等引黄设施不进行投资改造的情况下，按照农业和非农业生产用水的规律，对两类用水实行错时分供，农灌时期集中供应农业用水，其他时间充分发挥平原水库的调蓄作用和供水价格杠杆作用，从而实现水资源的优化配置和高效利用。

2006年2月《人民日报》刊登

两水分供实施10年来，沿黄各地水资源利用率不断提高，引水秩序明显好转，为山东省成功抵御干旱灾害，实现夏粮生产13连增和经济社会建设均衡发展提供了有力保障。实践证明，两水分供对维持黄河健康生命，落实中央"三农"政策，落实最严格水资源管理制度等都发挥了十分积极的促进作用，得到了社会各界的广泛认可。《人民日报》2006年2月19日头版头条报道了这一新供水模式。国务院办公厅认为"工农业争水是一个普遍存在的问题，两水分供具有在全国推广的价值"。新华社、中央电视台、《大众日报》等新闻媒体也给予两水分供重点关注和广泛宣传。

实施跨区供水　支援津冀健康发展

人民治理黄河以来，黄河水脉润泽范围被不断扩大，从引黄灌区到毗邻县市再到千里之外，华北华中的广大地区越来越感受到了来自母亲河的大爱。

1987年，国务院批准黄河水量分配方案，明确河北、天津两省（市）的分配水量；1989年，"引黄济青"工程通水；同年，山东黄河完成向南四湖补水；1993年，"引黄济沧"实施；1995年，"引黄入卫"工程竣工通水；2010年，"引黄济津"潘南线路重启；2015年，烟台侯家水库、威海米山水库开始引黄蓄水，标志着胶东4市全部用上黄河水。

据统计，实施跨区供水以来，山东黄河累计向河北省供水73亿立方米，向天津市供水56亿立方米，完成"引黄济青"44亿立方米，奔腾的黄河水有力支持了受水地区的经济社会发展和生态文明建设，受到黄河水润泽的白洋淀、大浪淀、南四湖、衡水湖……重新焕发勃勃生机，正以兼葭苍苍、河湖潋滟的亮丽姿态迎接八方来客。

济南东联供水工程通水仪式

加强管理维护　水闸工程旧貌换新颜

渠首引黄水闸是引黄兴利的重要设施，也是黄河防凌防汛、确保安澜的重点工程。人民治理黄河以来，山东陆续建成60多座渠首引黄水闸分布在628千米的黄河两岸，如同镶嵌在玉带上的颗颗明珠。日光荏苒，岁月变迁，伴随着水闸旁的纤细树苗长成参天大树，这些兴利工程也逐渐步入暮年，出现了引水能力下降、机电设备老化、闸门锈蚀和混凝土结构强度减弱等一系列问题。

水闸闸区工程管理新貌

工欲善其事，必先利其器。为切实保障供水生产和防汛安全，山东河务局自2006年开始，逐年加大水闸工程维护投入，在水利部和黄委的支持下，全面开展安全鉴定、除险加固、压力灌浆、闸体整修、设备更换和闸区整治等工作。截至"十二五"末，山东河务局累计完成了24座重点闸区建设，63座渠首闸体整修，56座水闸大修，56座水闸安全鉴定和除险加固规划编制工作，累计有17座水闸获得黄委示范工程，25座涵闸获得山东河务局示范工程荣誉称号，淄博刘春家、河口一号坝等引黄水闸还被纳入了水利风景区。

助力生态建设　打造人水和谐新山东

城因水在、水依城存，"好客山东"的文化内涵因黄河水而变得丰富。近年来，山东各地先后建设和启用了以黄河水为补给水源，近百平方千米的景观工程，工程水面面积相当于15个西湖。自然风景与人文环境相互交融，人水和谐之韵也正从黄河的哺育中一点点渗透出

黄河记忆

来……

东营市积极打造"黄河水城",利用19条河流与沟渠,构建"九横十纵"的城市水网水系,改善城市生态,提升城市品位。滨州市建成了集交通、水利、城建、园林、旅游为一体的"四环五海"工程。泉城济南用黄河水替代地下水,保障了泉水13年持续喷涌。聊城市打出了"江北水城"的城市名片……

东营"黄河水城"

回顾70年的历程,山东省的引黄供水从无到有、从小到大,管理由粗放到细致、由无序到规范,滔滔黄河水为山东、河北、天津等省(市)的经济社会发展和生态文明建设提供了强有力的支持。展望未来,黄河治理体系和治黄能力现代化将加速推进,国家水安全保障能力将进一步提高,在全面建成小康社会、中华民族百年圆梦的道路上,引黄供水还将做出新的更大的贡献。

(原载2016年8月3日《黄河网》)

泉城哪得万涓涌
唯有黄河引水来

朱兴国

清澈的泉水绕城而流,秋季的护城河面上白雾缭绕,当晨曦透过薄雾照射在泉边石畔,老济南人便提着水桶或空瓶子到泉边汲水,取回家或泡茶或煮饭,让天地之灵气浸润市民的日常生活。

正是这么一座"家家泉水,户户垂杨"的城市,她的万涓泉水与黄河有着脱不开的深厚渊"源"。

泉水盛宴浸润了一城的欢情

"泉水是济南的灵魂,也是济南人的文化标记,更是这座城市闻名于世界的标志。"三秋时节,济南城到处流淌着泉水的讯息。

穿越泉水流觞的千年古城,一边是青砖碎瓦的老屋,一边是绿藻摇曳的清泉;一盏盏宫灯高挂屋顶,花车巡游、山东大鼓、评书快板等多种曲艺竞相上演,龙舟赛、放河灯、泉娃采水……这是济南"泉水节"的一幕幕胜景。

2013年年初,水利部正式确定济南市为全国首家水生态文明建设试点城市,试点建设期至2015年,到

泉城水韵(朱兴国 2013年10月摄于五龙潭公园附近环城公园)

2020年争取实现"泉涌、河畅、水清、景美"的目标。2013年8月,以"天下第一泉"趵突泉为首的景区晋升为国家5A级风景区;10月第十届中国艺术节亦在济南成功举办。泉水、文化、艺术、发展的契合,让泉城济南充满灵气。今年9月是"天下第一泉"趵突泉复涌13周年,已经陪伴了泉城市民三季的济南泉水节,9月2日将四度唱响,济南市民将与各方游客一起,共赏天下泉城的欢乐盛宴。

而这一城的甘洌,却离不开从他身边流淌而过的黄河水。

黄河之水解济南水困烦恼

"这座城市中有大大小小数不清的泉眼在往地面冒着泉水,甚至有的居民院落里掀开石板都有泉水潺潺地流出来。这就是被称为泉城的济南"。这段最具魅力的济南泉水景象,曾一度只能在书本的字里行间看到。

2000年,济南大旱。72泉群相继停喷,锦绣川、卧虎山水库枯竭,"泉城"闹起了"水荒"。据家住城南的市民讲,那段时间,家里停水,无法洗脸、做饭,只能深夜带瓶矿泉水回家睡觉。而城北居民却没有缺水的困扰,刚建成的鹊山引黄调蓄水库可满足半个城区的用水需求。这一年,济南市采取"北水南输",泉城"水荒"得到缓解。

此后不久,玉清湖引黄调蓄水库也于2001年7月建成供水。2座水库日供水能力80万立方米,完全能够满足城市日用水需求。2002年,济南再次遭遇大旱,2座水库发挥巨大作用,市民亲切地把两座水库称为"咱们的大水缸"。

引黄保泉也取得立竿见影的效果,有力保证了地下水位上升,泉水复涌"水到渠成"。2003年9月6日趵突泉复涌,至今已连续喷涌13周年,创下自20世纪70年代以来持续喷涌时间最长的纪录。2008年始建的"引黄保泉"建设项目东联供水工程业已发挥作用。目前,

2座水库及其他供水工程正常情况下,每日可供城市及工业用水110多万立方米。换言之,济南"引黄"每天可少采110万立方米的地下水,长此以往,济南地下水将得到充足涵养。十多年"引黄保泉"的努力换来泉群持续喷涌,也为"泉水节"的成功举办奠定了坚实的基础。

另外,黄河南岸的黄河滩区济西湿地、小清河风貌带、天桥药山景区、历城华山景区及北岸的多处农业观光区、天桥鹊山龙湖、济阳澄波湖等休闲度假项目建设,均离不开黄河水的滋润。引黄补源彻底改善了小清河两岸生态环境,使对接"北跨"发展的滨河新区成为济南北部未来发展的亮点。而鹊山龙湖、澄波湖之水,完全由引黄调蓄补水。黄河水既保障了泉城之魂,又改善了黄河两岸的生态环境,加快了北部区域的城市化进程,黄河水重焕济南经济发展新活力。

鹊山引黄调蓄水库(朱兴国2013年6月摄于鹊山水库)

大美泉城　黄河成为济南发展命脉

泉群复涌13年、泉水节的顺利举办、水生态文明城市创建,这些人与自然的和谐相处,都离不开一个"水"字。济南曾不断出台"采西停东""封井保泉""泉源保护"的保泉措施,这些措施的前提是必须要有水源替代开采地下水。事实证明,若没有替代水源,只靠开采地下水或南部山区几座储量不足的水库,大旱年份,连城市生活用水也难以保障,更不用谈泉水喷涌了,泉水节和生态文明城市,将只能是济南人一个遥不可及的梦想。

20世纪末,泉群经常停喷,济南成为全国110个严重缺水城市之一,泉城变"旱城","水"成了济南人

黄河记忆

的心头大事。

然而济南是幸运的，因为黄河从此流过。有了"母亲河"的哺育，泉群才能持续喷涌，济南才有了勃勃生机。

从城市发展来看，黄河是济南城市发展不可替代的客水资源。自2013年6月，济南市提出新的引黄补源战略——卧虎山水库引黄补水工程。就是从平阴田山灌区引黄河水，通过南水北调济平干渠补水济南，除了补充卧虎山水库，还分流补充玉清湖水库。该项工程是济南市打造"六横连八纵"的水网规划之一。黄河水入卧虎山水库后，除日常为南郊水厂供水外，可在地下水位下降至警戒线时，放水到玉符河进行回灌补源，保障泉群持续喷涌。进入玉清湖水库的渠道连通后，极大满足水库供水及小清河补水要求，实现黄河水、东平湖水和长江水多水源联合调度，保证了济南城市供水安全。

邢家渡引黄闸渠首（朱兴国2015年4月摄于邢家渡引黄闸）

水是一个城市的"血脉"，而在济南市的"血脉"里流淌着80%以上的黄河水，黄河已然成为济南市的"生命线"。现在，济南市正在重新认识黄河水资源的开发利用，并以黄河为中心提出今后的城市发展战略，"黄河新区"呼之欲出，黄河水助力济南经济社会可持续发展将提升到一个新的高度。

水润绿洲绿更浓

——黄河河口生态改善纪实

马 琳 蒋义奎 吕建芳 崔 光

黄河不仅塑造了黄河三角洲,也滋润着三角洲上的一切生命。在黄河入海口,滔滔黄河水与渤海激情交汇,孕育了中国暖温带最完整、最年轻的湿地生态系统——黄河三角洲国家级自然保护区。在这里,全国第二大油田胜利油田为中国经济的腾飞源源不断地提供着新鲜血液。黄河之黄、大海之蓝、湿地之绿、石油之黑尽情泼墨渲染,共同描绘出了一幅美轮美奂的多彩画卷。

河口三角洲自然保护区

这片中华大地上唯一一块不断生长的土地,在发生着奇迹的同时,却也在不断地制造着"烦恼"。20世纪90年代后,黄河频繁断流,打乱了黄河三角洲原有的生

态系统，湿地生物多样性锐减，入海口海岸线后退，生态环境逐步恶化。黄河尾闾能否得到有效治理，直接关系到大河生命的健康与否，也关系到黄河三角洲经济社会发展以及生态系统的良性维持。如何统筹兼顾、实现科学发展、谱写出人与自然和谐相处的乐章？

河口之治，需要走生态之路

1976年以来，黄河一直保持清水沟单条流路入海。清水沟流路为河口地区经济社会发展提供稳定的水资源保障，也改善了黄河入海泥沙量和海洋动力输沙能力的平衡关系。而已经尘封了34年的刁口河流路早已归于孤寂与落寞。伴随着河流的消失，以及海水的肆意侵蚀，曾经充满活力的河道退化成零星散落、深浅不一的水洼、滩涂，一望无际白茫茫的盐碱地上只有赤碱蓬仍在昭示着生命的顽强……

刁口河故道内资源丰富，停河期间，胜利油田在刁口河流路范围内进行了大规模的开采，建设了许多油气生产设施，但由于蓄水、输水期间没有采取任何沉沙措施，泥沙大部分淤积在故道河槽内，造成河槽不断淤积抬高，河道轮廓日渐模糊。

为了改善河口地区生态环境，推进黄河三角洲高效生态经济区建设，高效管理和保护黄河入海备用流路，2009年12月，国务院常务会议批复了《黄河三角洲高效生态经济区发展规划》。如何将描绘的恢弘蓝图成就为河口人民的福祉，2010年黄河三角洲生态调水暨刁口河流路恢复过水试验迈出了历史性的一步。

6月24日上午9时，随着东营市河口区黄河崔家控导工程节制闸的徐徐升起，久违了34年的黄河水潺潺流入刁口河。

7月2日15时，黄河水在山东东营油田生产路泄水闸流进故道滩涂，承载着守望与梦想一路奔入大海。

4.85万公顷黄河三角洲自然保护区的北部核心区迎

来了"生命之水"。沉睡 34 年的湿地睁开明亮的眸子，舒展妙曼身姿，迎来第二次青春……

随着黄河河口的综合治理与生态修复的不断前行，

保护区内生机盎然

历经六年，刁口河流路累计过水量达 1.63 亿立方米。如果说黄河河口的综合治理与生态修复是河口治理历史上范围最为广阔、调整最为深刻、影响最为深远的一次探索，那么刁口河流路恢复过水试验走出的就是先行先试的一步。

拯救湿地，让大地之肾生生不息

黄河水通过六干渠进入广利河

从 20 世纪末开始的黄河干流水量统一调度，到 2002 年开始的黄河调水调沙，再到 2008 年开始实施的生态调水，使得分布在清水沟流路两岸的 15 万余公顷保护区源源不断得到黄河淡水资源的补充，让这片被称之为"地球之肾"的湿

黄河记忆

地生态系统逐步得到恢复,并步入良性循环。

经过连续八年为自然保护区现行清水沟流路进行生态调水,累计补水1.48亿立方米,年均补水1850万立方米。连年实施生态调水的直接效益是显而易见的,现行清水沟流路南北两岸共恢复退化湿地面积约25万余亩。

多年的生态调水,良好的淡水湿地生态环境为植被演替、发育创造了优越条件,植被退化的现象得到遏制,植被的结构组成和覆盖率显著增加,植被覆盖率提高了10%以上,已成为中国沿海地区最大的海滩自然植被区。

珍稀濒危物种得到有效保护。良好的生态条件为珍稀濒危物种的栖息、繁衍提供了优越的生存环境,鸟的种类、数量明显增加。

湿地的环境质量明显改善,黄河现行流路两侧湿地土壤的盐渍化程度大大降低。科研数据表明,湿地恢复区内表层土壤及20厘米、40厘米、70厘米深层土壤含水量均有明显提高,尤以表层土壤含水量最为显著,土壤总盐量则明显降低。

湿地的景观格局进一步优化。以芦苇沼泽、大面积水面为代表的湿地景观成为自然保护区湿地的主体景观,并进一步突显出湿地的综合效益。良好的湿地景观使黄河口湿地连续两次荣膺"中国最美六大湿地"称号,黄河三角洲自然保护区被评为国家4A级旅游景区。

进水后的保护区湿地

黄河治理新思路的形成,维持黄河健康生命理念的确立,黄河水量统一调度、调水调沙,让黄河河口湿地得以再生，再度成为万众瞩目、独特新奇的国家级自然保护区。

绿色发展，让湿地之城永续

东营市是伴随着石油的发现在黄河尾闾兴起的一座现代化新城，是黄河三角洲的中心城市。随着经济的发展，东营作为资源型城市，其发展的局限性越来越突出，迫切需要新的发展"引擎"助推，从而打破发展瓶颈。

绿色总是与水密不可分，要打造陆地和水体绿化相映成趣、互为呼应的城市绿色风景线，水源保证成为生态建设首要解决的问题。作为黄河入海口的城市，流经东营市域138千米的黄河就是水源的重要保障。

但20世纪90年代连年的黄河断流让东营市、胜利油田尝够了苦头。如何维持黄河口湿地生态的多样性和延续性？如何让这来之不易的湿地景观得以永续？如何对子孙后代有一个无悔的交待？饱受缺水之苦的东营市、胜利油田把保护生态环境和水资源作为一项无可推卸的历史责任扛在了肩上。"绿为水润、水为人利、人为生态"，一个坚持人与自然和谐、千方百计保护湿地生态的指导思想在东营市确立。

2004年，东营市出台《黄河三角洲湿地保护规划》。位于黄河入海口的垦利县也编制完成了《黄河入海口湿

三角洲湿地景色

黄河记忆

地生态系统保护2004—2010年规划方案》，湿地保护工作已被列入东营市国民经济和社会发展计划。

节水也潜移默化中成为了从政府到市民的基本共识。东营市从选种耐旱植物到推广乡土树种，从减少草坪到科学利用雨水，从大面积使用喷灌、淋灌到铺设原水管道，把节水这篇大文章做得有声有色。胜利油田是黄河的用水大户，原来往油井注水全引的是黄河水。现如今进行了技术改造，回水利用量已达用水量的98%。

10年来，黄河河口管理局加强水资源调度，优化配置，统筹安排城乡、油田、济军的生活、生产、灌溉和生态用水需求，年均供应黄河水约10亿立方米，为东营市经济社会发展和"黄蓝"战略实施提供了可靠的水资源保障。

过水后的管理站北

黄河河口管理局助力市政府，突出"黄河、水系、湿地、文化"特色，通过多元投入，全民发动，取得了举世瞩目的辉煌成就。经过多年不懈打造，城区内及周围大大小小的水库、常年积水的低洼地，形成了特色鲜明的生态湿地，"湿地之中有城市，城市之中有湿地"成为城市的一大特色。东营，这座建立在盐碱滩上的石油之城，正以世人瞩目的华丽转身演绎一场惊艳绝俗的蝶变之旅。

共产党领导下的人民治黄已经走过了70周年的光辉历程，时至今日踏足黄河口，我们欣喜地看到，黄河河口湿地得以再生，"东方湿地之城"的美誉戴到了东营头上，这是东营人民的骄傲，更是"生态山东"的亮点。作为黄河的代言人，河口黄河人更加清醒地认识到，正确地处理河口治理与三角洲地区经济社会发展的关系，强调治河与经济社会、生态环境的统一考虑，要充分地考虑三角洲地区的资源优势，促进三角洲地区经济社会的可持续发展和生态环境的保护，才能实现人与自然的和谐相处。

德州引黄供水创辉煌

左爱芹

德州河务局所辖有潘庄、韩刘、李家岸、豆腐窝等4个引黄闸，担负着德州市工农业用水的重任，也为河北、天津的经济社会发展提供着水资源支持。黄河水从引黄闸出发，顺着水管进入千家万户，流淌着幸福生活的甘甜味道；奔流在德州大地的田间地头，浇灌着生长的秧苗，演绎着母亲河的慷慨奉献；引黄干渠串联起河流、湖泊，补充着城市和乡村的脉动，为生态德州，美丽景观建设再添活力。

从苦咸水到舌尖上的甘甜

黄河流经德州市齐河县，是德州市最主要的客水水源。德州市从20世纪70年代开始引用黄河水，于90年代实施建设"千百十"平原水库工程，即县有千万方水库、乡镇有百万方水库、村有十万方水库，通过平原水库引蓄黄河水，为德州城乡送来了清凉和甘甜，吹响了幸福德州建设的号角。

德州市地下水含氟量高，不适合饮用，又苦又涩。上了岁数的老人们都说，以前来了亲戚串门，都不好意思请人家喝茶，现在咱们喝上黄河水，水甜了，心里也美滋滋的。以前来德州上学、打工的年轻人都喝不习惯这苦咸水，哭着喊着要离开，现在黄河水不仅让世代居住在这里的老德州人欢欣，也吸引着更多的人共享这份

黄河记忆

甘甜。

在德州人心里有这样一个共识：老百姓放心地喝上黄河水，村村用上黄河水，那就叫幸福。位于引黄末端的宁乐庆三地农民用水困难，人畜饮水是令人头疼的难题，关系着民生，更牵动着民心。为解决这个大问题，自1989年以来，德州市先后建设了丁庄、庆云、丁东、惠宁等平原水库，设计总库容近1.6亿立方米，为庆云等偏远地区输送黄河水。为确保全市人民都能用上安全方便的自来水，自2004年始德州市又启动了"村村通自来水"工程和"人畜引水安全工程"，其水源全部来自平原水库调蓄的黄河水。

农民群众引水浇灌

水源、水库、水厂有了，甘甜的黄河水带来了饮水环境的大变化，解决了民生大问题，夯实了民心所向。水更甜了，心情更美了，生活也更幸福了。

从盐碱地到吨粮市

黄河水从引黄闸出发，沿着引黄干渠一路北上，滋润着脚下的泥土，不断地改变着这片土地的面貌。

潘庄引黄闸引黄济津正顺利实施

秋天来到齐河县祝阿镇李家岸村，几千亩的水稻到了收获的季节，一片金黄铺满了大地，恍然间仿佛到了塞上江南。"我们这里近水楼台，水稻喝的都是黄河水，大米也格外的香甜呢！"村民自豪地介绍。"前几年，春旱严重，五月份下地插秧，六七月份正是水稻生长、抽穗的时候，眼看着地里干裂开指头大的缝，是李家岸闸管所的职工帮我们引来了水，才保证了收成。"村支书动情地描述。如今黄河大米已经成为齐河的知名土特产，摆上了超市商场的柜台，走上了餐桌，为百姓带来了财富。

"引来黄河水，收益最大的还是我们老百姓，是黄河救了这里的盐碱地。"平原县王庙镇坡刘村曾经是有名的贫困村，村民以种地为生，但土地大多为盐碱地，庄稼收成不多。当地流传着"夏秋水汪汪，冬春白茫茫，风吹白粉起，就是不打粮"的民谣。黄河水顺着引黄干渠流到了这里，曾经的洼地、荒地经过黄河水滋润压碱，慢慢变为良田。

齐河县后甄村村民正在使用"小白龙"春灌

"庄稼喝上了黄河水，长得就是好。没了盐碱地，我们村的人均土地面积也翻了好几番，以前是每人几分地，现在能到两亩多。最让人高兴的还是庄稼的收成，以前亩产200多斤的玉米现在能收1500多斤。"言语间透着当地村民的喜悦。

引来了黄河水，庄稼收成节节高。近年来，随着引黄灌溉设施的不断完善，灌区有效灌溉面积不断加大，粮棉单产不断增加。据不完全统计，灌区粮食单产由引黄灌溉前的每公顷产2700千克，达到目前的每公顷15吨。2010年德州市被评为国家整建制的吨粮市。黄河水为德州市粮食"十一连增"做出了突出贡献。

黄河水带来了改变，让盐碱地成为历史，让北方土地收获了稻花香，富了一方百姓，也赢得了一方口碑。"我市粮食连续多年保持丰产丰收，黄河水功不可没。"德州市领导这样评价。

从用水紧张到水环境新风貌

随着地域经济社会的不断发展，地下水已远远不能满足生产要求，黄河水已成为德州企业可持续发展的重要保障。近年来，德州开展了向晨鸣造纸集团、莱钢发展直供水项目，为工业发展送水到家门口。积极调蓄黄河水，保障企业生产用水，改善了投资环境，引来了地方发展的金凤凰。

2010年10月，引黄济津潘庄线路应急输水工程向天津正式输送黄河水。每年调水10亿立方米，极大缓解了天津市缺水的状况，并使沿线河北省多个缺水地区受益。在此基础上的引黄入冀项目，每年为远处的河北沧州也送去了黄河水，传递着母亲河的关爱。

引黄济津潘庄线路应急输水工程实现了德州市"马颊河、岔河、减河、南运河"四河水系贯通，彻底解决德州市新建工程沿线区域用水难题，使德城区南部岔河至南运河区域及北部二屯镇、武城东北部、运河开发区等供水死角，全部用上了黄河水，为德州南部生态区建设奠定了良好基础。另外，引黄济津工程可以使德州市每年获得近2亿立方米的地下水补充，极大地改善地下水环境，开启了德州市千亩湿地建设的步伐，推进了水生态文明城市的创建。2008年，引黄工程和平原水库建设被评为德州市改革开放30年"十件大事"之一，受到市委、市政府隆重表彰。

黄河水润泽德州的乡村和城市，像一位营养师调配着健康食谱，像一位建造师开创了富裕道路，又像一位美容师勾画着大地的美丽密码，更像一位执着的耕耘者，在日夜奔流中持续为德州带来财富和喜悦。

水润淄博

武模革

黄河，四渎之宗，百水之首，是中华民族的母亲河。淄博，齐国古都，石化名城，是齐文化的发祥地。

淄博因境内淄水、博山而得名，地势南高北低，是一个老工业城市，全国重要的石油化工、医药、建材基地之一。因区内水资源匮乏，20世纪90年代连续大旱，尤其是1989年遭受了百年不遇的特大干旱，城乡10万居民吃水告急，200万亩农田受旱、60万亩农田绝产，部分企业停产、齐鲁石化公司面临停产……水的问题引起各级领导高度重视和社会各界的广泛关注，怎样破除水资源短缺这一制约淄博经济社会发展的瓶颈？

"建设引黄供水工程，提请调整行政区划"。淄博市领导班子集思广益，果断决策，他们把目光投向了黄河。

1989年12月2日，经国务院批复同意将惠民地区的高青县划归淄博市，至此，齐国古都与古老的黄河紧密相连。1990年1月，淄博黄河修防处（淄博河务局前身）应运成立。

1990年3月，淄博市引黄供水工程正式开工建设，在经历了停工缓建、复工等曲折过程之后,2001年9月28日,引黄供水工程正式竣工了！在通水剪彩仪式现场，近万名干部群众从四面八方奔涌而至。掌声、欢呼声、鞭炮声，处处洋溢着欢乐祥和的喜庆气氛，一个停工7年,复工后用了11个月的引黄供水工程终于建成通水了！人

黄河记忆

们望着涓涓流淌的黄河水,眼里浸满了久盼的、幸福的泪花。

进入 21 世纪,锐意进取、勇于担当、履职尽责的淄博河务局积极践行新时期治水新思路和治河新理念,坚持防汛抗旱并重,在确保黄河防洪安全的同时,高度重视水资源开发利用。认真贯彻落实最严格的水资源管理制度,严格水资源取水许可管理,加强水资源统一管理

淄博高青刘春家引黄闸

与调度,完善水量调度方案,强化用水计划管理,组织开展了灌区用水规律及用水效率调研,渠首工程引水能力调查,及时向地方政府和用水单位通报水情,适时引蓄黄河水,尝试和探索了一套严格"两水分供"、发挥黄河水最大效益的思路和方法。据统计,2001~2015 年,淄博河务局累计引黄供水 28 亿立方米,基本满足了城乡居民生活和工农业生产用水需求,为淄博经济社会发展和生态文明建设提供了重要的水资源支持。

2000 年以来,黄河水助力淄博大地物阜民丰,抵御了 2002 年、2006 年严重旱情和 2014~2016 年特大干旱,淄博河务局积极作为,支援地方抗旱生产,确保大旱之年不受灾、不减产,实现了引黄灌区 60 万亩夏粮十三连丰,滋养了"高青大米""高青西瓜"等 13 件国家地理商标

名优农产品，有力促进了沿黄地区农业增产、农民增收、农村发展。

坐落于齐国古都——淄博市临淄区的中国石化齐鲁石化公司，是一家集石油化工、盐化工、煤化工、天然气化工为一体的特大型炼油、化工、化肥、化纤联合企业，1989年曾因缺水面临停产。2001年以来，黄河水基本保证了齐鲁石化公司用水需求，同时推动了72万吨乙烯扩产。据市引黄供水管理局副局长郭兆学介绍：引黄供水的作用，不仅仅局限于齐鲁石化一家企业，淄博市作为传统工业城市，曾经因为缺水导致部分企业停产，也曾经因为缺水与许多招商引资项目失之交臂，黄河水的引入，推动了一大批工业项目在淄博落地，有力保障了全市经济发展用水。

"过去10年，黄河水支撑了我市一半的新增工业产值。今后10年，尤其是在我市下一个万亿元产值中，黄河水，包括南水北调的长江水，将通过吸引积聚大量的优质生产力，支撑其中的五千亿。"原淄博市委书记周清利如是说。

淄博市水文局数据显示，2014年9月至2016年5月淄博市降水严重不足，遭遇严重旱情。在如此干旱的背景下，淄博并没有出现规模以上工业企业因为缺水而导致的停产情况。原因无他，黄河水滋润了整个城市。

引黄供水的生态效益在近年凸显。20世纪濒临干涸的马踏湖湿地从2002年起实施了"引黄济湖"应急调水，逐步恢复了湖区的生机和活力。2016年1月，马踏湖湿地公园晋升为国家级湿地公园，也是淄博首个国家级湿地公园。使桓台县大放异彩的红莲湖公园，因得黄河水的滋润，如今已经成为桓台县一张亮丽的风景名片。

问渠哪得清如许，为有源头活水来。淄博，这个美丽富饶的城市，在黄河之水的滋润下，将更加充满勃勃生机。

黄河记忆

虹吸如龙泽聊城

张福禄

虹，在中国被誉为龙，虹吸则被称为"龙吸水"。

在聊城人民治黄历史上，自20世纪50年代至80年代，虹吸是为农业丰收提供水资源保障的"水龙"。它卧在黄河边，吸水泽田，为大地丰收和人民生活幸福提供着用水保障。随着科技和经济发展，如今聊城黄河上的虹吸已经淡出人们的视线，但是它永远镌刻在人民治黄丰碑上，并将永远绽放光彩。

引黄灌溉话虹吸

虹吸，是利用液面高度差的作用力现象，可以不用泵而吸抽液体现象。黄河上的虹吸就是利用虹吸原理而修建的黄河取水工程——虹吸管。因为黄河是地上河，河水经常高于两岸背河地面，具有自流引水条件，所以虹吸是跨越堤防引水的良好方式。

聊城所处黄河冲积平原，属半干旱大陆性气候，干旱发生频繁，有"十年九旱"之说。聊城人均水资源占有量不足全国人均占有量的十分之一。聊城耕地面积近1000万亩，贫困的水资源，严重制约着工农业发展，黄河水资源利用，对加快发展工农业生产至关重要。

据《阳谷县水利志》一位编辑介绍说："虹吸工程具有小型、分散、运用方便的优点。虹吸管用钢板焊接而成，有的是铸铁管道，修建时不必深挖大堤，施工比较容易。由于虹吸引的是黄河的表面水，泥沙较细，有放淤改良土地的优势。另外，虹吸工程规模小，投资小，深受群众的欢迎。在黄河涵闸没有建设时，虹吸在抗旱保丰中发挥了重要作用。"

据了解，自1956年到1981年，聊城黄河上共建有10处虹吸工程，为聊城的农业丰收和改良土地、加固堤防发挥了重要作用。

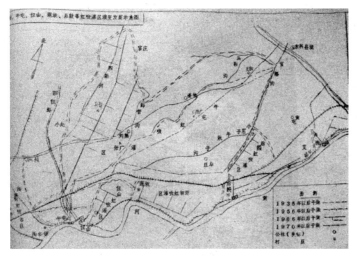

聊城虹吸灌溉发展示意图

虹吸工程建设之兴

聊城境内的第一处虹吸是地处东阿县境内的牛屯虹吸。

1956年1月，山东省人民委员会根据"根治黄河灾害，开发黄河水利"的总方针，批准河务局建设虹吸引黄灌溉的报告，并批准在山东黄河兴建34处虹吸工程的方案，其中就包括聊城的牛屯和井圈两处虹吸。

牛屯虹吸于1956年3月动工，6月建成。虹吸地址在东阿黄河牛屯村前的16号护岸上，设计流量6.44立方米每秒，灌区面积9.8万亩。灌区干支渠长达155.46千米，开挖土方96万立方米，建筑物96座。1957年春开始春灌，引水效果和用水效果良好。1956年11月，井圈虹吸在东阿井圈险工上建成。该险工背河系复堤施工坑，常年积水，是天然的沉沙池，设计流量6.65立方米每秒，灌溉面积

黄河记忆

17.3万亩，修建干渠节制闸8座，支门13座，斗门12座，以及桥梁、退水闸等。1969年之后，聊城黄河上又相继修建了位山、范坡、殷庄、郭口、周门前、邵庄、刘营、陶城铺黄河虹吸。

虹吸的建设，让沿黄群众靠天吃饭的问题从根本上得到解决。聊城还利用虹吸改造沿黄涝洼地，种植水稻，把一些不毛之地改造为良田，提高了粮食产量。据《聊城引黄灌溉史志》载，新中国成立后，聊城共建成虹吸10处，截至1985年，虹吸累计引水14.85亿立方米，共淤改土地达4.83万亩。1971年，阳谷县全县粮食作物平均亩产201.5千克，到1983年，阳谷全县粮食作物平均亩产达到650千克。东阿县的南桥大队，1953~1977年全大队每年吃统销粮5万千克，救济款2000元。引黄稻改之后，集体除分足口粮，留出种子，储备粮外，每年平均向国家交售稻子7.5万千克，1986年还购置解放牌汽车一辆，盖了6间会议室，投资

东阿井圈虹吸

50万元办起年收入10万元的纤维板厂，家家户户不仅吃穿有余，部分群众还购买了电视机、录音机、洗衣机等高档商品。

利用虹吸淤背是虹吸工程的又一个作用。截至1985年，虹吸抽水站共完成引黄淤背土方621.2万立方米，对改造沿黄盐碱低洼面貌、改变黄河大堤临背悬殊、加固堤防起到很大作用，同时为解决黄河堤防施工和农业生产争劳力的矛盾创出条新路。

虹吸淡出历史舞台

自1956年起，虹吸对促进聊城农业生产发挥了重要作用。然而，在几十年的运行中，虹吸管也暴露出了一

些问题，如钢板管道容易腐蚀，难以管理，容易形成堤防隐患。加上黄河河道逐年淤积抬高，大堤经过几次大的加培，虹吸设计标准偏低等。从防汛安全考虑，自20世纪80年代后，聊城境内的虹吸逐步拆除，引黄灌溉任务由引黄闸所取代，引黄供水更加方便快捷，运行安全更有保障。在20世纪50年代到80年代后期，聊城境内建成了近600万亩的引黄灌区，年亩产粮食达到1000千克以上，人民群众的生活水平发生了重大变化，实现了发家致富的目标。如今，聊城人民正在黄河的滋润中，伴着田野中那汩汩的黄河流水声，奋进在小康之路上。

灌区稻改苗儿旺

聊城虹吸在30年的历程中，为聊城的经济发展做出了重大贡献。它虽然已经完成了自己的历史使命，退出了引黄灌溉历史舞台，但是虹吸在人民治黄中发挥的重要作用、为社会经济发展所做出的重大贡献，将镌刻在治黄丰碑上，也将永远留在我们的记忆中。

黄河记忆

位山闸跨流域调水之路

高振霞

1958年5月，正在辛苦施工的60万民工不会想到，他们正在建设的位山引黄闸，除了为位山灌区提供灌溉用水，会在1981年改建后的35年间，引导着滚滚黄河水入渠穿河，滋润几百万亩农田，惠及津冀地区万千民众。

人民治黄以来，黄河水脉的润泽范围逐步拓展蔓延。

引黄济津，是几座城市的记忆，也是饱受干旱侵扰的人类历史的记忆。

天津，地处海河下游，自产水资源量很少，随着流域治理开发和上游地区用水量增加，入境水量大幅减少，经常饱受干旱缺水之苦。

1981年，为京津供水的官厅、密云两座水库仅存水0.2亿立方米，加上全年预估来水，也仅能供北京市用水，无水支援天津。

日供水量由正常情况的100万立方米，急剧下降至40万立方米以下。

将有1070家工业企业停产或半停产。

产量下降62%，影响月产值10亿元。

缺水严重，天津告急！

同年8月11日至15日，国务院召开"京津用水紧急会议"，决定分别由河南人民胜利渠、山东位山、潘庄三条引黄干渠引黄济津，为天津这座干渴的城市解燃眉之急。

1981年8月27日至29日，山东省政府召开第一次引黄济津紧急会议，确定了两条输水线路，一是位山线路，从聊城市位山闸引水，在临清胡家湾入卫运河，全长110千米；二是潘庄线路，从德州齐河县潘庄闸引水，在四女寺入卫运河，全长130千米。两条输水线路在卫运河汇流后，顺南运河送水至天津团泊洼和北大港水库，两条线路共输送黄河水5.79亿立方米。

1982年底，河南人民胜利渠和山东潘庄引黄干渠不再向天津输送黄河水，位山线路独自将引黄济津的重任扛在了肩头，一扛就是28年。

在位山闸工作的黄河老人的记忆中，总有几次调水让人印象深刻，如在昨日。

2000年，华北地区已连续干旱四年。国务院决定实施引黄济津应急调水，从山东黄河位山闸引水，横跨山东、河北、天津3省（市），途经卫运河、南运河送水至天津。

10月13日，时任国务院副总理的温家宝，视察位山闸。下午3时05分，温家宝按下位山闸闸门按钮，闸门徐徐提起，滔滔黄河水带着期盼和希冀流向了天津。

引黄济津、济淀、入卫渠首——位山引黄闸

2003年，第八次引黄济津应急调水，9月12日，回良玉副总理到山东检查引黄济津准备工作，察看引黄济津渠道等工程。下午3时50分，回良玉按动位山闸提

黄河记忆

闸按钮，黄河水滚滚翻涌奔向天津。

2010年，山东新辟潘庄线路实施引黄济津应急供水，6年间，位山线路与潘庄线路相互配合，圆满完成了历次引黄济津任务。

跨流域将母亲河的大爱播撒到天津的路途中，黄河水也滋润着河北渠道沿线的部分地区。

河北是缺水大省，不得不通过超采地下水解决"用水荒"，过度消耗结出了恶果：地面沉降、提水成本增加。

引黄入卫、引黄济淀等引黄入冀工程应运而生。

20世纪90年代，国家农业综合开发领导小组和水利部批准，从山东位山引黄闸实施引黄入冀调水。1992年10月，水利部、山东省、河北省共同签订《引黄入卫工程供水协议》。1993年1月30日，第一次引黄入卫开闸放水，黄河水蜿蜒前行近300千米，有效地缓解了沧州、衡水等地区的工农业及生活用水紧张局面。

自1993年引黄入卫工程临时输水至今，共实施了21次引黄入冀，其中引水量较大的是2006~2008年间两次引黄济淀应急生态调水。

2006年、2007年，华北北部干旱少雨，"华北明珠"白洋淀濒临干淀。

黄河水通过位山闸调往白洋淀

2006年、2008年分别实施了两次引黄济淀应急调水，渠首位山闸不辱使命，引黄河水17.1亿立方米，有效缓解了河北旱情，保证了2008年北京奥运会用水，改善了白洋淀区及周边生态环境，白洋淀水质不断变好，核心区水质达Ⅲ类标准。

2010年以来，黄河渠首位山闸先后6次为河北地区输送黄河水，其中，2011~2012年，位山线路联合潘庄线路，完成了引黄济津引黄入冀应急调水任务。

问渠哪得清如许，为有源头活水来。多年来，位山闸与潘庄闸携手，解津渴，缓冀忧，用源头活水、命脉之水为津冀地区注入了鲜活动力，累计向河北省供水73亿立方米，向天津市供水56亿立方米，母亲河的大爱有力支持了津冀地区经济社会发展和生态文明建设，助力了津冀地区和谐发展。

黄河记忆

亿万河水润津门

李芹国　王振晏

天津是一个水资源严重匮乏的城市。历史上，潘庄引黄闸曾经先后4次在天津用水的危难时刻屡担重任、屡建奇功，经过长途跋涉，将饱含深情的黄河水送到天津，缓解了缺水危机，滋润着这方土地，让千里之外的天津人民感受到母亲河的浓浓恩情。

临危受命

1981年，由于干旱少雨，为京津供水的官厅水库、密云水库存水仅剩0.2亿立方米，加上全年预估来水，也仅能供北京市用水，天津需另辟水源。当年8月11日，国务院召开紧急会议，确定分别由山东潘庄、位山和河南人民胜利渠3条线路实施引黄济津。山东省政府要求，潘庄引黄闸放水1.5亿立方米支援天津。此次引水自1981年11月19日开始，1982年2月23日结束，潘庄引黄闸顺利完成了首次引黄济津任务。

1982年入夏后，天津再度出现用水危急，国务院要求再从潘庄、位山两条线路向天津送水。此次潘庄线路引水57天，共计向天津放水2.35亿立方米。

随后，天津连续多年依靠引滦入津工程和位山线路引黄济津，解用水之急。

2010年，由于引滦来水减少、城市供水不断增加和位山引黄压力增大，天津市供水形势越来越严峻。因此，重新开辟引黄济津应急调水线路迫在眉睫。经过多次调研和实地查勘，由于具有"闸底高程低、引水保证率高、泥沙处理成本较低，引水线路短、沿途输水损失低"等优势，时隔28年后，潘庄引黄闸再次临危受命，承担起引黄济津的重任。此次引黄济津自2010年10月22日开始，历时172天，是历次调水中时间跨度最长的一次，共计放水11.84亿立方米。

2010年10月，引黄济津通水仪式

2011年，为保障天津市城市供水和举办第六届东亚运动会用水需求，实施了2011~2012年度引黄济津潘庄线路应急调水。此次调水自2011年10月18日开始，2012年1月15日结束，历时90天，渠首潘庄引黄闸累计放水4.96亿立方米。

攻坚克难

潘庄引黄闸于1971年10月动工修建，1972年6月竣工引水，主要为德州市实施农业供水，季节性强，冬季供水量很小。引黄济津项目实施前，闸前闸后淤积严重、闸门老化失修、测验设备陈旧、没有取暖设施，难以满足引黄济津引水量大、流量监测精度高、冬季引水过程长等具体要求。引黄济津关系到天津市1023万人民的吃水问题，保证潘庄线路引黄济津应急调水正常运行刻不容缓。

"1981年第一次引黄济津，由于需要新建桥涵、拆

黄河记忆

迁房屋，总干渠也需要清淤，时间紧、任务重，省市各级高度重视。为提前完成任务，不少村庄暗中增加了人手，施工高峰时，德州市原计划运用民工6000人，实际却有9800余人参与施工。当时，大家喊着'迎着风雪、克服困难，三天任务、两天干完'的口号，工作热情高涨，干劲一鼓再鼓，德州引黄济津工程于1981年10月23日开工建设，11月16日结束，提前7天圆满完成了工程施工任务，为引黄济津顺利实施提供了保障。"谈起第一次引黄济津，德州市水利局调研员刁宏伟深有感触地讲。

28年后，面对再次实施潘庄线路引黄济津的迫切要求，为保证引黄济津任务顺利实施，面对时间紧、工序多、任务重等实际困难，德州黄河河务局克服大河涨水、阴雨天气、农民工回乡秋收秋种等不利因素，参建人员放弃节假日，昼夜连续奋战在工地，抢工期、赶进度、严质量，按要求完成了清淤工程施工、闸前导拦冰设施安装、融冰采暖设施购置、闸门维修改造、计量设施更新、备用发电机组安装调试等渠首应急工程建设任务，确保按时达到了供水条件。

由于引黄济津任务重、时间紧、要求高，且均跨越冬季凌汛期，为保障引黄济津线路畅通无阻，德州河务局组织有关技术人员，精心制定了调水管理保障措施、应急调水黄河防凌方案、应急调水黄河水量调度应急处

2012年8月，引黄济津渠首闸——潘庄闸

置方案及可能突发事件处置等各种预案，对引水测报、凌情及汛情、水量调度等情况进行了预估，明确了应对措施。调水过程中，严格落实调水值班制度及各项岗位责任制，妥善处理好防凌、灌溉和调水三者关系，全力保障引水顺利、线路畅通。

李家岸闸管所原所长王长亮介绍："由于天气寒冷，引黄渠道内冰层厚达半米，局部地方瞬间就形成了冰坝，对引黄安全形成了威胁。为了保证引水安全，春节期间全所职工都没有休息，顶风冒雪坚守岗位，他们早起晚睡、轮流值班，分班带着工器具值守在引黄涵闸前后围堰两侧，时刻注意着冰凌的动向，一旦发现有冰凌堆积，便立即疏导分散冰凌。并根据上级调水指令及下游渠道实际承受能力，随时调整闸门。地方水利部门在桥涵、闸口、弯道、险工险段等地方，紧急部署了100多台大型机械，破冰除冰引黄，确保了引水正常。"

4次共计20.79亿立方米的黄河水似甘霖滋润着津城大地，解决了天津缺水的燃眉之急，保障了城市居民用水安全和社会稳定，干渴的滦河也因母亲河的润泽而更添活力。

从长远考虑，引黄济津潘庄线路可与位山线路互为备用，在南水北调中线工程通水后，作为天津及山东、河北三省（市）应急输水渠道，还可以作为沿途地区日常农业灌溉和生态补水渠道。

此外，引黄济津潘庄线路应急输水工程也是连接鲁、冀、津人民之间的纽带工程，不仅可以改善输水沿线地区的水生态环境，还可以借助大运河悠久的历史文化背景，使京杭大运河山东段至天津段焕发新的生机，是一项多赢的举措。

黄河记忆

黄河之水进胶东
——打渔张引黄闸和引黄济青、胶东调水工程

张 睿

打渔张引黄闸坐落于滨州市博兴县北部，分新老两闸。老闸始建于1956年，是人民治黄以来山东辖区内建造的最早的引黄闸。老闸兴建过程中，时任山东省委书记、著名书法家舒同为其题写了闸名——山东打渔张灌区引黄闸。1981年，为提升防洪标准，老闸下游44米处修建新闸。

打渔张引黄闸的名气，不仅仅是因为这标志性的十个"舒体"大字，更多的是来自于黄河母亲赋予的荣光。作为山东省引黄济青工程和胶东调水工程的渠首闸，打渔张引黄闸担负着将黄河水送往山东胶州半岛的重任。

20世纪七八十年代，青岛流传着"水贵如油，麻雀像乌鸦"的说法。随着城市的发展，因受自然条件的限制，

引黄济青渠首——打渔张闸

加之连续干旱，青岛市区供水依仗的河流频繁出现断流，且地下水濒临干涸，在当年，美丽的海滨城市青岛实际上已成为一座干渴之城。1981年，青岛市遭遇历史上罕见的严重干旱，全市大部水库全部枯竭，一部分企业因为缺水停产、半停产，市民吃水发生严重困难，一条街上只有一个水龙头，市民们每天最重要的事情就是排长队去接水，且每人每天用水限量只有20升。"老少三辈一盆水，用过留着冲厕所"就是当时青岛市民日常生活的真实写照。

此前的1979年，邓小平视察青岛时还有一段插曲。一天，邓小平偶然发现有消防车开过，于是问起消防车的去向。陪同人员告诉他，因为青岛缺水，消防车是专门来送水的，而老百姓只能按时定量供水。邓小平听后，马上对陪同人员说："一定要让老百姓有水吃，青岛市连水都没有，搞开放旅游是不行的，要赶快解决水的问题。"

为了解决青岛市的饮水问题，1982年1月，国家在青岛召开"青岛市水资源研究讨论会"，首次提出了引黄济青的设想。1985年，国务院正式批准了引黄济青工程方案，并于1989年11月25日建成通水。时任国务院总理李鹏在引黄济青工程通水之前，亲笔题词赞其为"造福于人民的工程"。

奔涌的黄河水自打渔张引黄闸出发，经过几级泵站提水，淌过290多千米的输水渠道，最终流入青岛供水管网。从此，青岛人民告别了排队接水的历史，喝上了甘甜的黄河水。引黄济青工程不仅解决了青岛市的用水问题，也为输水渠道沿途的滨州、东营、潍坊等地提供着水资源的保障。工程实施20多年来，共累计引用黄河水43亿立方米，保障了71万人的饮水安全，滋润了80万亩耕地。

引黄济青工程的成功运行，开启了山东宏观调配水资源的先河。为使省内水资源实现优化配置，缓解胶东

黄河记忆

地区水资源紧缺的局面，借鉴引黄济青的成功经验，山东省委、省政府将目光对准了更为广袤的胶东地区，决定实施胶东调水工程。

2003年国务院批准了山东省胶东地区应急调水工程可行性研究报告，当年12月，工程开工建设。原引黄济青线路由打渔张引黄闸一路向东南延伸至青岛棘洪滩水库，胶东调水工程利用现有的引黄济青线路172千米，在昌邑市宋庄分水闸转向东北，新辟输水线路322千米，经滨州、东营、潍坊、青岛、烟台，最终到达威海米山水库。工程全部建成后，将在山东的土地上画一个"T"字，实现水源的南北东西连通。

2015年4月23日，在烟台人民翘首期盼中，黄河水通过胶东调水流入莱州干渠。烟台历史上首次用上了黄河水。2015年12月23日，威海米山水库开始引黄蓄水，标志着胶东引黄调水工程全线通水。这一年，打渔张引黄闸放水328天，向包括青岛在内的胶东供水达到5.84亿立方米，引黄济青实现了常态化引水。藉由胶东调水工程，母亲河张开怀抱，将山东更为广阔的地域揽入怀中，为更多

2015年山东黄河支援胶东四市抗旱工作，图为黄河水首次流向烟台

的齐鲁儿女送去生命之水。

回看这座作为引黄济青以及胶东调水工程源头的打渔张引黄闸，近年来，以水闸为中心，滨州市积极打造"打渔张水利风景区"，水闸附近绿树掩映，花团锦簇，生机盎然，逐渐成为当地旅游的一张新名片。打渔张引黄闸正在以更加美好的姿态，肩负着造福齐鲁人民的职责。

刁口河情结

张春利

我小时候有过刁口河岸边的经历，对这条河有着特殊的感情。

刁口河是黄河的一条故道。由于黄河在入海处"淤积、延伸、摆动、改道"，近百年间，黄河在这里留下了十多条故道。

2010年6月24日，黄河口发生了一件能载入史册的事情。黄河水利委员会实施刁口河生态调水暨黄河故道恢复过流试验。体会决策者的初衷，是顺应黄河不以人的意志为转移的自然规律，在河口三角洲预留刁口河等备用入海流路，恢复和保持这里的生态平衡。

春末夏初，我沿刁口河黄河老故道，一直走到入海口。河边无堤无路，车子像树藤缠树绕来绕去，一条弃河的全貌，难以折腾清楚。刁口河走过的路，已在孤岛荒原上悄声沉寂了34载，历史朦胧，面目依稀，如若治河者不再重提它，不少人会说刁口河是一条渠，一条不再流水的沟。

（一）

故乡有个都明白的名词叫"下洼"，那就是到刁口河口，到神仙沟河口，再宽泛点儿是指"大孤岛（河口三角洲的代名词）"。当地的"洼"，不知从何缘起。

黄河记忆

但"洼"是一个不错的地方,那里有奔流入海的黄河,有林茂粮丰的土地,有青汁四溅的草原,有星光闪闪的湿地,有鱼虾欢跳的苇塘,有万匹跃动的军马。每到秋天,一辆辆马车拉着高高的垛成山包似的庄稼,载着乡亲们的丰收与喜悦,奇迹般地摇晃在黄河岸边。

那个年代,虽说"下洼"要吃些苦,受些累,但"下洼"意味着走向宝地,奔向富足,更好地生存。在"洼地"里,只要能劳动,能吃苦,就能吃饱肚子。村里不少人,下了洼,搭起窝棚,举家过日子,一呆就是几年,不想回来。"洼地"是村人的向往,也是我家人的向往。

我有过一次终身难忘的经历。那是20世纪60年代初,国内严重自然灾害。度灾荒,过难关,人们吃野菜,吃草根,吃树皮。我饱受忍饥挨饿的滋味。麦收了,生产队地里欠产,社员们纷纷"下洼"拾麦。妈妈和姐姐也去了。但是,生产队里要求,三夏期间,都得坚守生产,不准"下洼"拾麦干私活,不把秋作物管好,还是没粮吃。

"一定把你妈叫回来,咱不能带这个头。"时任大队书记的爸爸叫她们回来。

回来的路上,娘仨走在沉闷的生产堤上,妈妈在前,姐姐中间,小不点的我在后。看得出,妈妈心里很难过,她是忍泪回来的。她明白事理,但家里确实没粮食,眼看要断顿了,光吃野菜哪能行,想到饥饿而死的村人,妈妈真的害怕了。

妈妈摸着我吃野菜发青的肚子,"孩子,等到麦上,我给你煮生麦子饭吃。那时,你的肚子就不这个颜色了"。当时不懂事的我,没明白母亲的话,只是盼着过麦。

2013年刁口河生态补水

一路再没有说话声，只有黄河的水声，很低沉。妈妈这时看到河边有一只弃掉的鞋子。从前，有的女人就是鞋底上写上自己的名字，追随黄河解脱去了。她突然停住，眼泪闪闪地对我和姐姐说，"别回家了，咱们一起投河吧！"听到这话，我的头像炸了一样，半天没醒过神来。姐姐抬头看着妈妈麻木的表情，上去抱着她的身子，"哇"地哭出声来，那声音始终让我撕心裂肺，不敢回想。看着满面泪水的姐姐，看着大头青肚子的儿子，妈妈回心了，天啊，自己没法子，哪能走这条路啊……

（二）

我出生在山东省垦利县"十八户"村，那是黄河口大堤下的一个自然村，一千多口人家。村子原来在黄河滩里，后修了黄河大堤，就划在堤外了。堤外是盐碱地，寸草不生，十八户靠着黄河滩地过日子。在黄河入海口，"十年河东，十年河西"，黄河在滩区自由摆动。20世纪60年代滩宽一眼望不到边，到了70年代，滩地减为500米，90年代演变为100多米，再后来"隔河不找地"，逼得乡亲们把生存的目光瞄向了"洼地"。

60年代末，故乡人离家出走90多里，来到了刁口河河口，在那片黄河新淤地上，用勤劳的双手开垦出两千多亩良田，于是就诞生了刁口河尾闾的"十八户屋子"。不久以后，又出现了这个"屋子"，那个"屋子"。

那时候，十八户屋子边上的河不叫刁口河，乡亲们都叫它黄河。十八户的新垦地就在刁口河以东。村民们常常伴着黄河涛声，日出而作，日落而息。那时吃水可方便了，地边上就是黄河。用木桶提上水来，放一点儿豆面搅一搅，黄河水很快就清了。这里土地肥沃，到处是黄河新淤出来的红土地，"种地不上粪，年年不白混"，最多撒点儿化肥，全能长出齐刷刷的麦子。尤其那摇铃

的大豆，产量很高。每年秋后，一车一车地往回拉，刁口河的"洼地"，乡亲们称它是"粮食囤"。

这里鱼啊蟹的也丰富。春天刁口河水小，乡亲们就去网刀鱼，弄个二三十条的，不费劲儿。苦窝里的鲫鱼、黑鱼特别多，一早一晚放下手中的活儿，青壮劳力们总要捕些鱼来改善生活，经常弄个几裤腿儿（把裤脚挽个扣，做盛鱼的口袋）。

记得 1976 年以后，黄河改道由清水沟流路入海，从此刁口河就断流了。过去从老家到十八户屋子种地不渡黄河，改道后，十八户与十八户屋子，就一个南岸，一个北岸了。到了 80 年代，家乡土地联产承包，我在十八户屋子也分得七亩地。每年也得百里迢迢去种地。黄河故道断流后，刁口河淡水成了奇缺资源。有一年夏天，我"下洼"到十八户屋子去收麦，带了一塑料桶淡水不够喝，来到附近"风水井"，想讨点儿淡水救救急。可是，由于离海不远，那井得看风向，西南风是淡水，东北风是咸水。当时七八天全刮东北风，真是没辙了。

再后来，我全家从村里迁出，进了省会济南。十八户屋子和刁口河土地，就离得很远很远了。随着时间的丢失，印象也模糊起来。每次回老家，听说在十八户屋子坚持种地的乡亲们不多了，那里太缺淡水，在那里种地太苦。村里不少人看上了清水沟的黄河口，纷纷打造船只，到清水沟入海口干起了捕鱼的生意，从此十八户成了渔民村。

（三）

斗转星移，日历转眼间翻了 34 年。2010 年 6 月 27 日，我在济南参加黄河航拍。飞机在刁口河上空，黄河的弯弯故道清晰地出现在眼前，刁口河的上游，已没有了当年的河宽，的确像条渠，像条沟了。沿河再往下飞，刁口河显出宽宽的河道，依稀能看到河道的裂纹，一条弯弯曲曲的黄带子，在两岸碱花片片的衬托下，暴露在河口的盐碱滩上。这是一条无水的河，干枯的河，没有了生机的河。

　　航拍后的第二天，我陪同事从济南驱车300千米赶往东营，从地面上拍了一天刁口河。这天晚上，我一夜未眠。白天，我到了刁口河七分场河段的黄河故道，实施生态调度和恢复过流试验的黄河水，经过故道苇草的过滤，潺潺而过，拍下了很清新很舒爽的画面，如同心上一股清泉。可是，当我来到刁口河入海口，感觉就不一样了。干涸的黄河故道与烂泥的海滩交汇，海风挟裹着鱼腥的咸味，一片片遗弃的白色文蛤，出土文物般地裸露在青灰色的滩涂里，偶而见到一簇簇绿色的荆条棵和黄须菜，还在显示着生机的存在。宽阔的刁口河故道里，满眼是枯干的荆条根，无数次被海潮冲刷，光溜溜地伸着无助的手。当地老百姓说，刁口河三十多年没来黄河水了，地面全是盐碱滩，雨水落下来也白搭，吃水全靠油田水管道来接济。

　　这就是当年富庶的刁口河吗？历史与现实的巨大反差，旧与新的深刻裂痕，使我对黄河生态的思索闷得喘不过气来。我用枯干的荆条棒，在平展展的碱地面上，心里滴血般地写下了"黄河故道"四个字。举起相机，对着没有绿色的裸滩，拍下了一幅远离黄河水34年的凄凉画面。

　　作为一个治河者，作为一方官员，当能静下心来全面思考黄河入海流路的时候，当能静下心来思考既要考虑黄河入海的出路，又要兼顾黄河口生态维系的时候，这是何等的远见卓识，何等的"认识飞跃"啊！

　　为了拍下黄河生态调水刁口河末端的水头资料，傍晚时分，我来到刁口河故道，这里距海边约10千米，越

黄河记忆

刁口河生态调水

野车在宽阔的故道上辗出了四条曲线,像是渗血的鞭痕。

顺着刁口河故道往上走,远处明晃晃的东西越来越清楚。迎水而上,我看到了黄河水头,正缓慢地流淌。这是我34年后再一次在刁口河见到黄河水过流。二三百米宽的水头,涌着白色泡沫,成锯齿状,没有声音地缓慢推进。我强烈地感觉到,河床渴得太久太久了,裂纹干得太深太深了!刁口河从没有盼来这么多的水啊!我能预料到,河床不喝透,不喝够,是不可能让水往前推进的。水头过处,干裂的河床,张着网状的无数张嘴,饱饮着甘甜的黄河水。一簇簇水泡,在过水的河床上,在无云的蓝天下,透过夕阳,竞相涌出珍珠,涌出泉花。这景象分明在说,34年后,黄河水让沉寂的故道有了动听的声音,满足了它的需求,痛痛快快地解了一次渴,刁口河的福气来了!

黄河水在我脚下流过,水下还能清晰地看到河床的裂纹,在脚底板暖暖凉凉的感觉中,我远望眼前有水的刁口河故道,体味刁口河调水和故道恢复过流的意义。我仿佛看到了明天的河,明天的水,明天的生机,明天的景象。

当一条大河断流的时候,她不仅是失去流动,她就像生命,失去的是血液,是氧气,是营养,是吐故纳新,是维系一条河流生命所带来的一切有机的良性循环。

刁口河水通过最后一道闸门流入大海

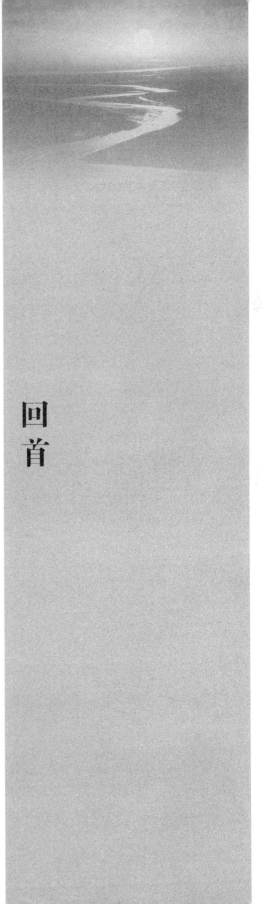

回首往事

黄河记忆

山东人民治黄初期创业记

刘连铭　张学信

山东人民治黄机构初建

山东省人民治理黄河工作是从1946年3月开始的。渤海行署早已确定，组建治黄领导机构驻蒲台县城，当时处于一无治黄机构、二无经费料物、三无技术干部阶段，真正是一无所有，白手起家。由于黄河堤防多年失修和严重破坏，又加处于战争环境，任务相当艰巨，条件十分艰苦，困难问题很多。

渤海区行政公署根据山东省政府指示，对紧迫的修治黄河工程及时认真做了研究，决定首先成立山东省渤海区修治黄河工程总指挥部，由行署主任李人凤任总指挥，王宜之、高兴华任副总指挥，并于1946年4月15日和5月22日，分别发布训令和指示，决定在沿黄各县成立修治黄河工程指挥部，由县长任指挥，治黄专职领导干部任副指挥，统一领导渤海区和各县治黄工作。同时提出成立渤海区行署河务局，河务局在沿黄各县设治河办事处，县长兼任主任，副主任由专职领导干部担任。两个治黄机构，一套办事班子。

在治黄机构未正式公布前，为了尽快开展工作，1946年3月，首先从渤海区行署各部门抽调一批干部，由石凤翔同志（当时明确任总指挥部秘书长）带领郭德元、张益三、刘连铭、范光明等同志首批到达蒲台县城，

1949年6月，华北、中原、华东三大解放区联合治河机构成立

进行筹建工作。行署实业处副处长王宜之、实业科科长吴士一及张学信等同志也于4月初从行署所在地惠民城到达蒲台县城，他们到后，与首批到达的同志一起，立即开展了治黄工作。由于当时机构人员较少，蒲台县城旧政府闲房较多，基本可以满足生活、办公和住宿的需要。

山东省政府对人民治黄工作十分重视，除之前已指示渤海区行署抓紧开展修治黄河工程外，为进一步加强治理黄河工作的领导，于1946年5月14日前即决定成立山东省河务局，山东省政府主席黎玉，于1946年5月14日签署山东省政府命令总字第76号，任命江衍坤同志为山东省河务局局长（此命令原件存于山东省档案馆）。江衍坤同志于5月25日从鲁中区行署到达渤海区行署了解并研究了治黄工作。山东省河务局于1946年6月8日在蒲台县城正式成立，局长江衍坤，副局长王宜之。河务局机构逐步健全，当时各部门负责人有：秘书科长崔光进，工程科长吴士一，会计科长董立志，材料科长魏达展，救济科副科长张健斋，总务科副科长郭德元，组织动员科长（缺）。这时河务局总人数40余人，并有警卫连保卫机关。河务局的干部除来自渤海区行署部分外，从华东军区兵站部前方工程处、苏皖边区政府水利部门、鲁中区行署等单位调进部分干部。

积极参加反蒋治黄斗争

渤海区行署与山东省河务局密切配合直接领导解放区人民反蒋治黄斗争。渤海行署与山东省河务局曾先后两次召开有三个专署专员和所有施工县县长参加的会议，部署修治黄河施工任务，行署主任李人凤主持并讲话，第二次会议，江衍坤局长已到职，仍由行署主任主持，江衍坤局长对前段施工做了总结，针对施工中存在的问题，对下步施工做了进一步布置，提出了具体要求。参加修复大堤的民工自5月25日先后开工，参加施工的县有垦利、利津、滨县、惠民、济阳、齐河、齐东、青城、高苑、蒲台10县，同时邻近参加施工的县有沾化、阳信、商河、临邑、邹平、长山、桓台、广饶、博兴，共19个县，民工15万~17万人，最多20余万人。麦收时期说服群众，跨麦施工。经过两个多月的紧张施工，克服种种困难，全面完成计划的施工任务。渤海区人民对修治黄河工程做出了巨大贡献。

江衍坤局长到达河务局后，很快在有关同志陪同下，对两岸堤防进行了查勘，仔细了解了施工状况，根据调查了解的情况与资料，于1946年8月9日，向山东省政府黎玉主席、郭子化秘书长，亲自写了治黄工作情况十分全面详尽的报告。该报告称："渤海黄河工程，自5月25日以后，沿河各县即陆续开工，所有工程情况，除由渤海行署随时电告外，特再报告如下"，主要内容有：一、工程进行概况；二、组织领导及河务局机构建设；三、迁移救济工作；四、对外交涉与争取物资；五、请示与要求。署名江海涛（即江衍坤）、王宜之。

有关黄河归故，1946年初至1947年夏，在周恩来、董必武等同志领导下，冀鲁豫和渤海区的人民代表同国民党政府举行过多次谈判。江衍坤局长拟与刘季清同赴菏泽、开封参加谈判，因公务难离省局，遂派刘季清前往菏泽与冀鲁豫行署领导一起参加谈判。

为培训工程技术与卫生人员，山东省河务局于1946年9月在蒲台县城先后举办测绘与卫生训练班，训练班的学员与局机关工作人员响应"增产节约，支援前线"的号召，利用业余时间，自制生产"黄河牌"香烟、"黄河牌"牙粉，具体参加人员有张学信、常诚良等，为材料科加工各种类型的麻绳，黄河整修险工缺乏石料，动员群众献砖献石，组织机关工作人员拆除城墙的大砖，运送黄河险工。并根据加工麻绳的数量、质量与拆除城墙砖的多少，发给一点微薄的报酬，以资鼓励。两个训练班的学员经过短期培训后，分配到修防部门，在工程技术与医疗卫生工作中发挥了重要作用。

由于解放区大规模修治黄河工程活动全面展开，引起敌人的注意，除对参加施工的工地民工派飞机、敌特破坏骚扰外，还对治黄领导机关驻地不断进行空袭。此时，山东省河务局将警卫连扩建为河防大队，下设几个连，渤海军区派王承信为大队长，各县办事处也建立了50~100人的武装河防队，负责安全保卫工作，这支武装力量于1947年冬初并入渤海军区部队。

随着解放战争日趋激烈，国民党军大举重点进犯山东解放区。蒲台县城多次遭受国民党军飞机的空袭。为避免损失，1947年5月，山东省河务局由蒲台县城迁往黄河北岸的滨县（今滨州市滨城区）的孙家楼村，分散在村内闲置空房及老百姓的家中，测绘训练班随局机关驻在附近的雷孟贾村，在交通、通信十分困难的情况下，继续实施领导反蒋治黄斗争。这时河务局增设了航运科，建立了造船厂和船只运输队，负责造船和水上运输任务。为了战争的需要，还在惠民大清河镇、滨县张肖堂、蒲台道旭等分别成立渡口航运管理所，在国民党重点进攻山东和苏北解放区时，对军民紧急转移、抢渡黄河和支援战争起到了很大作用。

此时，我人民解放军战略转移，国民党部队气势汹汹，不可一世，形势十分紧张。国民党部队向黄河岸边逼近，

曾一度侵占蒲台道旭黄河险工一带。山东省河务局奉命于1947年8月转移到利津县三大王村，这里是三个相邻的村庄，局机关各个部门分散住在老百姓家中，与群众打成一片。工作人员与住户群众经常交谈，帮助房东扫院子、挑水、干零活，与群众关系十分融洽。1947年12月，钱正英从渤海区行署赴三大王村，被任命为副局长（时最年轻的副局长），王宜之调回行署另有任用。不久，刘（伯承）邓（小平）大军在孙口一带抢渡黄河，实行战略反攻，解放战争节节胜利，解放区不断扩大。1948年2月，山东省河务局由利津县三大王村迁往滨县（今滨州市滨城区）山柳杜村，也分散驻在老百姓家中。这年凌汛期间，汛情严重，滨县张肖堂水位比1947年伏汛最高水位还高出1.09米，水流偎堤出险，经昼夜奋力抢护，化险为夷。此年春修任务繁重，修筑各项土方工程256.4万立方米，整修秸埽318段，动用秸苇柳枝1383万千克，砖石坝317段，连同秸埽护根共用砖石3.2万立方米，民工133.9万工日，支付工资粮516.6万千克。并筹运备防秸料814.3万千克，砖石5.6万立方米，共支付秋粮1850万千克及19亿元（北海币），为战胜洪水打下了较好基础。

　　1948年9月24日，济南解放。1949年3月25日，山东省河务局又从滨县山柳杜村迁往杨忠县（今惠民县）姜家楼村。到此处并未驻在老百姓家中，该村建有一处教堂，分东、西两个院落，西院有座小楼，还有部分平房，院内宽大，江衍坤局长、钱正英副局长在小楼内办公，各部门多在平房内办公、住宿，还有一处较大的礼堂，在礼堂内开饭。东院多是工程部门办公、居住。直属工程队住在局机关附近的沙窝赵村，分散住在老百姓家中。这期间，省政府也派了干部和部分医务人员到黄河部门工作。渤海区行署秘书长于勋忱经常代表渤海区行署到河务局研究治黄工作。《渤海日报》派若干记者有李久泽、吴化学、马赐福、胡光等常住黄河，对黄河春修、防汛及时进行报道。此时通信、交通条件已有很大改善，沿河有直通电话专线、吉普车等。

建立统一的治黄机构

1948年9月26日，即济南解放后的第三天，山东省河务局派崔光进、吴洪宾、葛行、李怀亭等同志进入济南市接收国民政府山东修防处的工作。对修防处原有的119名职工，10天内登记92人，全部安排了工作。许多工程技术、财会等人员前赴省河务局住地姜家楼，充实了省河务局机关各职能部门。

到1949年，山东省河务局所管辖的除渤海区沿黄各县河务部门外，还包括鲁中区有关县、济南市以及由冀鲁豫区移交山东省河务局领导的河西、齐禹河务部门（后改为齐河、长清。）

济南解放后，冀鲁豫解放区与山东解放区连成一片，建立了统一的治黄机构。于1949年6月16日，华北、中原、华东三大解放区在济南召开黄河水利委员会成立大会。华北委员王化云、张方、袁隆（因公未到），中原委员彭笑千、赵明甫、张惠僧，华东委员江衍坤、钱正英、周保祺参加了会议，一致推选王化云为主任，江衍坤、赵明甫为副主任。会议通过以防洪为重点，建立电话联系，提高治黄技术，建立报告制度等决议。会议由山东省政府郭子化副主席主持，中财部黄剑拓、华北政府邢肇棠讲了话。黄委会举行第一次委员会，三区委员分别报告了1949年防汛工作部署情况，讨论了治黄方针及任务，黄委会组织规程（补充），确定住址并做出决议，20日会议结束。

1949年夏季，防汛十分紧张。9月17日12时，陕州洪峰流量7700立方米每秒。9月22日17时，泺口最高水位32.33米，洪峰流量7410立方米每秒，超过了1937年最高水位0.21米，山东全河防汛进入最紧张阶段，调集干部、部队、工人、学生、民工共有35万余人投入

抗洪抢险斗争，终于战胜解放后首次大水，取得了防汛斗争的胜利。

1950年4月6日，山东省河务局由惠济县（杨忠县改为惠济县）姜家楼迁至济南市经五路小纬四路四十六号办公。之后河务局的附属单位也由农村迁至泺口镇及济南附近村庄。

以上事实说明，山东省河务局住址是随着解放战争形势的变化而变迁的。山东省河务局在山东省政府领导下，在渤海行署的密切关怀和大力支持下，经过3年多，山东军民和沿河广大员工共同努力，艰苦奋斗，克服种种困难和险阻，胜利完成了各项治黄任务，为人民治黄写下了光辉的一页。

（原载2006年6月6日《黄河报》第3版）

关于山东人民治黄事业初期的回忆

刘连铭

1946年，为粉碎国民党政府以"黄河归故"为名的阴谋，当时的渤海区修治黄河工程总指挥部在中国共产党的领导下，开辟了人民治理黄河的新纪元，至今已整70周年。

迅速组建治黄机构开展工作

渤海行署根据省政府的指示，行署主任李人凤于1946年1月31日召开紧急会议，研究决定成立治黄委员会，行署主任李人凤为主任委员，王宜之、王亦山任副主任委员，对当前治黄工作做了部署，提出了要求。1946年3月，将委员会改为山东省渤海区修治黄河工程总指挥部，行署主任李人凤任总指挥，王宜之、高兴华为副总指挥（王、高均为行署处长），他们立即赶赴指挥部驻地蒲台县城，1946年5月14日，山东省主席黎玉签署山东省政府命令总字第76号，任命江衍坤为山东河务局局长，5月22日省政府任命王宜之为副局长，1947年王宜之副局长调离后，补充钱正英为副局长。当时，山东河务局受山东省政府和渤海行署双重领导。山东河务局成立后，根据工作需要，继续保留渤海区修治黄河工程总指挥部机构名称，行署并明确江衍坤兼任指挥部第一副总指挥，一套人马，两块牌子，合署办公（召开会议、发文件均为二个机构名称），这为山东河务局组建和开展工作创造了极为有利的条件。

抓紧修复国民党破坏的抢修故道堤防

在治黄机构相继建立的同时，着手动员组织沿黄群众，进行大规模的修堤，整治险工工程。江衍坤上任不久，就在有关同志陪同下，对黄河两岸堤防进行查勘。当时黄河堤防经战争破坏和风雨侵蚀，残缺不全，抗洪能力几乎丧失殆尽。在向省政府提交的调查情况和治理意见的报告中称，"蒲台县境之麻湾民国26年（1937年）决口，因翌年花园口决口，河道干涸，因此该口门未有正式堵复。两岸大堤残缺程度虽不一致，但水沟浪窝、鼠穴獾洞到处皆是，还有很多地方，被敌挖沟建筑工事、据点，我也挖沟破坏敌伪交通，更甚者，沿堤千万棵堤柳均为敌伪砍伐卖净，树坑到处皆是，对堤防破坏特甚，还有很多地方大堤被居民犁种五谷，有的劈堤盖房与使土，总之是千疮百孔，残缺不齐。因此第一步，工程修复原状。针对上述情况，沿河大堤普遍加高一米，重要险工，因无材料修筑整治，拟展宽河槽，或酌挖引沟，分泄水势，减轻大溜对险工冲刷与顶冲之势，修整麻湾决口，加修外堤，展宽河面，根绝该处再决口的危险。"在这次调查研究的基础上，渤海行署召开第二次县长会议。会后各县作了进一步安排，通过施工，恢复了堤防原状，大堤普遍加高了一米。

集中精力把堤防建设搞上去

山东省渤海行署对治黄工作十分重视，除较早成立治黄机构外，于1947年4月中旬，召开黄河修堤会议，3个专署专员、19个县长参加黄河会议，行署主任李人凤亲自对黄河修堤工作作了动员和具体部署，会后各县分别层层动员并作了出工准备，参加修堤民工人数有15万~17万人，最多时达20万人，从1946年5月25日陆续开工。

农民上堤施工，多数都有县长或副县长，粮食、财政科（局）等负责人带队。

江衍坤到职前，渤海区黄河修堤工程已经开始，江衍坤到职后，经过到施工工地调查，渤海行署又召开了二次县长会议，行署主任李人凤主持会议，江衍坤对修堤施工作了进一步安排，麦收不停工，经过两个半月施工，绝大多数县按要求完成了施工任务，但由于桓台、长山、邹平民工调走支援前线，因此由他们担负高苑、青城的任务未能完成。惠民因特务扰乱，工程做了一半停工，济阳、齐东因国民党进攻，任务没有完成。后随着形势好转，又重新作了安排，完成了过去遗留的任务。

经过这次修堤，不但修复和加固了旧堤，堵复了1937年麻湾决口的老口门，还增修垦利以下河口段新堤30千米，增强了抗洪能力。渤海区人民为治黄做出巨大贡献。江衍坤在向省政府报告中提到："这次黄河修堤工程，渤海区在人力物力上有些精疲力竭，这样的工程至少应由全省负担。请山东省政府在人力物力方面给渤海区予以调剂与补助。"

解放战争开始后，1947年4月29日，渤海行署与山东河务局联合召开县长及治河办事处主任会议，区党委书记景晓村、行署主任李人凤和华东军区政治部主任舒同分别到会作了重要讲话，会议确定，治黄工程以修险为主，修堤为辅，沿黄11个县，以治黄为主，支前为辅，专区成立支前治黄委员会，党政军民主要领导人参加，并确定全区22个县10万民工参加治黄工程，历时一个月，先后完成了300千米大堤和43处险工的治黄任务。渤海区在极端困难状况下，一方面与敌人进行斗争，一方面大力修堤抢险，确保了大堤安全。

造船建组织支援解放战争

山东人民治黄工作是随着解放战争进行的。当时渤

海区支援前线任务极为繁重,全区共抽调5000名干部南下,支前民工达81万人次,这部分人多住在黄河北岸,如何渡过黄河成了一个问题。为此,渤海区党委、行署和渤海军区要求山东河务局解决渡河交通问题。局长江衍坤对此极为重视,立即采取了措施。为了便利黄河交通运输,支援前线,1947年2月,山东河务局在滨县玉皇棠成立造船厂,制造黄河摆渡船,另外还从海上买了一些船只,并于1947年6月成立了航运科,同时在惠民清河镇、滨县张肖堂、蒲台道旭及利津分别建立了渡口管理所,负责船只统一调度管理,保证水上交通运输,也可为群众过河提供方便。当1947年蒋介石纠集30万军队重点进攻山东解放区,不分昼夜地实施狂轰滥炸时,山东河务局配合当地武装,冒着国民党反动派的枪林弹雨,又及时将中共中央华东局、华东野战军二广纵队和鲁中区机关、学校、医院及伤病员等共40多万人,紧急转移到黄河北渤海解放区,为他们渡过黄河创造了有利条件,提供了可靠保证。在国民党部队重点进攻华东解放区、侵犯到黄河沿岸一带时,山东河务局奉命将所有公船、民船统统撤到黄河北岸,有力阻止了国民党部队向黄河北岸侵犯的企图。

全力以赴战胜大洪水

在这个不平凡的岁月里,中共山东分局、山东军区、山东省人民政府,对黄河防汛极为重视,1949年7月27日,下发了《关于黄河防汛工作的紧急决定》,决定指出:为了保证统一领导,沿黄各市、县立即组织防汛指挥部,党和政府的负责人及驻军首长必须参加指挥部工作,担任指挥、政委,当地河务部门负责人担任副职,并决定成立渤海区防汛总指挥部,江衍坤任指挥,王卓如任政委,钱正英任副指挥,除统一指挥渤海区防汛工作外,受山东省政府委托指挥济南、长清、历城等地的黄河防汛。在防洪工作上,沿黄各地应执行防总的命令及指示,地方党政军民严格保证防总的各种布置在当地贯彻执行，圆满实施。

1949年9月中旬，黄河下游发生了人民治黄开始3年多来的最大一次洪水，9月22日洪峰达到泺口，最高水位达33.33米，洪峰流量7410立方米每秒，超过1937年最高水位0.21米，洪水持续时间长，泺口水位30米以上59天，各种险情丛生，多处告急。在中共山东分局、山东省军区、山东省人民政府的领导下，在渤海区防汛总指挥部的指挥下，各级防汛指挥部严明纪律，严密防守，发现险情及时抢护，重大险情时，统一调集精兵强将，集中力量突击抢护。洪水期间,作为渤海区防汛正、副总指挥的江衍坤、钱正英同志，吃住都在办公室，密切掌握水情、工情变化，强化了集体会商，精心指挥，带领沿河军民艰苦奋战，克服一个又一个的困难，终于战胜了这次大洪水，为新中国的成立献上了一份厚礼。

1949年大洪水，山东惠济谷家险工抢险队员推柳石枕下水

1949年黄河由分区治理走上统一

1948年9月，济南解放，冀鲁豫解放区与山东渤海解放区连成一片，1949年6月16日，华北、中原、华东三大解放区的代表，在济南召开黄河水利委员会成立大会，会议由山东省政府副主席郭子化主持，中财部黄剑拓、华北政府邢肇棠到会并讲话。会议一致推举王化云为主任，江衍坤、赵明甫为副主任，9人为委员，从此，建立了统一治黄机构，加强了人民治黄工作的领导。

（原载2016年7月28日《黄河网》）

黄河记忆

我记忆中的山东黄河变迁

葛应轩

我是江苏沭阳县人，1949年5月任沂涛乡财粮委员，1951年2月从苏北来到山东河务局参加治黄工作，一开始在河务局测量队当测工，20世纪60年代在河道观测队工作，"文化大革命"后调河务局机关工作，以后任工务处副处长、处长，后来担任河务局副局长、局长，1994年10月离休。在中国共产党的领导和培养下，从一名基层测量工人成长为一名领导干部，有幸参加了波澜壮阔的山东治黄事业，亲身经历和亲眼目睹了山东黄河发生的巨大变化。在纪念人民治黄70周年之际，深感为山东黄河事业发展贡献了一份力量而高兴，特别是在堤防建设、东平湖治理、河口整治、引黄供水等方面都付出了自己的心血和汗水，留下了深深的印记。回顾40多年的治黄实践，许多场景、许多事情都历历在目，成为美好的记忆。

千里堤防标准化

1951年的春天，我来到济南，在泺口第一次见到了久闻未见的黄河。当时，河面并不宽，但水流湍急，堤高约有6米，顶宽5米左右，堤坡残缺，堤身遍布水沟浪窝，随处可见战时留下的军沟战壕，有些堤段是虚土一堆，高低不平。单薄的险工坝头，裹护一些秫秸草料，没有根石，这样的工程连一般性洪水都难以抵挡，遇到大洪水更是凶多吉少。

我参加了1950年至1983年人民治黄三次大复堤的测量工作。那时条件艰苦，地排车拉着行李和炊具，身上背着仪器和工具，住无定所，食无定时，渴了喝凉水，饿了啃冷馍就咸菜，无条件洗澡理发，无法按时更衣换鞋，天天灰头土脸。大家冒着严寒酷暑，披星戴月，长期工作在黄河大堤上。我们用普通水准仪，测绘大堤横断面2500多千米；用手持水准仪，测绘大堤横断面3万多个；用自制的竹尺丈量大堤、埋设标志。算盘是我们唯一的计算工具，白天忙于外业测量，晚上要在油灯下绘制断面图和进行土方量计算，任务十分繁重，往往忙到深更半夜。我们的劳动成果为山东黄河堤防建设、险工加固改建等各项工作提供了准确数据，并为以后的黄河堤防工程建设奠定了基础。

黄河三次大复堤，使山东黄河堤防平均加高4.5米、

崎岖蜿蜒行道林，花红柳翠逍遥行
朱兴国 摄

帮宽25米左右。为消除堤身隐患，进行了普遍、反复的压力灌浆和淤背固堤，堤防强度不断提高，工程体系不断完善，加上工程管护手段的进步，黄河堤防防洪能力大幅度提升，战胜了1958年、1976年、1982年等大洪水。近年来，国家又投入巨额资金，全线进行了黄河标准化堤防建设和下游防洪工程建设，使山东黄河千里堤防的防洪标准基本全线达标。如今的山东黄河大堤，高大坚固，

整洁美观，已成为名副其实的战胜洪水的"水上长城"。

兴建东平湖水库

1952年秋，我们从鱼山乘船入清河门，穿浩瀚东平湖到大安山，开始测量运西堤纵横断面。那时的东平湖地区残存着很多堤防，有年久失修的金线岭、大清河断断续续的南北堤、运东堤，还有张坝至十里铺的运西堤，还有新临黄堤。沿湖地区河湖相通、十年九涝，群众以渔为生，十分贫穷。20世纪50年代中期，我们又对东平湖各类堤坝数据进行了测量、整理，为后来东平湖滞洪区和位山枢纽工程建设提供了第一手资料。

1958年7月，黄河花园口站出现22300立方米每秒洪水，山东沿河坝岸险工几与水平，东平湖临黄各口门、山口同时进洪，滞洪总量约8亿立方米，洪水到达泺口削减至11900立方米每秒，大大减轻了东平湖以下河段的防洪压力，取得了山东黄河抗洪斗争全面胜利。由此，人们看到了东平湖蓄滞洪水、削减洪峰的重大作用。

1958年洪水过后，经中央批准修建了东平湖水库。大湖围坝约100千米，二级湖堤约26千米，修进出湖闸5座，分二级运用，老湖面积209平方千米，新湖面积418平方千米，自然调蓄洪水能力达到30多亿立方米。从此，有计划地控制各类洪水，减少损失，为下游防洪安全提供了可靠保证，也结束了湖区水害肆意泛滥的局面。

1982年8月，黄河发生新中国成立以来第二次大洪水，国家决定利用东平湖老湖滞洪，分别开启林辛和十里堡两闸进行分洪，最大分洪流量达2400立方米每秒，实施分洪后，解除了下游洪水威胁，保证了黄河下游防洪安全。

进入21世纪，东平湖又成为南水北调东线的巨大调蓄水库，利用东平湖向胶东和河北、天津送水，东平湖的地位和作用进一步提高。东平湖防洪蓄水的巨大效益，将永载史册。

南水北调东线东平湖入口

河口治理成效大

1955年春，我奉命到神仙沟流路4号桩建造一座16米高的测量觇标，辛苦地干了半个月才完成，该觇标成为河口地区各单位观测定位的基点，一直用了50多年，前几年才因年久失修，停止使用。那时的河口地区，渔洼以下就没有任何河道工程了，那里人迹罕至，土匪出没，涨潮时水流七股八汊，处处盐碱，一片荒凉。解放后，国家对河口三角洲进行了大规模整治，河口流路逐步稳定，河口频繁改道的局面得到彻底改观，70年间，海岸线前进了50多千米，造陆2500平方千米。

为改变入海流路不畅的问题，于1953年、1964年、1976年对入海口进行了三次人工改道，由自然演变改为人工干预，每次改道均产生溯源冲刷现象，使河道流路通畅，水位大降，减轻了河口地区的防洪压力，有力地促进了当地工农业生产的发展。特别是1976年改道清水沟流路后，按照"截支强干、工程导流、疏浚破门、巧用潮汐、定向入海"的河口治理思路，进行了截堵支流汊沟，延长加高大堤，修做导流堤和护滩工程，清除河道障碍，实施河口疏浚和挖河固堤，保证了黄河入海通畅，至今已稳定行河40年。同时，还新修筑各种防护堤100多千米，以及多处引水工程，确保了石油开采、工矿企业生产安全，为河口地区各单位提供了生产生活所必需的水资源，为东营市经济社会发展和胜利油田的开发建设做出了巨大贡献。

近年来，利用调水调沙，多次实施了刁口河流路恢

复过流和对三角洲自然保护区进行生态补水，进一步恢

泊　蒋义奎 摄

复和保护了刁口河备用流路，阻止了海水入侵，湿地面积进一步扩大，有效修复了河口地区的生态环境。

发展引黄兴利

山东引黄事业是除害兴利的伟大创举，是在党的领导下取得的又一个硕果。我见证和参与了从修建虹吸管到建设引黄闸的全过程，引黄兴利从无到有、从小到大，引黄供水成为治黄事业发展的重要组成部分。

1950年，在利津綦家嘴试建1立方米每秒的引黄小闸，虽然没起多大作用，但开创了在黄河大堤上开口建闸的先例。在物资、资金、技术非常匮乏的年代，利用虹吸管引水成为简便可行的最佳选择。河床高悬，建虹吸管引黄，具有技术上、管理上的优势。鼎盛时期，山东所有的险工都建起了虹吸管工程，为沿黄局部小面积农田灌溉、盐碱涝洼地稻改等发挥了一定作用，提高了粮食产量。但因虹吸管穿堤高程多在防洪水位以下，一旦闸阀封闭不严，高水位时就容易形成过水通道的险情，导致堤防安全隐患，只好填堵空气室，并在背河围堵。为确保防洪安全，到1970年，山东黄河虹吸工程全部拆除。

随着沿黄经济社会发展的客观需要，设计施工技术、施工条件的日趋成熟，在确保防洪安全的前提下，修闸引黄就势在必行了。1956年，在博兴打渔张兴建了黄河

下游大型引黄闸和引黄灌区，对粮棉增产发挥了积极作用。特别是20世纪80年代，一大批引黄涵闸陆续修建，使山东黄河引黄水闸达到60余座，设计引水能力2400立方米每秒以上。近年来，山东黄河平均每年引黄近70亿立方米，黄河水已成为山东沿黄地区的生命之水。同时，还把黄河水远距离、跨流域送到胶东半岛和河北、天津等地，并且已经实现了常态化，有力地促进了相关地区经济社会的持续健康发展。

回想自己40多年的治黄经历，过去全民动员、千军万马出工修堤，人山人海上堤防汛的场景经常萦绕在自己的脑海里，沿黄人民和黄河职工吃苦耐劳、不计报酬、无私奉献的精神也一直激励和感染着我。我对黄河的深厚感情、对治黄事业的无限热爱成为自己终生不变的信念。我也深刻认识到，治黄事业的发展是中国共产党和各级人民政府正确领导的结果，是沿黄人民和黄河职工顽强拼搏、无私奉献的结果。

2009年，供水渠道（淄博河务局）

黄河治理任重道远，我对山东黄河的长治久安充满着必胜信心。

（作者：葛应轩，离休干部，山东黄河河务局原局长）

黄河记忆

浅谈黄河今昔

袁崇仁

我亲身经历和亲眼目睹了山东黄河40多年来发生的巨大变化。借纪念人民治理黄河70周年之机，粗浅的谈点个人的感受体会和看法。

我认为，人民治黄以来，黄河在党中央、国务院和沿黄各级党委政府的正确领导下，在黄河职工和沿黄军民的共同努力下，黄河治理开发事业发展是快的、变化是大的；治理成就显著，治黄成效明显；管理水平高，社会收益大；黄河的地位提高了，黄河的声誉好了；黄河事业得到了全社会的广泛关注，得到了沿黄各级党委政府的高度重视和支持。下面，我重点结合山东黄河取得的巨大变化，谈以下几点：

一、黄河治理成就显著，治黄成效明显

随着近年来国家对黄河投资的加大，山东黄河改建、加固了一大批防洪工程设施，防洪能力大为提高。尤其是黄河标准化堤防建设，既提高了防洪能力，又为工程管理打下了坚实基础。过去河道治理欠账较多，控导、险工等得不到加固改建，经常出现横河斜河、顺堤引洪；堤防薄弱，隐患险点较多，出现渗水、管涌、漏洞是常事。1998年"三江"大水以来，山东黄河的基本建设投资达到145亿元，是前52年投资总和的4.5倍，已建成标准化堤防535千米，2016年开工的黄河下游防洪工程建设

将在 2020 年实现 803 千米临黄堤全部达标。

在 20 世纪 50 年代初，利津王庄、五庄发生凌汛决口，这已成为历史。过去黄河下游凌汛年年成灾，每年开河前都要实施冰凌爆破，冰上作业非常辛苦且不安全。自小浪底枢纽工程建成运用后，山东黄河的防凌形势大为改观。尤其是连续 19 次调水调沙，河道引洪能力大为提高，在调水调沙之前，菏泽东明县 1800 立方米每秒就漫滩，提高到现在的 4200 立方米每秒左右，河道刷深了 1 米多，在社会上形成了很大、很好的影响。我记得，2002 年陪同时任省长张高丽、副省长陈延明到郑州参加朱镕基总理召开的座谈会。在车上，一些省直部门的同志向我诉说他们的担心和想法：调水调沙是泥沙大搬家，冲河南淤山东，对山东是灾难。我同他们做了很多解释……实践证明，同志们的担心是多余的。

二、黄河水资源得到充分利用，造福齐鲁大地

黄河水资源的开发利用最初是从 1950 年利津綦家嘴闸开始引水的。随着经济社会的发展进步，国家和企业在黄河两岸投资修建了 63 座引黄闸，设计引水能力达到 2424 立方米每秒，农业引黄灌溉面积达 3000 多万亩，万亩以上引黄灌区 58 处。这些设施为沿黄工农业生产和经济社会发展做出了巨大贡献，沿黄各级党委政府和老百姓是公认的，也是我们黄河人为地方经济社会发展做出的重要贡献。

山东旱涝不均，有时多年发生冬春连续干旱。1989 年山东大旱，全年引黄河水达到 123 亿立方米。每次大旱，黄河两岸得益于黄河水的浇灌仍获得大丰收，黄河为山东粮食生产"十三连增"做出了巨大贡献。通过引黄济青、引黄济烟、引黄济威，黄河水已成为胶东半岛的重要客水资源，目前山东除临沂、日照、枣庄 3 个市外，其余 14 个市都用上了黄河水。近年来，我们加大了

黄河记忆

生态用水的管理调度，黄河水成为黄河三角洲开发建设、湿地生态保护的重要保障。可以说，黄河水流淌到哪里，哪里就有文明，哪里就有发展，黄河水既滋润了黄河两岸，又造福了齐鲁大地。

1999年，国务院授权黄委对黄河水资源实行统一管理调度，自此结束了自1972年以来28年间有22年出现断流的历史，实现了山东黄河连续16年未断流。这是最为沿黄人民和全社会叫好的，黄河确实成为一条沿黄人民离不开的一条生命线。过去老百姓曾生动形象地说："爱黄河，怕黄河，离开黄河无法活。"

2002年接待朱镕基总理视察黄河时，在黄河入海口，我向总理汇报说，欢迎总理来到祖国最年轻的土地上，我们现在的脚下是黄河1976年改走清水沟流路以来，入海30千米的地方，现在入海长度达到60多千米。改道之初，河道长度是27千米，脚下就是大海……黄河每年在河口地区填海造陆3万~4万亩土地，60年黄河填海造陆达210多万亩。实施黄河水资源的统一管理和调度，确保了黄河不断流，大见成效，您批示这是一曲绿色的颂歌。总理听后笑了："黄河不断流也实现了人与自然的和谐相处。"这些说明黄河是神奇的，黄河对社会的贡献是巨大的。

黄河水改善沿黄城市生态环境（聊城东昌湖）

三、工程管理水平明显提高

在工程建设管理中，黄委曾提出把两岸大堤建成"防洪保障线、抢险交通线、生态景观线"的要求。我们山东局也曾提出让"黄河大堤绿起来、黄河美起来、职工富起来"的要求。又加之实施管养分离改革，国家加大了工程维修养护经费的投入，管理水平得到很大提高，改变了过去堤顶坑洼不平，行车颠簸，雨雪后难以通行的历史。

最让我难忘尴尬的一次是2003年"华西秋雨"期间，阴雨连绵，东明黄河大面积漫滩，防汛抢险形势十分紧张，我陪时任省长韩寓群坐车沿大堤查看水情险情，10多千米的路程走了近2个小时。最后没法通行，只能下车步行。当时省长就说，真出了大险，道路无法通行，料物运送不上来，势必要出大事的。后来省长决定调运煤矸石铺

济南黄河标准化堤防工程鸟瞰 殷鹤仙 摄

到堤顶上便于通行，汛后又进行了清除。现在的黄河大堤全部硬化，可以全天候通行，而且成为一条景观带，顺大堤通行简直就是一种享受。险工、控导工程的管理水平也大为提高，依托黄河防洪工程，建成了9处国家水利风景区，成为人们观光旅游的好去处。

多年来，我们重视植树绿化，黄河树株存有量大增，达到了植满植严的要求，沿黄两岸临河防浪林、堤顶行

道林、淤区背河生态林三道防护林带，已经成为一道名副其实的绿色生态长廊和防风御沙屏障。我们的备防石管理整齐有序，2000年，温家宝总理视察黄河防汛，他看到山东黄河的备防石摆放整齐，他怀疑是否都是这个水平，他让司机开车前行到另外几处险工查看，结果都是一样水平，他笑了，赞美黄河上的管理水平是高的。

四、物质生活发生了巨大变化

听老同志讲，人民治黄初期，职工出差出发、查看黄河大多是靠步行，条件好些的骑马或乘坐马车，据说原惠民修防处主任出发，靠唯一的一辆马车出行。1976年黄河在利津罗家屋子截流改道，施工任务主要在利津黄河修防段，修防段的交通运输仅一部"格斯"牌载重汽车和一辆40马力的拖拉机向工地运输料物，还有一台8马力的小拖拉机，从利津到垦利，这台8马力拖拉机走了一天时间。记得有一次陪沾化县领导察看黄河大堤加培工程时，沾化县领导乘坐北京吉普车，修防段的领导坐拖拉机头，根本走不到一起。现在出行非常便捷，交通车辆的技术性能好，黄河职工也大多拥有了私家车。

就职工住房来说，过去黄河职工都是住集体大宿舍，一个工程班或几十个人住在一起，条件差，住房简陋，都是平房，透风漏雨，职工的穿戴和老百姓没什么区别，所以流传过一种说法，"远看像要饭的，近看像挖炭的，走近一看还是黄河段的"。看现在，住房条件大为改变，大堤上的管理段建设得美观漂亮，每处建筑都像一处靓丽的景点。县（区）河务局大都搬到县城办公居住，市级河务局也大部分搬迁到地市级城市，办公居住条件大为改善，我们的职工融入了社会，又方便了职工子女上学和就业。

再说我们职工的收入，过去职工收入太低，低于社

章丘局黄河管理段庭院

会平均收入水平。现在，刚参加工作的年轻人月收入已达到四五千元，我们的职工是"纵向比知足，横向比知福"。我现在被山东省委组织部、省委老干部局聘任为老干部工作联络员，主要联络中央驻鲁各单位老干部工作，3年来，我调研了30多个中央驻鲁单位的老干部工作，横向比我们的在职职工和离退休职工的收入是偏上的。

五、地方党委政府非常重视、关心、支持黄河

我们新老黄河职工及各级班子成员共同的感受是地方党委政府支持我们黄河上的工作，关心我们的治黄事业。在迁占补偿建设中给予极大的支持。在标准化堤防建设初期，时任山东省省长韩寓群专门在黄河大堤上召开施工动员会，提出要求。他讲，黄河标准化堤防建设施工是功在当代、利在千秋的大事，要山东各级关心支持好。时任省委常委、济南市委书记的姜大明亲自调度并上堤检查迁占工作。2001年汶河大水，东平湖告急，时任省委书记的吴官正多次到现场了解情况，指挥抗洪，多次给我打电话询问水情，嘱托确保安全。时任山东省省长的李春亭在现场指挥抢险救灾。

黄河记忆

各级党委政府在关心支持我们工作的同时，还关心我们的职工生活，沿黄地市是把比较好的地块交给我们建房使用。有不少的市是在建设中还给减免配套费等几百万元。山东省政府领导和济南市政府领导专门召开协调会，并形成纪要，一次给我们解决经济适用房指标十多万平方米，大大改善了我们职工的生活水平。当时分管城建工作的赵克志副省长讲，黄河对山东的贡献是大的，我们要最大限度地解决河务局的困难和问题，包括局机关办公楼的建设和周边开发建设都给予了大力支持和协助。好多地方党委、政府还为我们的职工子女解决了上学、入托等实际问题。我担任局长期间，最大的体会是我们的事业、我们的工作离不开地方党委、政府的支持！我们防汛保安全离不开沿黄人民的大力支持。黄河防汛保安全更离不开中国人民解放军和武警官兵的大力支持。我们在取得辉煌成绩时，切不可忘记一届又一届地方党委、政府对黄河事业的关心、重视和支持。

在纪念山东人民治理黄河 70 周年之际，我们不能忘记为治黄事业、防汛保安全做出无私奉献的沿黄人民群众，我们不能忘记人民治黄初期在艰苦岁月里为治黄事业做出贡献的老工人、老职工、老同志，是在他们拼搏奉献、努力奋斗的基础上才有了今天，更不能忘记带领广大干部职工为治黄事业做出贡献的已故老领导、老专家，如黄委王化云、袁隆、徐福岭等，以及山东河务局田浮萍、齐兆庆、张汝淮等，他们热爱治黄事业，把终生奉献给了治黄事业，他们的优良作风、优秀品格，值得我们传承发扬。

祝愿未来黄河更美好！

（作者：袁崇仁，山东黄河河务局原局长）

黄河水沙已成为山东不可缺少的重要资源

郝金之

没有共产党就没有新中国，同样，没有共产党领导下的人民治黄 70 年，没有历代黄河老前辈带领全体黄河人的发明创造和无私奉献，就没有黄河 70 年伏秋大汛的岁岁安澜；没有黄河在山东经过，山东就没有黄河水这最大的客水资源，也没有山东今天发展的大好局面，山东的经济总量也不会排在全国各省区的前 3 位。山东人民感谢母亲河的养育，感谢黄委对黄河水资源的配置管理与调度，感谢上中游各省区给山东送来的友谊水、风格水、救命水。

联合国明确世界三大紧缺资源：一是粮食，二是水，三是石油。在山东省范围内，我认为第一紧缺资源是水。山东省境内地表水地下水总量为 303.7 亿立方米，可以配置利用的只有 292 亿立方米，严重缺水，近几十年山东引用黄河水年平均近 70 亿立方米，尤其是 1989 年山东大旱，引黄河水达 123 亿立方米。水是山东人民的命根子，山东省 17 个市 140 多个县（市、区）中，现在有 14 个市 100 多个县（市、区）用上了黄河水，为山东城乡工业、农业及居民生活用水提供了宝贵水源。我在济南局主持工作期间和同志们一道积极主动为济南市领导当参谋，克服了重重困难，得到了黄委陈效国副主任、黄自强副

黄河记忆

主任、廖义伟副主任等领导专家的大力支持，兴建了鹊山水库和玉清湖水库，两座水库向省会济南日供水80万吨。济南近几年80%左右的用水是黄河水。还通过实施引黄济津、引黄济冀、引黄济青、引黄济烟等跨流域调水，开展引黄保泉、南四湖生态补水和向黄河三角洲生态调水，有力地促进了山东沿黄及相关地区经济社会的可持续发展，取得了显著的经济效益、社会效益和生态效益。可想而知，如果没有黄河水，东营市会是什么样子？省会济南会是什么样子？山东会是什么样子？粮食能进口，石油能进口，水能进口吗？我期盼着在不远的将来，山东利用南北展工程、东平湖和宽河段及多修些平原水库，充分利用洪水资源化在山东更大范围内，会把黄河水送到家家户户，送到田间地头，送到工厂车间，我们母亲河的水为经济社会发展将会发挥更大的效益。

我出生在距黄河不远的一个小村庄，儿时就听老人讲，黄河经常决口毁灭性地泛滥成灾，人民流离失所。我小时候亲眼目睹了我们村的周围都是黄河决口形成的沙丘，经常性的飞沙弥漫，寸草不生。黄河两岸大堤附近的土地，大部分是盐碱涝洼地，冬春白茫茫，夏季水汪汪。东北三省百分之七八十的人是山东闯关东去的，主要是因为黄河经常决口泛滥成灾，被迫逃离他乡求生存。

我黄河水利学校毕业后在德州齐河修防段分段工作，此后到德州、济阳、菏泽、济南等河务局（修防处）工作，退休前在山东黄河河务局机关工作了十几年，一直从事黄河工程规划计划、建设管理、防汛防凌、水资源管理与调度、水政执法、科技信息等工作。在40多年的工作中，切身体会了党中央、国务院、国家有关部委和山东省委、省政府以及沿黄各级党政军领导对黄河的高度重视，国家投入大量人力、物力、财力，在黄河中下游初步建成了"上拦下排，两岸分滞"的防洪工程体系，加上沿黄党政军民和万名黄河专业队伍的严密防守，战胜了黄河历年洪水，真正实现了黄河宁、天下平。同时，大力开发利用黄河水资源，过去人们常说的害河变成了现在名副其实的利河。

一、积极开发利用黄河水资源

山东对黄河水资源的开发利用，主要体现在以下几个方面：

（一）积极修建引黄虹吸、水闸

解放前，山东沿黄有句俗语："水在河里流，人在田间愁"，那时地里庄稼再旱，老百姓只能眼巴巴地看着黄河水东流，却不能灌溉。1955年在历城王家梨行修建了第一处虹吸管，此后又陆续修建了24处虹吸工程，设计引水流量68立方米每秒。随着引黄灌溉面积扩大，引黄水量需求大大增加，虹吸管引黄灌溉已不能满足大量引水的要求，虹吸引水工程逐步被引黄水闸所代替。1950年，在利津县綦家嘴修建了第一座引黄闸，拉开了山东省引黄供水的序幕。1956年，兴建了打渔张引黄闸和刘春家引黄闸，取得了较好的灌溉改碱效益。随后陆续兴建引黄水闸，尤其是改革开放以后速度加快，目前已建有引黄水闸63座，设计引水流量2424立方米每秒。

（二）积极修建引黄调水工程

（1）修建引黄济青供水工程。为了解决青岛市严重缺水的局面，省政府决定实施引黄济青。1985年10月国家计委报请国务院批准同意兴建该项工程，1986年4月动工，1989年11月25日正式建成通水。

（2）修建了引黄济津工程。为解决天津市用水问题，按照国务院国发〔1981〕13号文要求，1981年8月27日至29日，省政府在济南召开第一次引黄济津紧急会议，部署引黄济津工作，落实了责任和措施，确定了由聊城位山闸和德州潘庄闸放水的2条输水线路，最后送水至天津团泊洼和北大港水库。

（3）修建了引黄入卫工程。这是国家为缓解华北平原水资源短缺而兴建的一项跨省际、跨流域的大型调水工程。从聊城位山引黄闸引水，最后至临清市南涵洞入卫运河，1994年11月10日正式建成通水。

（三）组织实施应急调水和生态调水

（1）有效实施应急调水。1972~1999的28年间，黄河入海控制断面——利津水文站21年出现断流，其中1991~1998年连续出现断流，1997年断流达226天，330天无黄河水入海，河口生态遭到严重破坏。为此，需经常给东营市等地实施应急调水。如1997年国家防办和黄委从刘家峡、三门峡水库调水，甘肃、宁夏、内蒙古、陕西、山西省区引黄量减半，河南省农业用水全部关闭，三门峡以下河南非农业用水不超过20立方米每秒，山东省关闭除东营市城市用水之外的所有引黄口门。同时采取紧急措施，于11月19日10点30分开启东平湖陈山口闸为下游补水，下泄流量为70～100立方米每秒，水位降至40.50米后停止补水，为河口地区调去了救命水。1997年共计向河口地区调水四次，累计调水13亿立方米。经国务院批准，1998年12月国家计委、水利部联合颁布实施了《黄河可供水量年度分配及干流水量调度方案》和《黄河水量调度管理办法》，授权黄河水利委员会统一管理和调度黄河水资源，山东黄河河务局负责山东黄河干流

1997年黄河济南泺口河段断流

水量统一调度管理，由此开始进入了黄河水量统一调度的新时代，彻底结束了黄河连年断流的险恶局面。

（2）组织实施南四湖应急补水。1993年济宁市严重干旱，南四湖蓄水量不能满足滨湖地区农业灌溉用水需要。应济宁市政府要求，东平湖管理局开启陈垓、国那里两座引黄闸向南四湖供水，途经引黄灌渠、京杭运河进入南四湖，全年引黄补湖水量为4.46亿立方米，基本满足了南四湖地区的用水急需。

（3）积极实施生态补水。通过实施引黄保泉，确保了趵突泉的连续喷涌；连续5年组织实施黄河三角洲生态调水暨刁口河流路生态补水，刁口河流路连续3年实现全线恢复过流，累计补水2.25亿立方米，黄河三角洲生态环境持续改善，有力地支持了黄河三角洲国家战略的实施。此外，还往河北省白洋淀等地进行了生态调水，改善了白洋淀的生态环境，为2008年北京奥运会的胜利召开做出了贡献。

省会济南市九成饮用水来自黄河。图为蓄黄河水的济南鹊山水库

自20世纪50年代引黄以来，黄河水已成为支撑山东社会和经济发展的战略资源。近年来，年均引黄水量和引黄灌溉面积约占全省总用水量和总灌溉面积的40%。自1958年有数据统计以来，截至2016年6月30日，山东共引黄河水3090亿立方米，山东成为产粮大省黄河功不可没。而且，引黄供水已由单纯的农业灌溉发展成为城市、农业、工业、生态等多功能供水，黄河水资源的利用与山东国民经济发展紧密地联系在一起，不可分割，不可替代，其社会效益、经济效益和生态效益都十

分巨大。

二、积极利用黄河泥沙

黄河以泥沙得名,是世界上含沙量最大的河流,素有"斗水七沙"之称,黄河三门峡站多年平均输沙量16亿吨,其中有4亿吨淤积在下游河床,使之以每年平均近10厘米的速度抬高。目前河床已平均高出两岸地面4~6米,加重了洪水威胁。因此,黄河泥沙的处理和利用是一项非常现实而又十分紧迫的任务。

随着治黄事业的不断发展,尤其是1946年人民治黄以来,治黄人不断探索"以黄治黄"方略,在黄河泥沙的优化配置、黄河防洪抢险、淤背固堤和放淤改土利用等方面进行了大量研究,并积累了很多成功经验,为治黄事业的发展做出了巨大贡献。根据人民治黄70年的经验和认识,黄河泥沙作为建筑材料和防洪维修养护材料已在或将在开发利用,作为矿产资源正在进行铁矿粉筛选,另外还利用泥沙进行填沟造地与冲填煤矿等。但黄河泥沙资源化处理和利用的最主要途径还是以下两种:一是利用泥沙淤背固堤;二是作为填海造陆和改良土壤材料输送入海和淤改农田。

(一)黄河淤背固堤

黄河放淤固堤是山东黄河职工因地制宜、自主创新、最为简便、最易实施的治理措施,是黄河治理实践中的一项创举,主要原理是利用黄河下游水流含沙量较大的特点,将浑水或人工拌制的泥浆引至沿堤洼地或人工围堤内,降低流速,沉沙落淤,加固堤防的工程措施。这种办法既加固了堤防,又利用和处理了泥沙。黄河下游淤背固堤历经自流放淤、提水淤背和放淤固堤三个阶段。

(1)自流放淤。20世纪50年代初,在山东利津利用水闸在背河低洼处放淤改土,同时填塘淤背固堤,后来用5年的时间在其他灌区也做了探索和试验,发展为放淤固堤。50年代中期又利用虹吸淤填背河积水潭坑和历史决口老口门，淤填高度提升形成后戗，消灭了隐患，提高了抗洪能力。

（2）提水淤背。一是20世纪60年代在利用虹吸水闸自流放淤的基础上，随着背河地面的抬高，利用泥浆泵配带高压水枪进行水力冲填试验，用管道输沙到背河淤区排走清水，沉沙固堤，形成当今放淤固堤的雏形，收到良好的效果。二是随着自流放淤和淤背固堤事业的发展，大堤背河地面逐渐淤高，虹吸水闸逐渐失去淤背作用，开始利用泵站管道向背河高处沉沙。

（3）放淤固堤。1969年，齐河修防段试制简易吸泥船，并在王窑河段进行人工吸泥船挖沙淤背试验。1970年2月，齐河修防段在没有图纸资料，没有设备厂房，只有几把大锤，一部电焊机和两个氧气瓶的条件下，凭借着"一颗红心两只手"的精神，经过近半年昼夜奋战，历经反复百余次，自主设计制作了首只简易机动自航式钢板吸泥船——"红心一号"，安装6160A型135马力柴油机配带泥浆泵，用3B57型离心泵为高压水枪泵，组装后投产淤背，之后济南修防处利用130千瓦电机配带8PNA型泥浆泵的简易吸收船，当年淤填土方31万立方米，开创了放淤固堤的新纪元。到1973年底，山东黄河已有简易吸泥船21只，累计完成淤背土方293万立方米。1974~1978年放淤固堤工程发展迅速，造船处于高峰期，共制造吸泥船174只，共完成机淤土方1.06亿立方米。1974年国务院批准正式列入防洪基建工程，较大规模地开展了放淤固堤工作。其中"红心一号"吸泥船的研制于1977年7月被时任国务院副总理李先念批示："很好，继续总结提高"。1978年，引黄放淤固堤成果荣获"全国科学大会奖"，进一步肯定了机淤固堤的成绩和对加固黄河堤防的作用。

放淤固堤有很多好处：一是提高了堤防强度。黄河下游经放淤改土，两岸大堤外地面普遍淤高1.0米左右，

黄河记忆

放淤固堤工程　李先臣 摄

缩小了临背差，并淤平了历史上决口遗留的潭坑，改善了汛期大堤两侧皆水的局面。特别是2003年以后，山东河段淤背土方量突破2.46亿立方米。1972~2015年，山东黄河共计完成放淤固堤土方7.06亿立方米，不仅加大了堤防断面，增强了堤防强度，而且抽吸黄河泥沙，减少了河道淤积。二是利于灌溉和城市供水。淤高了背河洼地，改良了土壤；且可缓解无处沉沙的问题，浑水经沉沙后，清水灌溉农田或向城市供水。三是少用耕地。放淤固堤比人工或机械施工具有成本低、省劳力、省投资、少挖耕地等优点，减少了修堤与挖地之间的矛盾。四是

改善了生态环境、为防汛抢险提供场地和料源。淤筑100米宽的淤背区，为抗洪抢险提供了场地和物料资源，淤区可植树种草，营造生态适生林、形成较大规模的绿化带，有利于防风固沙，改善生态环境，经济效益、社会效益与生态效益巨大。

（二）放淤改土

黄河泥沙含有氮、磷、钾等有机元素，肥沃土质，可进入农田改良土壤，改善沿黄人民生产生活。放淤集改碱、平整土地、改良土壤结构、增加土壤肥力等多种

功能于一身，能起到一举多得的治理效果。据新中国成立初期调查，山东沿黄地区当时约有400多万亩坑塘、沙荒、盐碱、涝洼地。为了改变沿黄两岸农业生产落后的面貌，从20世纪50年代以来，沿黄人民在党和政府的领导支持下，开始利用黄河水沙资源，引黄放淤改土，既为处理泥沙找到了出路，又充分利用黄河泥沙肥的条件，将沙荒盐碱地改造为良田。几十年来，采取建大型放淤工程和沉沙池沉沙两种方法并举，逐年发展，到1985年共计淤改面积186.2万亩，另有稻改50万亩，共计236万亩，凡经过淤改或稻改的土地都显著增产。如东明县利用阎潭闸淤改，至1985年已淤地47.8万亩。淤改前，全县粮食总产7500万千克左右，1979年淤地达到26万亩，粮食总产1.18亿千克，增长了3500多万千克。

另外，黄河携带大量泥沙输送到河口，多年平均填海造陆面积25~30平方千米，形成了辽阔的黄河三角洲，不仅为国家淤积了大量土地资源，还改善了胜利油田的采油条件，取得了巨大的经济效益。

总之，人民治黄70年来，在党中央、国务院的正确领导下，山东沿黄各级党政军民和黄河专业队伍共同努力，在黄河治理开发方面取得了显著成就，促进了山东乃至全国的经济社会发展，由过去的怕黄河变为现在的爱黄河。1938年，蒋介石决定在郑州花园口扒口淹没44个县淹死89万人。1947年联合堵口黄河归故时，山东省还请求黄河继续从淮河入海，不要从山东路过。现在看来，山东人民已离不开黄河。

（作者：郝金之，山东黄河河务局原巡视员）

黄河记忆

邹平梯子坝变化太大了

刘荣绥

我出生在1937年7月麻湾决口的麻湾村，深受黄河灾害之苦，16岁，我带着治好黄河的愿望于1948年参加了治黄工作，曾在基层工作20年，在黄委、省局机关工作20年，对黄河的过去和现在历历在目，人民治黄事业的巨变和全国巨变一样举世瞩目。讲变化，我想从黄河最基层的一个管理段为例谈起。

2012、2014年，在山东黄河河务局组织老干部走基层、看变化、受教育的活动中，我两次参观曾经战斗过的邹平河务局。每次走进会议室，首先看到的是悬挂在墙上的许多金光闪闪的奖牌，细看含金量最大的当数"国家级水利工程管理单位"、"全国水利文明单位"、"国家级水利风景区"、山东省"省级文明单位"及黄委"十五、十一五、十二五工程管理先进单位"等荣誉称号，其中码头管理段驻地梯子坝荣获黄委"青年文明号"称号。那就决定再去梯子坝险工参观，看到坝头的崭新面貌，与过去形成了鲜明的对比，回想起20世纪70年代在此工作时的情景，我思绪万千，既开眼界又心情激动，既有亲切感又有自豪感。我和同志们说："梯子坝变化太大啦！这是人民治黄成就的一个缩影啊！"

工程面貌风景化

许多参观的老同志们说:"荣绥这是你的老根据地呀!在这里耕耘了多少年?"我回答说:"10年。"离开这里35年,今非昔比啊!鸟枪换炮了!国民党交过来的烂摊子咱不提啦!就说人民治黄以来吧。我在此地工作时,经过人民治黄40多年,梯子坝险工按照当时的设防标准已基本完成,由于基建工程任务重,管理跟不上,是个粗犷型的面貌。那时的梯子坝险工,坝头上首是乱石护坡,主流坝仅是扣石结构,下首是散抛乱石,回流冲刷时用柳石枕护一下。坝顶有一棵大树和几百方备防石,实属光秃秃的面貌。现在你看,他们在2000年,按照黄河防洪工程设计标准,对3~6号坝进行了改建;2006年,梯子坝险工被黄委评为"示范工程";2013年起,又按照黄河中下游防洪工程建设总体规划,对1号、2号、-1号坝进行了加固改造。过去的土眉子改成了大理石眉子;过去的土坝顶建成了大理石铺装的广场式坝顶,石碑式险工介绍等标志齐全;过去的粗堆备防石现在成了整齐可观的石垛。抬眼望去,三座欧式小楼掩映在绿树之中,远处坝石整齐、河道宽敞,近处花开似锦、绿草如茵,坝下浊浪滔滔,林间雀声袅袅,我看过后,心情特别舒畅,同志们给来了个拍照留念。2011年,以梯子坝为主景区的邹平黄河水利风景区被水利部评为国家水利风景区,邹平县也将梯子坝景区列为本县重要的旅游景点。旧貌换新颜,老同志们深受感动,个个点赞。

办公条件自动化

1946年初建治黄办事处时,职工住在沿黄村庄老百姓家的房子里办公。煤油灯、珠算盘、计算尺、油印机为办公用具,工程队用的是铁锹、小推车、铁锤子、大板斧子、榔头等工具修堤打坝,20世纪50年代初才建了固定的办公房和险工守险房。梯子坝险工常驻一个工程

黄河记忆

班，那时只有3间砖坯结构的守险房和两间伙房，另有数间临时工棚在那守险修坝，这种工作环境一直维持到1979年我离开时。随着标准化堤防的建设，邹平河务局投入大量的人力、物力、财力，2001年将码头管理段迁至梯子坝并进行了"五星级职工之家"的建设。几年的时间，建成了集办公、住宿、防汛调度中心于一体的三座欧式楼房，2010年码头管理段管护基地被黄委评为"示范工程"在全河推广。2000年，县局搬迁至邹平县城后，码头管理段驻地——梯子坝成了县防指在第一线指挥防汛的中心。

2011年梯子坝险工1　卢延斌 摄

2011年梯子坝险工2　卢延斌 摄

现在的管理段办公室，职工用的是宽大的办公桌，人手一台电脑，并安装了高速宽带网络，打印机、传真机等办公设备一应俱全。宽敞的防汛仓库内，铅丝、救生衣、帐篷、发电机、探照灯等防汛料物储存齐全，存放规整。梯子坝设置了水位遥测站，水位探测实现自动化，依托内部施工企业，防汛抢险也实现了机械化，办公条件极大改善。

职工生活现代化

说起职工物质文化生活，改革开放前吃的是供给制和凭票供应制的大食堂；穿的是"新三年、旧三年、缝缝补补又三年"的清一色；住的是民房、平房和简易守险房；睡的是地铺、通铺、钢丝网床（国际救济总署发给的钢丝网改成的床）；劳保用品工作服三年一换，施工搬石、砌石发麻袋片、手套、草帽，巡堤查水发蓑衣、煤油灯，防凌爆破队临时发大衣、棉帽、棉袜子；娱乐是打扑克、下象棋、四八顶和听收音机；卫生条件极差，没有洗澡设备、简易厕所蚊蝇满天飞，生活枯燥无味。记得1976年招了一批淄博市知青来黄河当工人，不久嫌条件差，工作累，纷纷要求调走或与当地人对调，还编了一套"远看是挖炭的，近看是修防段的"顺口溜，我本人十分反感这个描绘，放他们走了。

改革开放后，随着思想的大解放，经济的大发展，邹平河务局两个文明一起抓，在搞好防汛和基建工程的同时，采取各种措施，利用各种资源取得了可观的经济效益，名列经济强局之一，县局迁至县城，办公楼、宿舍楼拔地而起，职工衣食住行得到了显著提升，在县级机关是数的上的单位，职工住上了楼房，私家车、家电一应俱全。管理段职工住上公寓式宿舍，宿舍里安装了空调，设置了职工阅览室、文娱活动室。厨房里安装了现代化厨具，吃上了纯绿色的自种蔬菜。看到这些变化，从该局调走的那些职工来济南看我时对过去调走表达惋

黄河记忆

惜，用羡慕的眼光看待黄河。在物质生活提高的同时，该局更注重文化生活建设，以梯子坝为主景的风景区建设加快了步伐，2008年起，几年的时间便硬化了堤顶，建成了坝头广场，广场内筑有文化长廊、喷水雕塑，种植绿化、美化各种树株2500余株。2015年又扩建了廉政文化广场，安装主路灯10组，悬挂展板14幅，展示邹平历史名人、廉政楷模及治黄功臣事迹等。文化广场的建立丰富了职工文化生活，增长知识，受到教育，我非常感动，不由得回想起在这里战斗过的工程班和当时邹平段的老战友们。我算了下，他们中的大多数已与世长辞，我默默地告诉他们，全国将跨入全面小康，邹平县是全国百强县之一，邹平河务局是水利部和山东省的文明单位，这里面也凝聚着你们的血汗，在九泉之下安息吧！

最近，我与邹平河务局健在的几位老同志进行了交谈，他们对邹平河务局、梯子坝及管理段的变化赞不绝口，说："你在这里时那一些建筑、设施都不存在了！现在我们衣、食、住、行都现代化了！"自豪之情溢于言表。和现领导同志交谈时他们表示：我们将继续按照"十三五"规划要求，贯彻"治河为民、人水和谐"的治黄理念，继续强化防汛抗旱，工程管理、生态园林工程、民生保障等基础性工作。管理段的同志们表示，将不骄不躁，继续加强工程日常化、精细化管理，全面提升工程管理面貌，绿化美化黄河，为全面建成小康社会做出贡献！

（作者：刘荣绥，山东黄河河务局原党组成员、纪检组长）

我的治黄回忆

张启沛

我 1949 年 6 月参加治黄工作，1991 年离休。作为技术干部，40 多年来参与修做了大量土、石方工程。我深深地热爱黄河，热爱和想念过去并肩战斗的那些老同志，热爱我亲手修建的那些工程。40 多年的工作，虽然没有大的发明，但也积累了一些小经验和心得体会，把它写下来供后人参考，算是一个黄河老兵应尽的责任。

参加治黄工作期间，在当时国民经济大发展、大提高、大好转形势下，山东黄河对大堤进行了加高、培厚，险工秸埽坝全部拆改石化，修建了护（固）滩工程，对大堤进行了钻探灌浆，大大提高了抗洪能力。

20 世纪 50 年代，每年修堤 2 次，即春修和冬修。春修一般在 3 月开工，工期半月左右；冬修在 10 月中下旬开始，工期也是半月左右。在开工前，首先按照省河务局下发的堤防标准（即按防御花园口洪峰流量 22300 立方米每秒的洪水位，堤顶高程超高洪水位 2.1 米，顶宽 7~9 米），与当地大堤的实际情况进行对照，达不到标准的按标准要求进行培修，该加高的加高，该加宽的加宽，一年完不成的分年分期施工。培修计划定好后，即进行测量，计算土方工程量，并划定土场。我的经验：一是取土场一定不要靠大堤太近，最少也须在临河堤坡外 100 米，否则洪水漫滩后，土方坑串联起来，很容易形成堤沟河，

威胁堤防安全。1976年高青县大刘家村大堤临河坡坍塌，就是因为临河面堤沟河串水形成，一股水流冲刷大堤临河坡，造成临河坡坍塌，危及堤防安全。幸亏抢险及时，方法正确，才保住大堤安全，否则，后果不堪设想。二是一定要保住质量，过去修堤是人工推土上堤，人工打夯将虚土打实。虚土厚度为30厘米，打2遍夯，实土厚度为20厘米，干幺重为1.5吨每立方米。修堤土质多用红土或两合土，没有红土的地方用沙土，修堤后再从远方调红土包边。工程质量很重要，旧社会黄河常决口，其中一个重要原因就是堤防质量不好。所以必须高度重视，贯彻质量第一的思想。

春修结束后，大水来之前，每年都进行大堤钻探，消灭堤身隐患。因为原来的堤身内部有很多军沟、暗洞，还有很多动物洞穴，大洪水靠堤后，很不安全。俗话说：千里之堤、溃于蚁穴，人民治黄后，十分重视这个问题，对大堤进行了钻探灌浆，发现和翻修了大量隐患，大大提高了堤防抗洪能力。那时候，科学不发达，钻探全靠人工进行。用直径25毫米的钢筋，钢筋一头打一钻头，4人为一组，抓住钢筋向堤身内打钻，全凭人的感觉，探测隐患。原齐东县河务段(现邹平县河务局)培养了一名钻探劳动模范，名字叫马振西，1958年还进北京受到了党中央、毛主席的接见。

解放前旧社会时期和人民治黄初期(1946~1949年)，由于各种原因，河务人员只防守大堤，不防守滩岸。1949年汛期涨大水，原齐东县(现称邹平县)苗家村至张桥村村后的大陡滩滩嘴不断坍塌后退，一个汛期该滩嘴坍塌后退约300余米，由于该滩嘴的后退，河势溜向发生大变化，引起滩嘴以下斜对岸济阳县的谷家险工主溜大幅度下挫，原来抗大溜的主坝变成次坝，而且主溜不断下延，又产生了小街子新险工。这段堤防曾连续抢险1个多月，汛期结束后，经总结经验，大家认识到防守滩地的重要性，开始试行修做护(固)滩工程。

1950年春，省河务局决定先从滨州邹平的苗家村至张桥村之间的滩岸试做护(固)滩工程。做法有两种：第一种叫透水柳坝，第二种叫护滩柳箔。透水柳坝就是从滩岸边开始，斜着向下游方向打桩编柳把。桩长5~6米，打入河底一半，上留一半，桩与桩间距为1米，柳把直径15厘米。打桩编柳把的目的，一是托溜外移，二是缓溜落淤。经实践发现，透水柳坝达不到设想的目的，木桩拦冰阻水，反而成了冬季淌凌的障碍物。后来，打的那些木桩均被冰凌撞断，柳坝自行消失。第二种做法就是护(固)滩柳箔。柳箔的做法是先把陡滩岸切成1:2的斜坡，在斜坡上铺直径15厘米的柳把。柳把上面铺块石，目的是护住坦坡，不再坍塌。经实践，这种做法也保不住坦坡，水一上滩，边溜冲刷坡脚，柳把及块石就都坍塌了，坦坡也保不住了。经过反复实践，后来采用抛柳石枕护坡的方法，之后逐步发展成乱石护坡了，这就是护(固)滩的由来和发展。

护滩工程一般都是在汛期开始涨洪水时抢修，因为护滩工程的坝垛位置很重要，不能超前做，也不能推后，一般都是等洪水来了，滩岸坍塌快到治导线时才施工。开了工，就得白天晚上抢修不能停工。1956年汛期，我们在张桥护滩工程工地上，就冒雨连续干了4天4夜，抢修了200米长4段护坡工程，保住了对岸济阳县小街子险工溜势不再下延。

护滩工程是整治河道工程的重要部分，人民治黄以来，山东黄河修建了大量的护(固)滩工程，稳定了河势溜向，固定了河道，解决了黄河历史上"十年河东，十年河西"，河道摇摆不定的大问题。

（改编自张启沛《我一生治黄工作的回忆录》）

黄河记忆

我的垦利治黄经历

郭 欣

1978年12月，在垦利县临黄堤右岸黄河大堤上，我与20余名青年男女坐在一辆墨绿色的南京"跃进"牌卡车上奔驰着。每到一处险工护岸、涵闸穿涵，汽车停下，我们会认真地倾听县段宗段长介绍垦利治黄工程概况。这是我加入治黄队伍的第一堂实践课。时过境迁，屈指算来，我参加治黄工作已有38个年头，随着岁月的流逝，皱纹已爬上额头、两鬓已染白发。然而，每当回忆起过去的治黄岁月，一幕幕，一件件，就像电影一样不时重新浮现在我的眼前，使我仿佛又回到了那个火红的年代……

初识黄河修防工

1978年12月14日，我到位于一号坝黄河岸边的垦利修防段报到，成为了一名治黄工人。通过短短几天的理论学习，我们20多名青工被安排到义和分段前的淤区内从事修路工作，每2人为一组，抬筐运土帮宽县段至县城被水冲刷的道路护坡。17岁的我与同时参加工作的同志相比，身材显得有点瘦小，百多斤重的担子放在肩上，压得我走起路来东摇西晃，几天下来双肩都血肿，但我硬是不叫苦，坚持了下来，简短的磨炼，使我认识到了修防工的艰辛。1979年3月，春暖乍寒，我们同年参加治黄工作的青工，又被拉上了更加艰苦的胜利分段整险工地，开始了繁重的险工改建坝面施工。工程班班长王德林，见我身材单薄，搬石头费力，便安排我与小力气的青工推运石料，比其他年长的青工亲自搬石垒埽轻松了些。即便如此，面对一块块几百斤重的石料，尽管我们使出浑身力气，有时一天也运不了几块石头。被锋利的石头划破手、砸破脚的小事故经常发生。春去秋来，我们从春天一直施工到秋天，终于顺利完成了整险任务，经过施工锻炼，我脸晒黑了，个长高了，身体也比以前结实了，已经具备了一名修防工应有的本领，被正式分配到了护林分段，开始了黄河修防工作。

20世纪90年代初参加全县元宵节文艺汇演的职工，第二排左一为笔者

爬杆架线电话员

1980年1月，我被调到县修防段电话站工作。电话站在那个年代又分为内线和外线，内线负责各分机接转，外线则负责背河堤肩通信线路、线杆的维修保养，保证通信畅通。我与同时调入县段的3名同事负责从事外线工作。电话员工作辛苦，一日三餐不定时，外出巡线维修遇到刮风下雨天是常事，尤其是一年一度的春季线路维修更是让我们吃尽了苦头。记得1980年的春天，我们刚学会爬杆接线维修上漆的简单工作要领，就参加了通信维修。按照维修计划，我们从垦利段的上游依次向下推进，县段并专门为我们配备了一辆25马力拖拉机，就近到分段住宿就餐。每天，我们一行5人在8米高的线杆上爬上爬下，坐在突突直冒黑烟的拖拉机拖斗中，尘土与废气一股脑向嘴里喷，着实让人难以忍受。最令人感到疲惫的是每日的重复爬杆、擦瓷瓶、换扎线、系保险带、

黄河记忆

刷漆。有一件事至今让我难以忘怀，有一次在杆上作业换扎线偶遇总机振铃，手被直流电击得直哆嗦，痛苦难以言表。在通信维修的日日夜夜里，我们几乎是白天一身漆，晚上一身土，成为那个年代从事电话工作的一个象征。从1982年春季开始，由于县段通信工作调整，我们4人被分配到基层分段实行分段管理。1989年1月，我被调到县局工会工作，10年的通信工作，我先后参加架线多次，维修20余次，丰富的工作经历给我留下了难以抹灭的印象，抚今追昔，每当看到今日治黄通信新气象，我由衷地为我们治黄事业的飞速发展而深感自豪。

服从安排去基层

2002年3月，从事工会政工工作13年的我，被安排去基层单位担任领导职务。说心里话，对于已经习惯于机关按时上下班的安逸工作环境，去基层工作真有点恋恋不舍，但组织决定不能违，还是高兴地去赴职了。在基层工作的5年时间里，作为副手，我带领职工炎炎夏日刮过堤顶，汛期坚守在浊浪滔天的护滩上。为给单位创造产值利润，参与投标苦战过永丰河治理，征战海堤完成棘手的围堤接头工程，多方努力接手荣乌高速陈庄段桥涵施工，每一次的施工都使我印象深刻，充实了自己的工作阅历。

从事工会为民生

2007年4月，作为从事工会工作多年的老兵，时隔多年又重返工会岗位，而且是领导工作，确实让我倍感压力，好在自己勤奋好学，多求上进，很快适应了工会工作需要。2008年，黄河系统工会对应用技术创新工作

1983年4月电话维修人员在黄河边留影，左一曹光平，中间笔者，右一刘浩国

抓得非常紧，作为本局组织者，为给相关部门、单位做出表率，多次动脑筋、想办法，自研创新课题，并与地方单位制作出样机，其中"超深树根注液机"还荣获了山东黄河科技成果二等奖。2010年8月，山东黄河河务局又开展了"星级之家"创建活动，在领导的支持下，我组织在全局从8个方面入手，开展了"星级之家"创建活动，并取得了丰硕成果，全局6个基层单位有4个荣获五星级、2个荣获四星级单位称号。

20世纪90年代垦利河务局办公楼

如今漂亮的垦利河务局办公楼

功夫不负有心人，自己的努力也得到了回报，自2010年以来，垦利黄河河务局工会先后荣获中国农林水利工会"全国水利系统模范职工之家"，中华全国总工会"2010年全国亿万职工健身活动月先进单位""全国模范职工之家"称号;被市县授予"五一劳动奖状"等称号若干;自己多年被上级和县总工会授予先进工作者,2012年晋升为高级政工师。

（原载2016年5月2日《山东黄河网》）

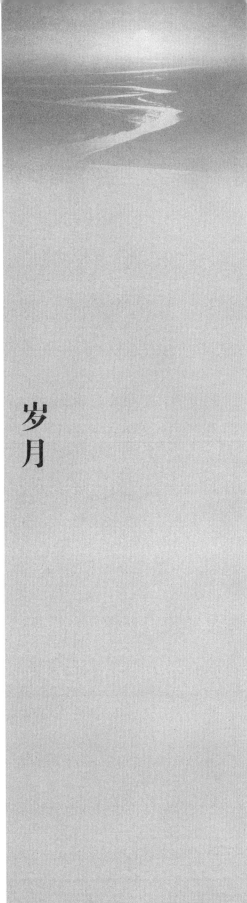

岁月

留痕

黄河记忆

山东河务局治河旧址探寻与考察行记

孙崇兵　宋慧萍

九曲黄河，裹挟着苍苍的黄土，奔流入浩瀚的大海；广袤平原，吸吮着滔滔的乳汁，孕育出灿烂的文明。这泱泱大河，汇聚成贯透古今的浩然正气，英雄的治黄前辈们，在解放战争血与火的岁月里，前赴后继，为黄河做出了历史性的贡献。

抗日战争胜利后，蒋介石为独吞胜利果实，密谋策划向解放区进攻。就在解放战争阴云密布之时，国民党政府突然提出要堵复1938年在花园口掘口口门，使黄河回归故道。

在当时局势下，国民政府突然提出黄河归故，对于冀鲁豫和渤海解放区而言，形势十分紧急，主要原因有两个方面：其一，黄河故道大部分已属于冀鲁豫和渤海解放区。国民政府提出要使黄河回归故道，名义上要拯救黄泛区人民，实质是以水代兵，阴谋淹没和分割两大解放区，以全面配合其发动内战。其二，黄河归故意见在全国占多数，且豫皖苏等解放区自1938年黄河被掘口泛滥后，解放区也历年深受黄河水患之害，亦有黄河归故之愿望。

中共中央权衡利弊，审时度势，从全国大局利益出发，为了解救豫皖苏黄泛区的人民，表示同意堵口，但主张必须先修复黄河故道内已遭破坏的堤防，救济和赔偿沿岸居民，迁移和安置河道堤内居民，调查河道内情况，修桥建立南北交通，而后堵口。就这样，党中央一方面加紧同国民党进行黄河归故问题谈判，另一方面也积极做好充分准备，以应对黄河来水可能造成的损失。领导和组织解放区人民，筹备物资人力修补堤坝，一手拿枪一手拿锹，开展了轰轰烈烈的"反蒋治黄"斗争，为人民治理黄河谱写了光辉的序曲。

渤海解放区人民治黄自1946年3月开始，就已经组织筹备建立治黄机构。根据山东省人民政府指示，为积极修复黄河堤防和迁移河床内居民，1946年3月渤海行政公署决定组建治黄机构，渤海区治黄机构筹备处所在地为蒲台县城（今滨州市以南3千米蒲湖水库）。4月15日决定在垦利、利津、惠民、齐东等县建立治河办事处。为实施渤海区治黄工作统一指挥，首先建立了山东渤海区修治黄河工程总指挥部，5月22日山东省渤海区修治黄河工程总指挥部发出联字第一号指示：为了治黄工作的顺利进行，渤海行署成立河务局，河务局在沿河各县设办事处。指挥部下设西段、中段、东段指挥部及沿河各县指挥部，负责民工的宣传动员和组织工作，领导群众完成治黄任务。成立黄河故道损失调查委员会，负责沿河居民损失调查及救济工作等。行署主任李人凤任指挥，王宜之、高兴华任副指挥。

1946年5月，建立山东河务局，江衍坤任局长、王宜之任副局长，机关设立了秘书科、工程科、会计科、救济科、组织动员科等。当时属渤海区管理的沿黄县有济阳、齐东、青城、蒲台、杨忠、惠民、滨县、利津、垦利等。沿黄各县建立治河办事处，由县长兼任治河办事处主任，设专职副主任，办事处隶属河务局领导。

在沿黄各级治黄机构相继建立的同时，积极动员组织沿黄群众，开始进行大规模的复堤工作。当时明令规定沿河各县男子凡18岁以上50岁以下者，均有受调修

治河工之义务。由于山石场所在地都被国民党控制,解放区石料极缺,动员群众拆城墙、扒破庙献石修治黄河。当时懂得修治黄河工程技术人员甚少,河务局于9月21日开办了测绘训练班。主要学习测量、绘图、计算等内容。

山东省河务局成立之后,局办公地点随着战争形势的发展,也不断地辗转迁移,但领导山东人民治黄工作却从来都没有因战争而停止。由于蒋介石发动内战,疯狂进攻解放区,敌特破坏复堤工程,不断出动飞机对蒲台县城和施工的民工及运输料物的车辆狂轰乱炸。山东省河务局于1947年5月撤离蒲台县城,由城镇辗转农村至滨县孙家楼,继续领导渤海解放区人民群众开展反蒋治黄斗争。这时国民党集中兵力重点进攻山东解放区,华东野战军实行战略转移,大踏步北撤,许多军政机关撤到渤海区的黄河以北。8月由于战争形势发展,山东省河务局迁至利津三大王村(今滨州市东王村)。12月,第三野战军前方兵站部交通科任副科长的钱正英同志此时被调到山东省河务局任副局长,充实了河务局的领导力量。1948年2月山东省河务局迁往滨州山柳杜村,9月迁往惠民县姜家楼天主教堂办公,这时山东省会济南已经解放,山东省河务局派崔光进等同志进入济南市接收了国民党政府山东黄河修防处,对原有职工119人全部安排了工作,充实了河务局机关工程和财会技术力量。河务局于1950年4月6日自渤海区惠济县姜家楼迁驻济南。

带着对山东人民治黄无限崇敬的心情,当我们踏上齐鲁大地上人民治黄旧址的考察时,尽管已在60年人民治黄历史上找不到当年的足迹,但历史却永远值得铭记。

今年4月,当我们来到山东黄河河务局最早的旧址时,60年前的蒲台县城再也找不到一点印迹了,这里已变成了一片碧波荡漾的蒲湖水库。1975年的一场洪水把整个蒲台县城淹没,后被改造为蒲湖水库,向南毗邻黄河大堤,北临滨州市区。蒲湖水库已成为滨州市民饮用水的一个水源地，水库的堤坝已修建为可供休闲娱乐的公共绿地，并建造成了蒲湖公园。

顺着蒲湖水库向东不到10千米，就来到孙家楼村。孙家楼村为滨城区梁才办事处所辖。走进村中寻访孙书峰、孙立章等几位年长的老人，他们依然知道当年江衍坤局长曾在此驻扎过，开展过轰轰烈烈的治河斗争，在那个战火纷飞的年代，山东河务局伴随着解放战争成长并壮大起来。山东河务局旧址原房屋已拆，现为一村民的院落，院落内的新盖房屋已不在旧址之上。

最难寻找的是"三大王村"。据记载，山东河务局机关1947年8月迁往利津三大王村，也正是在三大王村，1947年12月钱正英到任副局长。可是当我们在河口管理局的帮助下来到利津河务局寻找时，他们全都否认利津有"三大王村"。难道是志书记载有误吗？我们越是迷惑就越想寻找到答案，一路上的寻访功夫终于没有白费，在滨州市所辖范围内有两个叫"东王"和"西王"的村子。勤劳朴实、热情好客的山东农民把我们引进家里，80多岁的王俊生被村子里尊称为"秀才"的老人告诉我们，"三大王"是很早以前的叫法，因为过去这一带大多姓王，随着村子变迁分为东王、西王，加上老王村庄，在一起曾被称为"三大王"。历史上"三大王"村为利津县所辖，后来行政区划时被纳入滨州市村落。怪不得在利津找不到这个"三大王"，神秘的"三大王"原来如此！

在"三大王"村，王俊生老人带我们去看山东河务局当年的办公旧址，这位思维敏捷、身体硬朗的老人甚至能记得当年办公区的岗哨、马厩、住宅等，唯一保留下来的是那个已经尘封60年的一座毛坯堆砌起来的门楼与一扇破旧的木门，那是山东河务局当年办公区的入口。

山柳杜村旧址现在位于滨州开发区，为滨城区彭李办事处山柳杜村。原办公所用的房屋还在，江衍坤局长当年居住的房屋亦在，但钱正英同志所居住的房屋已重建了新房。两处房屋分别为两户村民所居住，其中原办

黄河记忆

公房所在的院落内新盖了房屋。据村党支部书记介绍，该村正与房地产开发商谈判改造事宜，山柳杜村面临着城市拆迁改建。山东河务局迁驻济南之前，就是驻在惠民县姜楼镇天主教周村教区姜楼总堂。姜家楼旧址在惠民县姜楼镇，紧临220国道，当年江衍坤局长和钱正英副局长的两处办公用房仍在，其中一座为带地下室的两层楼房，现为该教堂的神甫和工作人员所居住和办公。《惠民县宗教·民族志》记载：姜楼天主教堂已有200余年历史，姜家整个本堂区，包括了教堂、神甫楼、修女楼、学校、医院、伙房等，设备齐全。成为周村教区在黄河以北的重点教堂，亦称"总堂"。规模宏伟，建筑新颖，造型美观，是幽雅庄重的建筑群。

在姜楼天主堂，山东省河务局就是在此成功组织和领导了防御1949年黄河大洪水的斗争。《惠民地区黄河志》记载：1949年10月24日，汛期发生7次洪水，第五次最大，泺口水位达到32.33米，流量7410立方米每秒，河水漫滩，大堤偎水，堤防漏洞、管涌、渗水险情迭出，险工埽坝接连吊蛰坍塌，险情十分危机。沿黄党政军民总动员，全区组织20万防汛大军巡堤查水，抢险堵漏，运送料物，顽强奋战，终于力挽狂澜，取得防汛全面胜利。之后在驻地惠济县姜家楼举行了黄河安澜庆功大会。山东省河务局于1950年4月6日自渤海区惠济县姜家楼迁驻济南。

关于山东黄河河务局名称起源问题，我们于2006年7月24~28日，专程赴山东河务局，与黄河水利委员会原副主任刘连铭和山东黄河河务局部分老同志分别召开两次座谈会，征求他们的意见，期间采访了刘连铭、张学信等老同志，他们认为，就山东河务局成立时间问题，专门到山东省档案局查阅历史资料，只查到1946年5月14日山东省政府主席黎玉签发的第76号任命，任命江衍坤为山东省河务局局长。黄委原副主任刘连铭之前曾致信张学信等，对于成立"渤海区河务局"一说并不确切。

张学信等山东老同志认为，60年前的历史事实，要有原始文件为据，他们认为江衍坤被任命后，需要穿过敌军封锁线，从鲁中到渤海区到任需要时间，当时渤海行署主任李人凤曾参与研究江衍坤到任一事，因当时历史条件所限等原因，没有成立山东省河务局的文件，江衍坤到任之后在渤海区行政公署河务局的基础上组织开展工作，山东省渤海区修治黄河工程总指挥部（办事机构是渤海区行政公署河务局）后来就自然而然地成为山东省黄河河务局，其实，渤海区河务局就是山东省黄河河务局。

人民治黄以来，山东河务局办公地点变迁

△ 1948年8月—1949年3月山东黄河河务局机关在滨城山楼村办公

△ 1960年2月—2002年4月山东黄河河务局机关在济南市普利小区4街1号办公

▽ 山东黄河防汛指挥中心

△ 1949年2月—1960年4月山东黄河河务局机关在惠民聂家巷办公

在山东召开第二次座谈会时，问题的焦点集中有3个：一是关于山东省河务局隶属关系问题。山东省河务局成立当时是隶属山东省政府还是渤海解放区行署的问题，二是山东省河务局成立时间与江衍坤任局长任职时间之间的关系问题，三是在山东省河务局成立之前是否成立过渤海行署河务局的问题，主要是针对《山东黄河志》有记载"5月22日成立了渤海区河务局"。围绕这些问题，山东河务局老同志们进行过热烈的讨论，最终还是形成了一致意见，把山东省河务局成立时间统一为省政府任命江衍坤为河务局局长的时间。座谈会时隔不久，一份

黄河记忆

来自山东省档案局的资料，查阅到了"1946年5月建山东省黄河河务局，归山东省人民政府领导"，这份资料也更加印证了渤海解放区河务局就是山东黄河河务局一说，这与山东河务局老同志座谈会所形成的意见是一致的。

据《山东黄河志》记载，1950年2月，中央人民政府政务院水字第一号令，决定将黄河水利委员会改为流域机构，所有山东、平原、河南三省之黄河河务机构，统归黄河水利委员会直接领导。同年3月29日，黄河水利委员会颁发了"山东黄河河务局印"铜印，自此，"山东省黄河河务局"改称为"山东黄河河务局"。

历史的丰碑，黄河不会忘记。考察旧址，意义重大，可以激励年轻一代更好地牢记历史，以史为镜，面向未来，坚持和践行科学发展观，紧密围绕水利部治水新思路和黄委党组确定的"维持黄河健康生命"的终极目标，朝着黄河"堤防不决口、河道不断流、污染不超标、河床不抬高"的目标前进，进一步把黄河的事情办好，让黄河更好地为中华民族造福。

（节选自2006年11月8日《黄河网》）

因河废兴的马扎子

张文华 李 斌 郑兰英

在山东淄博高青县有一个因黄河而废、又因黄河而兴的地方,这个地方,就是马扎子。

它,因河而废

说其废,是因1895年黄河在马扎子决口,口门正冲马扎子村,自此马扎子村消失。

据史料记载,1855年以前,马扎子村是山东青城县(今属高青县)大清河南岸的一个小村庄。当时的大清河为一运盐故道,是地下河,河面不宽,河水不深,常年有水且非常清澈。岸边土地肥沃,植被丰茂,风景秀丽,曾是古青城县八大景之一的"香国春游",这里的人们过着日出而作、日落而息的农耕生活。

1855年黄河从河南兰阳(今属兰考县)铜瓦厢决口改道夺大清河入海后,打破了这里的宁静。大流量的黄河水时常漫出河槽,含沙量高又使河床不断抬升,这种灾害的重复上演,使当地民众深受其害。为阻挡洪水,当地民众于1858年开始有组织地修做坝堤(即民堰),1883年开始,清政府在民堰之外再筑大堤,一年后底宽17米、高2米的大堤基本形成。1886~1894年,因南岸民堰内外皆有黄流,很难防守,故废民堰,退守大堤,并逐步将大堤加高培厚至高2.2米,顶宽6米。这些措施,虽对减少洪水灾害起到了一定作用,但因工程标准低、

质量较差，黄河水害依然频频发生。

1895年8月，黄河洪水持续上涨，加之连续降雨7昼夜，堤内外大水茫茫。8月10日凌晨，黄河在马扎子村处决口。青城县全境被淹，且波及高苑（今属高青县）、博兴、广饶三县，洪水所到之处，死人无计，财产遭受巨大损失。退水后，青城县境"地被沙压，沃野变瘠壤"。马扎子决口冲决处形成大坑，约2000平方米，深3米，后常年积水，马扎子村从此消失了。

它，又因河而兴

讲其兴，是指此后这一段的黄河工程，如堤防、险工、涵闸等皆以"马扎子"命名，使这一地名延续至今。

据史料记载，马扎子决口当年的11月，河水下降，主流归槽，开始堵口，以秸秆为主，桩绳配合，第一次"滚占"失败，第二次"合龙"闭气，将口门堵复。1896年在马扎子决口处修做了险工工程，命名为马扎子险工，共在口门上下建设6大段坝11个号。

1895~1904年、1905~1908年，清政府又组织了两次大规模培堤，两次工程共加高堤防1.3米，帮宽7.1米，增加断面体积27立方米。1936~1937年，国民党政府培修大堤一次，使堤顶展宽到7米，多数加高0.7米，增加断面体积22.8立方米。1938年6月国民党政府企图以水代兵，在花园口扒决黄河。此后，马扎子河段河竭9年，至1947年3月黄河归故。这期间，黄河堤防屡遭战争破坏和风雨侵蚀，加之受沿堤居民在堤上建房、垦殖的影响，处处千疮百孔，残破不堪，使堤防完全失去了御水抗洪的能力。

1946年人民治黄后，在极端困难的条件下，解放区沿黄各县18岁以上50岁以下的男子均义务参加修堤，沿河群众主动献砖献石支援工程建设。到1949年春，马扎子堤防得以全面恢复，并平均增高0.8米，帮宽2.4米，增加断面体积12.7立方米。新中国成立后，1950~1983年，通过三次大复堤，堤防的抗洪强度和防御标准得到大大提高：堤顶超高1983年设防水位2.1米，平工段顶宽达到7米，险工段9米。在大修堤的基础上，还针对不同堤段的不同情况，开展了填塘固基、抽槽换土、修筑戗堤、压力灌浆、淤背固堤等加固工程和全面的植树绿化。

人民治黄后，根据河道变化情况，组织力量建设了马扎子险工下延工程，1947、1948、1951年每年各分别下延新建了两段坝，形成了现今马扎子险工全长1600米、共17段坝岸的工程规模。20世纪70年代末对所有坝岸进行了改建，到1981年改建完毕。1985年春，在已废弃淤垫的引黄老闸闸房上部加修干砌丁扣石护沿。1987年，对11段坝进行加高。1993~2002年又分期分批地对大部分坝岸进行了改建和根石加固。经过不断的改建和加固，马扎子险工屹立100余年，成功抗御了1949、1958、1982、1996年历次黄河大洪水。

马扎子险工

按照建设黄河下游标准化堤防的规划，2007年3月，马扎子堤段标准化堤防工程开始动工兴建，建设项目主要包括堤防帮宽、机淤固堤、堤顶道路等主体工程和植树植草绿化、标志标牌安设等附属工程。至2008年12月，工程通过竣工验收，马扎子堤防实现了标准化：堤防高度全部达到2000年设防标准，超高设防水位2.1米，堤顶宽度达到12米，硬化路面宽6米，淤区宽度普遍达到

黄河记忆

80~100米；由临河30米宽的防浪林、堤顶行道林、淤区适生林构成的黄河绿化体系全面建成。标准更高、质量更优的标准化堤防体系不仅成为抵御黄河洪水的铜墙铁壁，还极大地改善了沿黄地区的生态环境。

马扎子，已成为造福于民的地方

讲其造福于民，是指政府在马扎子处兴建虹吸、涵闸，大办水利，形成了完整的引黄灌溉系统，有力促进了当地经济社会的发展。

据史料记载，民国时期曾对黄河水沙资源利用做过一些有益尝试。1933年2月，山东省建设厅拟定《山东黄河沿岸虹吸淤田工程计划》，拟先在齐东县（今分属邹平、高青县）与青城县交界处马扎子等5地试办，共计划淤田25.9万亩。同年4月，山东建设厅派员到马扎子进行现场测量。1934年1月，齐东县、青城县分别派员会同建设厅技正曹瑞芝与陆大工厂订立制作直径21吋钢制虹吸管的合同。5月马扎子虹吸引黄淤灌工程开工，建设厅派员与两县第四科科长组织施工，10月，工程经验收并投入运行，共试水10日，淤地1000余亩，平均淤厚7厘米，将原卑湿碱卤之地变成沃壤，工程效益比较显著。但后因经费无着，整个淤田计划未能实现。

马扎子涵闸

1958年2月，马扎子引黄闸动工兴建，闸型为钢筋混凝土箱式涵洞，共11孔，设计引水流量27.8立方米每秒，控制灌溉面积2.18万公顷。由山东黄河河务局设计，齐东县施工指挥部组织施工，工程于同年6月初竣工。时任山东省委书记舒同为该闸题写了闸名。

工程竣工后即投入使用，当年浇灌土地75.5万亩。1962~1963年停灌，1964年复灌。1973年，针对洞身裂缝等问题，做止水处理，并接长洞身31米，在闸后建扬水站，更换了闸门和启闭机。后因防洪水位升高，于1984年在闸上游150米处建新闸，原闸废弃围堵。新闸于1984年2月至11月建成，1985年交付使用。为钢筋混凝土箱式3孔闸，平面闸门，单吊点，启闭力80吨，设计引水流量27.8立方米每秒，设计防洪水位29.2米，防地震强度7级。由山东黄河河务局规划设计室设计，高青县马扎子建闸指挥部组织施工，建筑安装由山东黄河河务局安装队承担，土石方由高青、桓台、博兴、惠民县组织民技工完成。1985年在闸后建扬水站一处，设计扬水5立方米每秒。

1958年，以马扎子引黄闸为渠首闸建成马扎子引黄灌区。灌区内有村庄428个，设计灌溉面积2.18万公顷。灌区内建成2条沉沙渠，开挖各类引水沟渠788条，修建渠系建筑物1000余座。

20世纪50年代末至60年代初，马扎子灌区经历了试办与大建，停灌与停建，复灌与复建的曲折发展历程。经过不断的调整配套与技术改造，自1964年复灌后，马扎子灌区逐步进入了良性发展的轨道，到1979年，灌区渠系建筑物得到全面恢复和配套。1985年，高青县制定出台了《引黄灌区管理办法》，灌区内实行四级渠道（干、支、斗、农渠），三级管理，三级配水，各类管理工作实现了正规化、规范化。自1964年有实测记录以来，到2008年底，马扎子灌区年均实灌面积达到1.82万公顷，累计引水21.02亿立方米，成为灌区粮棉连年丰收的重要保障。

成立于新中国成立初期的马扎子分段（后更名为河务段、管理段）作为最基层的治黄管理机构，在历年的防汛抗洪、工程建设与管理中发挥了重要作用。该段先后荣获山东黄河系统先进集体、山东黄河文明河务段、淄博市文明绿色家园、全国水利系统模范职工小家等荣誉称号，2004年11月23日，马扎子险工被淄博市委、市政府命名为"爱国主义教育基地"。2009年6月，被中华全国总工会命名为"全国模范职工小家"。

为纪念马扎子决口堵复110周年，2005年10月23日，由淄博黄河河务局设计，临朐华艺雕塑厂制作的一座题为"警钟"的大型石雕在马扎子险工落成，该雕塑通高3.9米，为一意形决口形象，上方悬挂警钟，警示人们要铭记历史，居安思危，做到警钟长鸣。

警钟雕塑

而今，马扎子险工坝岸三季有花，四季常青，风景如画，游人如织。人们伫立河边，抚今追昔，既有触摸历史的沧海桑田之感，又有对黄河水患的深痛回忆，更有对人民治黄以来伟大成就的由衷赞叹！

（原载2016年8月26日《山东黄河网》）

创建黄台山石料厂

沙涤平

解放战争时期山东解放区人民在没有石料来源的情况下，为避免黄河洪水灾害，把一切可用的石料、砖块都无私奉献出来，如门前的垫脚石，缺损的石磙、磨盘，祖坟上的墓碑，利津县城墙上的砖，甚至牛栏、鸡窝的砖块，都运到河堤上供做埽坝使用。短短3年时间，黄河两岸百里之内几无片石块砖可寻。

1948年，为解决石料供应问题，山东河务局决定在利津县宫家建窑厂烧制大砖代替石料。在试制过程中，济南解放了。群山环绕的济南立即变成山东黄河修防源源不断的石料供应地。我和其他同志受组织委托赶赴济南，组建成立泺口材料处，专门负责采购石料。一开始，我们先通过济南市营运商从市郊各山场开采石料，3个多月就收购石料15000余立方米，运达各县工段5000多立方米，解决了当年冬修用料的燃眉之急。

第二年春，即1949年2月，山东河务局又决定组建黄河石料公司，由公司直接组织生产。济南临近黄河的黄台山、标山、鹤山、小山子、峨眉山五处山场都派有干部专职管理，同时各山场还雇用市郊牛马车三四百辆进行运输，规模空前一时。但是，人工采运的弱点是消耗大、效率低，不能满足黄河用料的长期供应。经山东河务局批准，又着手筹办机械化生产。经过比较，黄台山场具有石料储量大，石质优，有充足的滩地做料场，

黄河记忆

标山石料场手工开采

有较长的河岸停船转运，能用轻便铁路平顺地与山场连接形成运输线，最终选定黄台山场为机械化生产基地，正式组建成立黄台山石料厂。

当时，全国解放在望，但生产秩序尚未恢复，主要器材需要从已解放的地区订购。集中各种适用的器材：铁轨、斗车、机头车以及各种必需的机器设备。所幸的是，一提黄河急用，各方无不伸出救援之手。各种生产设施在济南市各兄弟单位的大力支援下迅速建设起来，铁轨铺设得到济南铁路局的技术支援，车头检修商请济南铁路大厂突击完成，鲁中电业局架设了高压输电线，黄委、山东河务局从人力、财力、设备等各方面给予了全力支持，其公司内部生产也建立起了正规的工作秩序和生产秩序，并制定了各项规章制度，加强了管理，保证了生产正常进行。黄台山石料厂实现了在不到3年的时间内由手工生产到机械化生产的转换，这为黄河下游巩固堤防、实现埽坝石化创造了有利条件。

总体来看，黄台山石料厂的创建也有一个体制转换的过程：由山东河务局泺口材料处到黄河石料公司，进而到山东河务局黄台山石料厂，这是从1948年10月到1950年4月间的事，就是说从一个临时机构到正式建制，从公司又转到局属石料厂（内部仍实行企业制度）。经

盖家沟石料场运输船队

黄台山机车运石

过20多年的生产，1971年由于黄台山石源枯竭，最终关门停产。又转到临近胶济铁路的将山建厂，仍是山东河务局的直属机构。

黄河治理离不开石料。这组黄河石料公司时期的照片，可以略见当年山东黄河治理的一个侧面。

（作者为原黄委设计公司副院长，离退休老干部，原载2009年7月山东黄河文化丛书《黄河往事》）

黄河记忆

追记菏泽石料采运队

毕于磊　黄迎存

1949年汛期，黄河花园口出现12300立方米每秒的大洪水。这次洪水持续时间较长，各险工出险较多，用石料大增。据此，平原省黄河河务局第三修防处（现菏泽黄河河务局）决定成立石料厂筹备小组，抽调梁山修防段焦少亭同志负责筹备工作。同年12月成立了平原黄河河务局梁山石料厂，隶属于第三修防处，由焦少亭任厂长。石料厂成立之初，没有正式的办公场所，靠租赁民房办公，厂部先后在昆山、轩堂、辛庄等村"游击"办公。

梁山石料厂建立后，在当地党委、政府领导下，放手发动群众开山运石，同时在广大群众中广泛开展爱国主义教育运动。结合开山运石工作对民工重点进行"确保黄河安全、保卫千百万人民生命财产安全"和"抗美援朝、保家卫国"的时事政治教育。通过宣传教育使每个民工都以战斗的姿态和激情投入到开山运石工作中去，当时许多民工都提出了"多开一块石头就等于多打死一个美国鬼子"的口号。那时生产技术十分落后，开山打石全凭一根钢钎、一把炮锤，炸药也是民工土法自制的黑色炸药，爆破力较差。因此，每个精壮劳力每天只能开采0.6立方米左右。开展教育动员会以后，石庙村的火如玉发出倡议，在各山塘开展生产"一方石"活动，自找结合对象发动竞赛。在竞赛活动中采取"重点深入、培养典型、找出差距、推广全线，表扬积极、促进后进"

的方法，极大地激发了广大民工爱国主义的劳动热忱，火如玉、张文生等8个山塘平均每个工日达到1立方米以上。根据1951年对31个山塘的统计，总平均数为每个工日0.82立方米。大多数山塘都完成或超额完成了开山运石任务，有力地支援了抗洪抢险，确保了防洪安全。

1950年秋，石料厂正式定居马山头村。1951年修建房屋19间，办公室与宿舍合用。办公室靠墙是工作人员的床铺，中间架设一个大案子作为集体办公用。在石料厂开采旺季，所有干部职工都要深入到山塘、料厂，安排开采、运输、排垛、收方。晚上点上汽灯办公，把每天开采、运输、收方的石料进行统计核算、登记造册，一直忙到夜里12点是经常的事。那时也没加班费、夜班费之说，都是凭着满腔的工作热情，凭着对国家和人民高度负责的精神兢兢业业地工作。

1954年9月，遵照上级指示，梁山石料厂与菏泽航运大队（改编后的黄河水兵）合并，组建成立菏泽石料采运队，张进山任队长，焦少亭任副队长。采运队有干部职工431人，拥有木帆船46只。船员编制为三个分队，各分队根据船舶吨位大小，拥有不等的船只和人员。每船配班长一人，艄公负责本船技术工作，下设头工、船员若干人。

采运队组建初期，黄河船工的劳动环境和劳动条件十分艰苦，没有任何劳保用品。下雨跑船时每人披件破麻袋或蓑衣，有的人干脆什么也不穿，任凭风吹雨打，坚持雨中航行。除了航行以外，他们还要自己装卸石料，有时为了抢险，在夜里点上嘎斯灯装卸船。木帆船运输时期主要装载菏泽修防处辖区内的上航石料，有时也遵照山东黄河河务局的指令装载下航石料，支援兄弟单位抗洪抢险。木帆船除了下航依靠水流行驶外，上航则要利用大自然的风力才能航行。在主汛期或天气恶劣时，河流水深浪急，船只不易操纵，溺水沉船事故时有发生。在没有风力的情况下，船只的航行要靠船工们撑篙拉纤。不管是酷暑难当的盛夏还是寒风凛冽的初冬，这些船工

黄河记忆

们弓腰曲背，哼着黄河号子，来往于黄河上下，把石料运往各个险工。由于劳动环境、劳动条件和劳动强度等方面的因素，80%的船工患有关节炎和静脉曲张。

1956年2月18日，34号船由丁庄港载20吨石料运往菏泽修防段刘庄险工，该船在22日下午船行到范县旧城南500米的黄河西岸处，由于艄公操作不当，撞到了滩崖一个5米的树头上，船只发生侧翻。在船只将要沉没的时刻，船工们首先想到的是国家财产，他们以最快的速度将缆绳、篷布、工具等抢救上岸，个人的衣被却因没来得及抢救随船沉入水底。沉船发生后，42号和32号船及时赶到出事地点进行施救，分队长郭廷善主持召开会议研究打捞方案，要把沉船和石料全部打捞上岸，最大限度地减少国家损失。决定几只船上的人分成5个组，每组4人轮流潜入水底摸石料，不会水的在施救船上接应。初春的河水冰凉刺骨，别说潜入水底，就是赤脚站在水里都冻得发抖。船工们每人喝一大口酒，再将白酒涂抹到身上，然后下水。为了加快入水速度，船上的同志会用脚蹬踩下水船工的头，帮助其增加潜水的力度。有的摸2~3块一换班，有的摸1~2块一换班，就这样持续摸了七八天，20吨石料被一块不少地摸上岸来。但船体由于损坏严重，已不能进行整船打捞，决定拆船，只打捞船板。在一般人的眼里，一块石料也许算不了什么，对下水摸石头更觉得不可理解。但我们老一辈船工并不这样认为，因为他们在两次军渡中曾看到自己的战友血染黄河，看到战友在枪林弹雨中倒下，深知胜利果实来之不易。每一块石头上都洒下了开山民工的汗水，每一块石头都是国家财产。试想没有一块块石头，哪会有一座座大坝，没有一座座大坝又怎能形成巩固的黄河防线，又何谈黄河的岁岁安澜呢？

随着人民治黄事业的发展和国民经济的好转，采运队从1965年开始组建机械化船队。1966年在天津新港造船厂建造黄采101号、102号拖轮；1967年在天津渔轮厂建造黄采103号拖轮，黄采104、105号自动驳；1970~1971年在秦皇岛造船厂建造黄采106、107、108号拖轮。至此采运队石料运输全部实现了机械化。全队拥有拖轮6艘、自动驳2艘、驳船13艘、油罐驳2艘，总动力1395马力，总载重吨位1104吨。机械化作业把船工从繁重的体力劳动中解放了出来，结束了撑篙拉纤和装卸船的历史，可以说劳动环境和劳动条件也得到根本改善，他们在大河上下多拉快跑你追我赶。每天都是早起航，晚住港，一天工作十一二个小时。实现机械化的当年就完成货运周转量38.57万吨千米，比机械化作业前最好的1965年增产近1倍。1972年完成周转量56.71万吨千米，又比1971年增产47.1%，在以后的生产中呈逐年递增的趋势。

运石船队

1971~1980年是采运队发展的鼎盛时期，除了航运，还形成了完善的维修和建造体系，自主设计建造了一艘载重60吨的铁驳船，并为东明、东阿、齐河修防段制造泥浆船6只。在完成治黄任务的同时，还积极支援地方经济建设，参加当地政府组织的抢险救灾和支农活动，运送公粮、煤炭、木材等各类物资，参加北镇和平阴黄河大桥建设，支援胜利油田建设，参加黄河南、北展宽工程施工。从1949年梁山石料厂成立到1980年采运队撤销，共开采运输防汛石190万立方米，可以说从河南省长垣的溢洪堰到山东垦利的一号坝，每处险工都有采运队船只运输的石料。

采运队撤销已过了36个年头。作为采运队的后人，我们时常想起黄河码头上千帆竞发、拖轮轰鸣壮观的劳动场面，怀念那些曾为人民解放战争和人民治黄事业立下不朽功勋的老一辈黄河船工，怀念那一支在人民治黄史上功不可没的队伍——菏泽石料采运队。

（原载2016年6月29日《山东黄河网》）

黄河记忆

黄河"变奏曲"

牛新元

人民治黄事业是前赴后继、艰苦奋斗、自强不息的过程；是从小到大、从弱到强、逐步发展壮大的过程；更是观念不断更新、手段日趋先进、由传统治黄走向现代治黄的过程。成就巨大，世人瞩目。然而，这些成就的取得来之不易。"忘记过去，就意味着背叛"。我们勿忘黄河的过去，因为那是黄河人的最宝贵的精神财富，是激励我们继续奋进的力量源泉，是治黄事业无往而不胜的"法宝。"

一驾"马车"

滨州这方热土曾是人民治黄的发祥地和山东河务局的诞生地，山东河务局第一任局长江衍坤、副局长钱正英就是在这里白手"起家"的。由于那时物质生活极其贫乏，老一辈治黄人以坚韧不拔的毅力和大无畏的精神治理、保卫着黄河。庆祝人民治黄60周年之际，我特意对几位"老黄河"进行了采访，勾起了他们对往事的无尽回忆，一驾"马车"就是其中的一个片段。

人民治黄初期，百废待兴。老一辈治黄人坚持勤俭治河的方针，因陋就简，节衣缩食，将有限的治河经费全部用到了黄河治理之中。当初以田浮萍、张汝淮老领导为首的原惠民黄河修防处30余名干部职工，挤在20多间民房中办公，后来在北镇义和街建了自己的院落，但全是平房。不仅桌椅板凳没一件完整的,就连几辆破自行车也稀罕得要命。当时全处唯一的运输工具就是那驾"马车"(两匹骡子拉着一辆胶皮大车)。破自行车和胶皮大车全是固定资产,两匹骡子也享受"供给制",其待遇比人要高得多。

"那辆胶皮大车可是'宝贝',在当时的老北镇屈指可数。往工地运工具、料物靠着它,运水拉粮油靠着它,如果出发谁能坐上它,那可是'高级待遇'。因此,当时的车把式杨俊峰神气得很,'逼'得人们都'巴结'他。老杨摆弄牲口特别上心,两匹骡子喂得膘肥体壮,毛鬃锃亮,人见人爱。其中一匹骡子是1949年垦利修防段从昌潍用3000千克大豆换来的,修防处领导去垦利检查工作时发现后,下令硬是从垦利段给'调'来的。然而,1951年春季,那匹骡子突然得了重病,抢救无效而死亡,干部职工都非常心疼。张汝淮主任还写了一篇'祭骡文',以表痛惜之情……"老干部冉祥龙由衷地说道。

"那驾'马车'陪伴我们有20多年,与我们共同走过了那段艰难历程。直到1971年,黄河下游'南展宽区'动工建设,惠民修防处才有了一辆旧解放和一辆旧'嘎斯'运输汽车,是老主任张汝淮亲自到黄委要来的。继而又有了一辆美国吉普乘坐车,吉普车发动机上的制造时间是1939年;不长时间又增加了两辆乘坐车,其中一辆是旧天津吉普,一辆是肖洪贤讨换来的旧零件,动手组装的破车。乘坐那样的车晃晃悠悠犹如坐轿,胆小的简直不敢坐。"冉祥龙越说越兴奋。"这期间还有一段插曲。1972年,惠民修防段也拥有了'乘坐车',是买的195柴油机由本段职工邢本堂自造的一辆三轮车。上堤爬坡时常上不去,有一次竟把乘坐该车的白龙湾副段长崔希圣挤到了辅道一侧的树上,幸亏三轮车体重较轻,才没造成大事故……"

可喜的是,治黄战线工作条件随着社会的发展逐步得以改善和提高。现如今,滨州河务局不仅基层单位都

有了乘坐车,而且有不少职工已购买和打算购买轿车。与早年相比,简直是天壤之别。

喝开水拉风箱

喝开水自己拉风箱是其中的另一个片段。1979年10月我由部队转业到惠民黄河修防处工作后也赶上了一段时间。

当时听老同志们介绍,喝开水自己拉风箱从他们参加工作之日起一直就是这样。烧开水的炉灶盘得一米多高,上面开了三四个壶孔并放着大燎壶。每天上班前,机关各部门总要有一人去炉棚排队烧水。烧水不仅需要不断地添煤,而且要不停地拉着风箱,烟熏火燎,并非易事,炎炎夏季烧水会汗流浃背,浑身湿透。每烧开一燎壶水需半个小时左右,一燎壶水只能灌满两暖瓶。当倒出一只空燎壶,需重新灌满凉水,再把炉灶上的燎壶由后向前倒腾一遍,将刚灌满凉水的燎壶放到最后一个壶口上。这样做,是为了使煤炭的热量得到充分利用。

炉棚内烧水的不断,说笑逗趣非常热闹。有一次,财务科副科长张纯一家中来人,他急匆匆提着一把暖瓶来到炉棚,正在烧水的电话站老职工张光栾说水开后先给他灌上,让他待会儿来提就行。由于张纯一科长特别幽默,人们都喜欢与他开玩笑。于是张光栾将张科长提来的空暖瓶灌满了大半瓶凉水后又倒满了开水。张科长提到宿舍给客人沏茶。可倒出的茶水基本上是清的,而且喝也不烫嘴……这一滑稽真实笑话在惠民修防处流传了若干年。

直到1981年开始,惠民修防处机关才用上了锅炉烧水。自今年5月开始,滨州河务局机关不仅办公喝上了大瓶纯净水,而且职工每人每月享有四大瓶纯净水,确保了饮水安全和人们的身体健康。这是当年做梦都梦不到的。

难找媳妇

"远看像要饭的,近看像掏炭的,仔细一看是修防段的。"这是早些年黄河沿岸群众形容黄河人的口头禅,一直流传了数十年。

由于早些年治黄战线工作环境和生活条件差，黄河人尤其是基层职工长年与泥沙、石头打交道，风吹日晒尘土扬，大都面目黝黑，两手老茧。加上原来的蓝粗布工作服着实让人逊气，个个成了"土老冒"。所以，那时凡是像样的年青妇女，没谁愿嫁给黄河人。

我到治黄战线后的十余年内，这一问题仍很突出。1979年黄河大招工，惠民修防处一次招了800多人，没几年都面临着找媳妇，一拖两拖都成了大龄青年。尽管各级领导也非常着急，但谁都没有好的办法。1986年，这难题竟积成了"疙瘩"。为了引起社会的关注，我曾写了一首题为"理解是我们的夙愿"的诗，被《滨州日报》刊载。这首诗是这样写的："前不靠村，后不着店；严冬寒风吼，春来飞沙漫，秋披一身露霜，夏战暴雨迎狂澜；新时代的黄河职工啊，日夜守护在'母亲'身边。自豪、欢乐、寂寞、忧烦，铁锤、钢钎、铅鱼、摸水杆、灌浆机、吸泥船，常年累月陪伴，倩女为何与我们无缘？就连那'丑八怪'也把我们嫌！拙手筑铜壁，铁肩把山担，耳听黄河波涛声，眼望万里米粮川；巨龙被我们驯服，才有这国泰民安……"这是对当时情况的真实写照。由于那时黄河人找媳妇难，所以其中相当部分都是找的"一头沉"。这事直到现在说起来，不少人心里都酸溜溜的。

随着治黄事业的快速发展，黄河人的工作和条件得到了根本改善，沿黄群众对治黄人的看法也逐步发生了变化。如今，治理黄河成了人们普遍青睐的好行业，治黄战线上的小青年成了"抢手货"，就连个头1.5米的小伙子，都找上了1.6米以上而且是有工作的俊媳妇。黄河人难找媳妇早成了历史。

（原载2006年6月13日《山东黄河网》）

黄河记忆

山东黄河医院的发展变迁

牟 珊　王尧尧

2016年，黄河医院已经走过了一个古稀。70年里，有风有雨，有机遇有挑战，历经了多次的辗转变迁，然而她栉风沐雨，披荆斩棘，在时间的长河里，在"路漫漫其修远兮，吾将上下而求索"的精神里，步履坚实地前进着，发展着。

历史上的黄河医院共经历了五个发展阶段：卫生所阶段（1946年9月至1961年6月）、水利厅职工医院阶段（1961年6月至1962年1月）、山东黄河河务局工人医院阶段（1962年1月至1982年2月）、山东黄河职工医院阶段（1982年2月至1988年3月）、山东黄河医院阶段（1988年3月至今）。

1947年山东黄河卫生所驻地山东利津县大牛村

解放战争时期，山东省黄河河务局为适应"反蒋治黄"斗争和大复堤的需要，于1946年9月成立卫生所，这就是山东黄河医院的前身，当时的卫生所房屋简陋，医疗设备十分匮乏，仅有的8名医务人员，承担着黄河职工及工地的医疗卫生工作。

1948年山东黄河卫生所驻地山东滨县山柳杜村

1951年卫生所迁往济南市经三纬六路306号，这是一座二层的楼房，相较之前，房屋条件有了很大改善。

1951年卫生所迁往济南市经三纬六路306号

1953年，卫生所由原设8张病床增至40张，并添置了显微镜、离心机、高压消毒器等简易设备，成立了化验室。1953~1955年，为适应治黄工作的需要，卫生所

黄河记忆

集中各单位卫生人员共46人，在济南分两期进行业务培训，提高了卫生人员的医学基础理论和临床医学知识。1956年为解决山东黄河慢性病员的疗养问题，在齐河县大吴区王二镇建立了职工疗养所，设床位50张。1957年8月，将职工疗养所合并于卫生所，共有医务人员20人。

1958年，河务局与省水利厅合并后，于1961年6月扩建为水利厅职工医院，设有综合门诊、普通病房、传染病房，设床位60张；并设有理疗室、化验室、放射室、供应室及药房，共有医务人员60人。当时的职工医院在临黄堤线设立医疗站、医疗点，定期候诊巡回医疗，为一线黄河职工的健康保驾护航。

1956年黄河职工疗养所驻址齐河王二镇

1962年1月，河务局与水利厅分设，水利厅职工医院撤销。经山东省编制委员会批准，河务局成立工人医院。1979~1981年，工人医院经过三年扩建，建成门诊楼、病房楼各一栋，购置了价值20万元的医疗器械，设有综合门诊、普通病房、传染病房、理疗室、X光室、心电图室、化验室、供应室等，科室建设进一步完善。工人医院为创造内、外科分设条件，先后派出医务人员到济南市第四人民医院、郑州黄河医院进修学习，并于1980年5月分设内、外科门诊，开始进行外科手术。1981年，在保证为黄河系统职工服务好的前提下，对外开放面向社会，为社会服务。截至1981年工人医院共有职工111人，其中医务人员63人。

1982年，外科设病房、手术室，有病床38张，自当年6月开始收治病人，开展了阑尾切除、小肠切除吻合、截肢、肛瘘切除、股骨骨折内固定手术等。1982年2月，经黄委同意，工人医院改名为山东黄河河务局职工医院，并由科级单位扩建为处级单位，承担山东黄河职工的医疗工作。截至1985年，医院共有职工176人。

1982年工人医院更名为山东黄河河务局职工医院

1984年，医院购入了第一台黑白超声仪器，为患病职工争取了最佳治疗时期。1985年2月，成功抢救宫外孕破裂大出血休克患者一例；9月，成功实施建院以来第一例胃癌患者胃大部切除术。黄河医院在这一时期的发展取得了可喜的成绩。

1988年3月23日，经山东河务局批准，山东黄河河务局职工医院正式更名为山东黄河医院。1995年1月24日，山东黄河医院被济南市卫生局评定为二级乙等医院。

1988年山东黄河河务局职工医院更名为山东黄河医院

2004年11月，根据《关于印发〈山东黄河河务局机构名称规范〉的通知》要求，山东黄河医院规范用名全称为山东黄河河务局山东黄河医院,规范简称黄河医院。

每一次跋涉而又执着的脚步都会带来更进一步的成长与提升,当历史的车辙辗过,终会为奋斗中的黄河医院留下赞许的痕迹。

近年来,黄河医院在省局的领导下,立足黄河,面向社会,稳中求进,发展日臻成熟起来。

医院现有1号门诊楼、2号门诊楼、病房楼、综合楼四栋,总占地16.5亩。在职职工264人,卫生技术人员216人,其中具有正高级职称4人,副高级职称25人,中级职称45人。有住院病床150张,设内科、外科、急诊科、妇科、儿科、口腔科、康复医学科、中医科、麻醉科、疼痛科、烧伤科、重症医学科、健康体检科、传染性疾病科14个临床科室;检验科(血库、艾滋病筛查室)、医学影像科(X射线、CT室、MRI)、特检科(超声室、心电检查室)、药械科、供应室、病案室6个医技科室;社区服务科下设2个社区卫生服务中心、2个社区卫生服务站,社区卫生服务职能和范围不断扩大。现有医疗设备122台,其中包括CT、CR、数字化医用X射线摄影系统、进口便携式彩色超声诊断仪、彩色多普勒超声波诊断仪、呼吸机、全自动生化分析仪等大型设备;2015年,随着医院业务量的增加,医院以业务合作的形式,引进核磁共振、全自动化学发光测定仪、电导分析仪、碳13呼气检测仪等设备,硬件建设进一步加强。病房设置了中央供氧系统,应用了床单位消毒器,双人病房设有独立洗手间(淋浴、24小时热水供应)、空调、彩电、阳台等设施。运行了电子病历系统(EMR)、实验室信息系统(LIS)、影像信息系统(PACS)、体检系统等信息化系统。为山东医学高等专科学校教学基地、济南市120急救分中心、山东省医疗保险定点机构、济南市居民医疗保险定点医疗机构和济南市职工医疗保险定点医疗结构。

2006~2015年的10年间,黄河医院经济收入稳步增长,由2006年的709万元,增加到2015年的2605.52万元,增长240%；固定资产总额由1923.33万元增加到2685.73万元，增加了762.4万元；10年来共为黄河职工及家属健康体检110796人次；临床医疗无不良安全事件发生，无医疗纠纷及事故发生；甲级病历率平均为98.4%；急危重病人诊治水平不断提高，完成多例复杂、危重创伤患者的救治，其中有高空坠落颅脑外伤合并双前臂桡骨骨折患者1例、胸外伤肺破裂患者1例和大面积压疮Ⅳ期伴严重感染大量脓臭分泌物患者1例；组织科研项目验收42项，分别获得省局重大创新成果奖1项、科技进步奖17项、创新成果奖12项、火花奖6项；建立居民电子健康档案5.73万份，签约医保门诊统筹居民600余人。实行家庭医生签约式服务，签约家庭1850户，5900人。

坚持"人才强院"战略，加大人才引进和培养力度。10年间，引进专业技术人员41人，晋升副高级专业技术职称人员19人，正高级专业技术职称人员3人。外派进修69人次，组织院内讲座303次，业务培训226次，邀请院外专家授课25次。职工参加院外学术会议及培训703人次。医院2人获得黄委劳模称号，2人获得省局劳模称号，2人获得山东省省直机关"巾帼建功"先进个人，11人获得济南市医疗服务工作先进个人，1人获得济南市药事管理工作先进个人，1人获得济南市优秀药学论文一等奖，1人被评为山东省女职工建功立业标兵，4人获得济南市医政管理先进个人，2人分别被评为"济南市十佳护士"和"优质护理服务先进个人"，2名护理人员入选济南市百名医界天使，7人在济南市卫生系统技能竞赛中获奖，获得山东省、黄委、省局政研论文奖20人次，等等，获奖成果累累……

这一路走来，不由的感激为医院的始建、成长、发展、壮大做出贡献的历届院领导、前辈和曾经在医院工作过的各位同仁，以及关心、支持黄河医院发展的各级领导与各界热心人士。虽历经70年，风雨兼程，沧桑变化，但如今的黄河医院更像一个精力充沛的少年，满载青春梦想，正朝着光明的未来迈进。

黄河记忆

黄河土牛

武模革

曾经,站在黄河大堤上,顺堤望去,你会看到一个个整齐的土堆,它们犹如一头头卧牛卫士,默默地守卫着母亲河,它就是黄河堤防养护和防汛抢险特有的备防土,俗称"土牛"。

据《现代汉语词典》解释:土牛是堆在堤坝上以备抢修用的土堆,从远看去像一头头牛。据《黄河河防词典》解释:为准备平时堤防维修养护、汛期抢险急需,预先在堤顶靠背河堤肩、堤坡存储一部分土料。因牛的"五行"属土,故名。

土牛,产生于20世纪20年代。过去,黄河堤防上的土牛比较多,形似棱台,大小不一、间距不定,存放于背河堤肩、堤坡行道林外,在杨柳间默默地守候。

土牛,在堤防工程养护和防汛抢险中曾发挥了重要作用。那时,堤顶道路为黏土路,每遇强降雨或阴雨连绵天气,护堤员要冒雨圈堵水沟,防止水土流失。雨后,要对水沟浪窝进行回填,防止再次降雨扩大,但堤顶泥泞,无处取土,土牛便是储备的"土源",护堤员就从土牛取土修补路面、填垫水沟浪窝。每当汛期防汛抢险时,土牛又成了应急的"料源",抢险队员利用土牛取土进行险情抢护。

随着对工程管理要求的提高,在20世纪80年代,对土牛的施工质量也提出了标准：按堤防长度每米储备土料1立方米，间隔为100米，每个土牛100立方米，要求顶平坡顺、边角整齐、美观大方，四面边坡均为1:1.5，堤顶高程以下部分夯压、以上部分为自然方，施工质量得到规范。据治黄前辈们讲，土牛工程量计算是道"高数题"，土牛施工放线是个"技巧活"。堤防背河边坡为1:2.5，土牛边坡为1:1.5，堤顶高程以上部分为梯形，堤顶高程以下部分为坡比不一的多面体，方量计算需要用微积分。但是，治黄前辈们摸索总结出了一套便捷实用的施工放线方案。据退休老工程师卢志忠说：那时老工程员们工作笔记本上都有放线示意图，施工时，先确定堤肩两个控制点，然后再确定堤坡两个控制点，按1:1.5收坡，控制堤顶高程以上高度和顶面尺寸，就完成了土牛放线与施工。堤防工程维修养护一般只取用堤顶高程以上部分，汛后及时补充。

土牛也给沿黄群众留下许多美好的回忆。这四四方方、呈梯形分布的土堆，在黄河大堤上格外显眼，成为了孩子们"过家家""捉迷藏"的好去处。大人们则在一旁休息、下棋、拉家常。护堤员和黄河职工对土牛也有深厚的感情。当时，整理土牛的容貌，是堤防工程管理的一项重要工作内容。为了保证土牛美观，他们要清除杂草，将其整理得顶平坡顺、边角整齐。

随着经济社会的发展和黄河防洪工程建设步伐的加快，尤其是随着黄河下游进行了标准化堤防建设，大堤帮宽至12米、堤顶硬化6～8米，淤背区加宽至80～100米，平坦的柏油路取代了泥泞的黏土路，平日堤防维修养护所用土方减少了。畅通的堤顶道路和机械化运输设备给汛期抢险提供了土料运输保障，再加上丰腴的淤背区既降低了堤防出险概率，又可提供应急土源，曾经为黄河堤防做出重大贡献的土牛已经没有存在的价

值,随着第一期黄河下游标准化堤防建设工程的完成,土牛就慢慢地退出了历史舞台。现在走在黄河大堤上,已找不到昔日土牛的踪影,呈现在眼前的是坚固美丽的标准化堤防。

人民治黄已经走过70年的艰辛而又辉煌的历程,小小的土牛在这段历史中扮演过一段重要的角色,虽然它现在退出了历史舞台,但是在治黄进程中却闪烁着独特的光芒。

(原载2016年8月18日《山东黄河网》)

响彻黄河两岸的号子

刘亮亮　吴睿睿

黄河号子是人们在参与相互协作的集体劳动时，为了统一劳动节奏，协调劳动动作，调节劳动情绪而喊唱的一种民歌。它不仅是黄河文化的一朵奇葩，也是治黄实践中抗洪抢险施工的动力。

黄河号子主要包括黄河抢险号子、土硪号子和船工号子等。其内容丰富多彩，号词大多取自生活中的一些笑料及民间故事，可随编随唱。唱法有独唱、对唱和一人领唱众人和等，后者最为常见。号子不同，节奏有别，或缓慢、或快速、或激昂、或抑扬。一般领唱者既参加劳动又负责指挥，和者为劳动者，曲调深沉有力，节奏感强，以便河工在有规律的节奏声中施工。

而在人民治黄初期，由于黄河泥沙的淤积，使河床逐年增高，所以每年都要抽调大量民工加高大坝，新增的土需要夯实，在当时机械化程度不高的情况下，硪作为土方夯实的主要工具，在复堤中为工程质量的保证发挥了重大作用。打夯时，往往是一人扶把，周围扯绳，8~10人围成一圈，其中一人领唱，其他人应声就成了土硪号子。

据垦利修防段离休干部张荣安回忆，1950年，按照全河的统一部署，新中国成立后的第一次大修堤正式展开，这场历时7年的大修堤，仅垦利黄河大堤就完成帮宽加高62.7千米，新修大堤10.5千米，完成土方601.71万立方米。工程量之大可以想见，但这也给承担施工任务的各村初级社、生产大队提供了广阔的用武之地。

打硪的任务往往集中而繁重，各村社、大队都要把

黄河记忆

年轻人集中在一起,平均每8~10人一个夯队,打硪的时候几个夯队一起行动,硪随着夯队的硪号一齐起落,震得河颤堤摇。硪号的调子粗犷悠扬,硪号的歌词花哨有趣,吸引着周围的人们纷纷停下手上的活计,围拢起来痴痴地看着年轻人打硪。有时,各村的硪手们也会聚到一起观看,相互借鉴、相互比试,场面十分热闹。

在这次大修堤中,也曾用过多种不同形式、不同重量的硪。1950~1952年用的是灯台硪,重量在32.5~35千克,直径多在30厘米以上,因为这种硪都没有硪把,又都由八人操作,所以统称为"八人硪"。1952年冬,改用碌碡硪,形如打场用的碌碡,重约75千克,底径25厘米,高60厘米,木质硪把高1.7~1.8米,用铁丝将把子标绑在石硪上,1人掌把,8~9人拉硪。

硪工的工作有严格的标准。用灯台硪,需拉高2.4米,共打5遍,最后达到每平方米9个硪花(硪击地打出的印痕叫"硪花");用碌碡硪则要求拉高1米,套打2遍,每平方米25个硪花。

1949~1953年大复堤时民工使用的夯具——灯台硪

硪号也会根据施工进度、强度的不同而略有不同。使用一般碌碡硪喊的硪号一般会分为"慢号"和"快号"两种。"慢号"主要用于第一遍土质的夯实或打坡,脚步跟着口号走。"快号"的节奏快,主要是对已经硪实一遍的土方进行夯实。

打起硪来,硪走得直不直、正不正,硪花密不密、匀不匀,全靠扶硪人,扶硪人一般都是叫号的。当然,也得靠全体拉硪人的平均用力和互相配合,倘若一人突然猛力一拉,说不定就会砸伤谁的脚。

60多年过去了,张荣安老人依然清晰地记得,那人山人海的筑堤工地上,无数个硪随着歌声在黄河大堤上一齐起落的动人场面,也还清晰地记得,那几十千米绵延不断、震天动地的歌声。在歌声中,你会深切感受到人类的力量是多么的巨大,无论多么狂怒的洪水都不可怕。

(原载2016年9月《黄河报》)

黄河位山枢纽工程

尤宝良　许克余

1952年，毛泽东视察黄河，号召"要把黄河的事情办好"。1955年7月，全国人大一届二次会议通过了根治黄河水害、开发黄河水利的综合规划。当时被称为山东水利心脏的黄河位山枢纽工程是这个规划的重要组成部分。

位山枢纽工程位于黄河下游山东段菏泽、聊城境内，于1958年5月开工，1960年7月竣工。工程建成经试用后发现不少问题，经国务院批准于1963年12月进行了破坝改建。

在论证中上马

当时，位山枢纽工程是黄河治理规划中在黄河上修建的46级水利枢纽的最后两级之一，被列为远期工程。之后，水利部在关于三门峡水库枢纽问题向国务院的报告中提出，在三门峡水库等第一期工程完成后，位山枢纽工程安排在1962年开始修建。

20世纪50年代正值新中国成立初期，全国人民建设新社会的热情异常高涨，各项事业发展迅速，沿黄工农业生产也日新月异。山东省委根据1955~1957年沿黄工农业发展的需要，组织有关部门多次研究，认为位山枢纽是解决山东河段防凌、防洪和灌溉问题的关键措

黄河记忆

施,应提前修建。因此,山东省委、省政府于1957年底、1958年初先后向中央提出提前修建位山枢纽工程的请求。1958年4月12日,国家计委、经委批复同意位山枢纽工程列入第二个五年计划(草案),提前修建。据此,山东省人民委员会于1958年4月14日公布,建立山东省黄河位山工程局,并任命王国华为局长,刘传朋、刘习斌、李克胜为副局长,办公地点设在东阿县关山村。位山工程局成立后,按照"边勘探、边设计、边施工"的形势要求,积极投入第一期工程的施工准备。1958年5月1日,位山枢纽进水闸工程正式开工兴建。

位山枢纽工程上马后,黄河勘测设计院在水利科学院、交通部和山东省水利厅等有关部门的配合下,于1958年10月编制《山东黄河位山枢纽工程设计要点报告》,提出了工程规划方针、目标、任务要求、主要工程指标、工程布置方案、防御特大洪水措施,以及对发展灌溉、

1958年5月1日位山水利枢纽工程开工典礼及誓师大会

航运、发电等综合利用规划的设想。在调查研究和分析计算的基础上,采取了河湖分家和黄河小改道方案。其布局是将拦河枢纽建筑物选在位山南岸山谷处,黄河改从位山以南各山谷之间穿过。东平湖进湖闸设在耿山口、徐庄,出湖枢纽设在东平湖北岸陈山口。

设计报告中拟定的全部工程有7处:1.拦河建筑群。包括拦河闸、拦河坝、拦河电站、顺黄船闸等建筑物。2.东平湖水库。包括东平湖围坝(堵截临黄山口在内)、进湖闸、出湖闸、出湖电站、出湖船闸等建筑物。3.位山引黄建筑群。包括位山引黄闸、位山电站、沉沙池、

分水闸、防沙闸等建筑物。4.穿黄建筑群。包括穿黄南闸、穿黄北闸和各闸所必需的沉沙池、进水闸、冲沙闸、抽水站、蓄水池等建筑物。5.输水总干渠工程。包括输水总干渠、徒骇河平交工程、马颊河平交工程。6.临清建筑群。包括临清船闸、临清电站等建筑物。7.齐岗建筑群。包括齐岗电站、齐岗船闸、齐岗进湖闸等建筑物。

水利部审查了该报告后认为，"枢纽工程的兴建目前虽有迫切的需要，但考虑到黄河泥沙的复杂性，同时还没有通过模型和足够的论证将来不受泥沙的危害"，需再进一步研究。为此，1959年3月在位山工地召开了由黄河设计院、山东省水利厅、交通部、山东省交通厅、清华大学、华东水利学院、北京水利科学研究院、位山工程局等单位的专家和负责人共50多人参加的现场会，并邀请了3位苏联专家（考尔湟夫、卡道姆斯基、希列索夫斯基·赫）一同到达工地。经现场查勘，反复讨论，一致认为在桃花峪水库未建成前，位山枢纽仍担负着严重的防洪任务，为了防止泥沙的危害，各建筑物尤其是拦河建筑物的兴建，应以不过大改变黄河原有的水流条件为准，各建筑物的布置应通过模型试验确定。于是由北京水利科学研究院负责，位山工程局、黄科所、山东水科所、黄河设计院、交通部门派人参加，于6月15日开始在位山工地进行模型试验。7月19日又在位山工地召开第二次现场会，参加会议的专家和负责人40多人经过7天深入讨论，确定了位山枢纽布置方案。

拦河枢纽布置方案选定小改道方案，拦河闸置于老山与柏木山之间；拦河电站泄洪闸放在子路与黄山之间，枢纽的布置，首先满足北岸灌溉取水防沙的要求。为了保证进水畅通，进湖建筑物以修建十里堡进湖闸为主，徐庄、耿山口两座岩基进（出）湖闸为辅，共3座进湖建筑物。出湖枢纽建筑物均设在陈山口处岩石基础上。运河穿黄闸采用国那里平交方案，航道仍走湖西线。

根据两次现场会和模型试验的结果，《位山枢纽工

程初步设计书》于10月上报水电部，11月底水电部审查批准。至此全部规划设计工作初告完成。

位山枢纽工程的兴建正处在我国"大跃进"形势下，为了加快进程早日发挥效益，全部工程计划分5期于1960年底完成。后由于种种客观条件限制，对枢纽工程施工进程重新作了调整安排。实际完成情况是：第一期工程于1958年5月1日开工，共组织聊城、菏泽、济宁、泰安4个地区20多个县的民工27.8万人参加位山引水闸、大店子分水闸、引水渠、东沉沙池、衔接段及东平湖水库围坝修筑等工程的施工，其中参加东平湖围坝施工的有21个县24.4万人，经过3个多月的艰苦奋战，基本按计划完成。第二期工程原计划安排从1958年11月到1959年汛前完成拦河坝、拦河闸、进湖闸、出湖闸、排凌闸（即徐庄闸）、东平湖水库围坝石护坡、回水堤加固及堵截临黄山口等工程，由菏泽、聊城、济宁3地区10多个县近10万劳力，大干了一个冬春，完成了大部分土石方工程，而建筑物工程由于工程量太大，材料、劳力、技术力量不足，推延到第三期完成。第三期工程有第二期的续建工程拦河闸、出湖闸、围坝石护坡等项目，本期安排的防沙闸、顺黄船闸、耿山口、徐庄、十里堡进湖闸5座建筑物，以及拦河土坝、引河开挖、导流护岸、东平湖尾工、大河截流工程等，聊城、菏泽、济宁、济南4个地市13个县20多万人参加施工。解放军0222部队5000余人支援东平湖水库抢修石护坡工程和防汛抢险。本期施工从1959年6月开始至本年底完成。第四期工程有三期拖转的耿山口进出湖闸、十里堡进湖闸、顺黄船闸尾工及配套运用的冲沙闸工程、周店分水闸和张坝口引水闸，以及扩宽拦河闸引河、开挖顺黄船闸和冲沙闸引河、南北回水区堤防加固、东平湖围坝基础截渗和排渗沟开挖等土石方工程，共计1868万立方米。安排聊城、菏泽、济宁、淄博、济南5个地市15个县15万人参加施工，于1960年2月下旬全部开工，到7月各项工程基本完成。

解放军0221部队2000多人参加本期施工，支援东平湖水库小安山隔堤修建。第五期工程主要项目是东平湖水库排渗、围坝重点维修加固工程。这些工程一直进行到1962年。

山东黄河大截流

在第三期工程中，最牵动人心弦的是大河截流，也是整个枢纽工程的焦点战役，是山东治黄史上空前的壮举。山东省委、省人民委员会要求"只准成功，不准失败"。

1959年11月25日，截流工程开工誓师大会在陶城铺—黄庄滩头隆重举行。上午10时整，王国华副指挥发布开工命令。随之，第一支截流先锋队率先冲上正坝坝头，600人组成的秸料运输队像一条巨龙翻腾滚动，供土队紧跟着把一筐筐泥土投向占体。经过20个小时的激战，第一个占子以长19.6米、宽21米、高9.6米，共3951立方米的庞大占体压进黄河激流之中。

解放军战士开凿山石

这次截流采用的方法，是我国劳动人民在与黄河作斗争中创造的成功经验，即秸料进占截流法。这种方法的好处是就地取材，经济便宜，体积大，施工快，易闭合。整个截流工程分正坝、边坝、土柜、后戗等四部分，正坝共分七个占子和一个金门占子。正坝、边坝用层料层土与木桩、麻绳间隔厢作而成；土柜、后戗用土堆筑，作为埽体阻水与安全的依靠。当时，大河流量800多立方米每秒，流速达5米每秒。黄河埽工历史上只用于抢险、堵口，这次用于腰斩黄河，是史无前例的。刚刚走进和平生活的山东人民，有着无限的智慧和胆量，有治理好黄河除害兴利的美好愿望，这愿望就寄托在这截流工程上。

曾转战冀、鲁、豫，参加过30多次堵口的78岁高龄的老河工薛九龄津津有味地说："自光绪二十六年我

黄河记忆

当了河工,直到解放,在这60多年中,黄河年年决口。解放后,国家出钱修了大堤和险工石坝,10年没决一次口。现在又把它拦腰斩断,让它听人的使唤,为人造福,这是天翻地覆的大事情,以前做梦也想不到。"老人眉飞色舞,胡子上抖动着内心的喜悦。

截流的第七天,天气突变,乌云密布,凛冽的寒风吹得旌旗呼拉拉响,霎时,大雨飞泼而下。凶猛的黄河像有了援兵,发出更猖狂的咆哮,似乎要把大坝连同这些雄兵骁将一同吞没。截流工地成了白茫茫的一片,咫尺难辨。坚守在捆厢船上的12名山东大汉,在组长李保福率领下,任凭风吹雨打,纹丝不动。12双眼睛紧紧盯住船上的各路用绳,上下操作,极有章法。他们的棉衣、鞋袜早已被汗水和雨水浸透,粘贴在身上。为了截流工程,他们在船上连续坚守了五天四夜。

截流工地成了不夜城。登上拦河闸北首的柏木山顶,像置身于灯海银河之中。15只架缆船牵拽着长达200余米的钢丝缆,把正坝和边坝的两只巨大的捆厢船扯在中央,护卫着埽坝的迅速进占。运送土料的四路大军像四条飞舞的长龙。一盏盏聚光灯射向河面,映成一根根闪亮的银柱,插向流动的浑黄的河底。

截流工程进展迅速。12月4日2时,第5占完成。6日零时,第6占金门占告捷。这时过水河面只剩下42.8米。7日上午9时,指挥部下令爆破拦河闸引河,使部分黄河水通过拦河闸泄流,为实施抛枕合龙创造条件。12月8日,指挥部决定实施抛枕合龙。截流工程最紧张的时刻就要到了。

工地出现片刻的宁静。一根根"龙筋"(合龙大缆)活扣在龙门两厢金门占的24颗粗壮的"龙牙"(合龙桩)上,巨大的"龙衣"(绳网)已凌空系在合龙大缆上。通过正坝龙门口的滚滚黄河水,嘶叫着,从"龙衣"下面奔腾而过。这时,只听坝边一声令下:合龙开始!只见一位年轻河工如飞燕般凌空跃上"龙衣",紧跟着七八个小伙子也"鱼跃"上去。接着，团团秸料翻江倒海般拥上"龙衣"。刘传鹏、刘习斌两位副指挥，分别在东、西两个坝头上，一面指挥，一面和工人一起运料。黄委工程局副局长田浮萍也参加了合龙战斗，打"腰桩"，拉绳，下"对爪子"，忙个不停。薛九龄、刘九星等几位老河工站在坝头上，个个银须飘动，气度不凡，如河仙挺立于天地山川之间。

黄河位山截流现场

9日16时50分，薛九龄跃上悬空的"合龙占"上，喊起号令，随着三声锣响，庞大的"龙门占"稳稳地沉下河底，将雄伟的东西坝头连接成一体。拦河坝合龙了！截流胜利了！轰轰轰……24响祝捷大炮和一万响鞭炮震撼山川。顿时，军号高奏，锣鼓唢呐齐鸣。随着刘习斌副指挥举向空中的强有力的拳头，截流工地暴发出海啸山崩般的欢呼："天险黄河被我们斩断了！"两支截流大军跳跃着拥上大坝会师，无数双勤劳的手紧紧握在一起，大家相互拥抱、欢呼，整个工地像飓风扬起大海的波涛，久久不能平息……

黄河位山枢纽截流工程，经各方团结协作和参战勇士的奋力拼搏，仅用14天时间，就将汹涌的黄河拦腰斩断了，显示了黄河"埽工"的巨大威力。整个拦河大坝共用秸料397万千克，柳枝92万多千克，块石8700立方米，土料27万立方米，抛枕362个，草袋400万个。施工期间未发生任何事故。面对这些枯燥的数字，今天的人们也许不太感兴趣，用当今先进的施工设备和方法，人们也许不会感到惊诧。但在半个多世纪以前，靠的全是人们的一双手、一双脚和一副肩膀，在那么短暂的时间里，在大河激流之中筑起一道长366米、宽58米的水上大坝，你不能不感到惊奇，你不能不由衷地敬佩。

破坝改建

位山枢纽工程自1959年冬大河截流投入使用后，由

黄河记忆

中共山东省委书记舒同（左三）视察位山枢纽工程

于同时规划的干支流拦泥水库尚未建成，河道来水来沙条件并未得到改善，以致位山拦河枢纽的泄量显著偏低，远远不能满足近期防洪的需要。又因枢纽工程曾一度壅水运用，造成回水河段大量的淤积，降低了河道排洪能力。通过实践，枢纽工程暴露出一系列严重的问题，直接威胁黄河下游防洪安全，事关大局，引起了各方面的重视和关注。在1962年3月17日谭震林副总理主持的范县会议上，水电部和有关领导认为位山枢纽的改建是一个值得研究的问题，责成黄河水利委员会和北京水利水电科学研究院进一步调查研究，提出枢纽度汛方案和改建意见。1962年4月28日水利电力部党组提出《关于黄河位山枢纽工程的意见》，送山东省委、黄委，并报周恩来总理、谭震林副总理和中央农村工作部。在这个意见中首次提出破除拦河坝，恢复老河道自然泄水的改建方案。随之黄委、水科院、山东省有关部门多次调查勘测、分析论证，由黄委编制了《位山枢纽改建方案报告》，报告中对几个方案进行分析比较后，推荐了破坝方案。1963年2月，水电部及北京有关部门的专家和领导，对黄委编制的位山枢纽改建方案进行讨论研究，并于3月26日向国务院报送了《关于位山枢纽改建方案和1963年度汛问题的报告》。报告中提出了先按破坝方案准备的意见。周恩来总理和李富春、谭震林副总理批示，要求"水电部提前召开专家会议，争取5月上旬定案"。水电部于5月21日至6月1日在北京召开位山枢纽问题技术讨论会，国家计委、清华大学、武汉水利水电学院、山东省水利厅、河南省水利厅、黄委及水电部各有关单位的专家、教授和领导共50多人参加会议。最后倾向于破坝和破防沙闸开泄流道两个方案。会后水电部根据讨论情况于6月27日向周恩来总理，李富春、谭震林副总理，国家计委、国务院农林办公室报送了《关于黄河位山枢纽问题讨论情况的报告》。1963年8月下旬，水电部技术委员会又邀请有关单位的专家和领导对黄委编写的方案设计和补充材料进行了审查、讨论，大多数与会人员同意破坝方案。1963年9月26日，水电部呈文报请国务院审批。10月21日，国务院批复同意破坝方案，东平湖水库按二级运用。1963年11月8日，水电部批准位山枢纽改建的破坝方案。位山工程局于11月16日建立破坝施工指挥部，12月6日采用一次爆破的方法破除第一拦河坝，恢复老河道行洪。

位山破坝后，拦河枢纽建筑失去效用，遂即封堵废置；北岸引黄工程亦因不再依靠壅水引灌而脱离位山工程体系，自1964年起另成系统，独立管理；又因东平湖水库的改建和运用，位山枢纽主要工程转移到黄河以南东平湖地区。于是，黄委于1963年12月13日将位山工程局与东平湖修防处合并为位山工程局，位山工程局机关也由黄河北岸的关山村迁到黄河南岸梁山县城东平湖修防处驻地办公。

位山枢纽工程从开工建设到破坝，历时5年有余，全部工程共完成土石方6000余万立方米，用工5443万个，耗资1.45亿元。东平湖水库改变运用方式后，成为黄河下游专用防洪水库，并不断进行改建，改建后的东平湖水库成为黄河下游和汶河的重要分滞洪工程，在半个多世纪的运行中为确保山东黄河防洪安全做出了重要贡献。

位山枢纽工程的兴废虽然已成为历史，但是它在人民治黄史上却留下了厚重的一页，为黄河治理提供了宝贵的实践资料和借鉴，并时时激励、警示着人们，要用科学的理念、创新的精神、顽强的意志为母亲河的健康生命而不懈地探索、拼搏、奋斗。

（原载2009年7月山东黄河文化丛书《东平湖与黄河文化》）

黄河记忆

消失的"位山局"

秦素娟

在山东省梁山县城,"位山局"曾是一个响当当的名字。但在 2014 年初春,它随着位山局办公楼的消逝而尘封于历史之中了。

原东平湖管理局旧址 张玉国 摄

"位山局"的全称为"山东省黄河位山工程局",由山东省政府于 1958 年 3 月 4 日下文成立,1962 年 8 月划归山东黄河河务局管理。

谈及"位山局"就不能不说"黄河位山枢纽工程",它是伴着枢纽工程的兴建而设立的;而建设"黄河位山枢纽工程",依据的是新中国成立初期批准的根治黄河水害、开发黄河水利的综合规划——位山枢纽工程是规划中在黄河上修建的 46 级水利枢纽的最下游两级拦河大坝之一,整个工程包括位山枢纽、东平湖水库及输水总干渠三大部分,主要建筑物有拦河闸、引黄闸、进(出)湖闸、分水闸及5个发电站、7个船闸等20余个工程,在山东水利史上前所未有。

枢纽工程原计划1959年开工到1961年完成,因人们建设新社会的热情异常高涨,中央批准于1958年5月1日提前开工,聊城、菏泽、济宁、泰安4个地区20多个县的27.8万人参加了施工,至10月1日第一期工程竣工放水,并计划"全部工程将于1959年冬季完成"。但受种种客观条件限制,后对施工进程重新调整,分五期一直进行到1962年,全部工程共完成土石方6000余万立方米,用工5443万个,耗资1.45亿元。其中,1959年11月25日誓师开工的黄河大截流是枢纽工程的焦点,也是山东治黄史上空前的壮举,参战人员仅凭借手脚和肩膀,采取抢险、堵口使用的秸料进占法,14天便拦腰斩断黄河,在激流中筑起了一道长366米、宽58米的水上大坝。

黄河截流投入使用后,逐渐暴露出一些难以克服的问题:回水河段泥沙大量淤积;耕地大面积沼泽、盐碱化;库区27万多移民的生产生活无力妥善安置处理等。为此,1962年4月28日,水利电力部党组提出《关于黄河位山枢纽工程的意见》,首次提出破除拦河坝方案。经多方、多次研讨分析,国务院于1963年10月21日批复同意破坝方案,同意东平湖水库二级运用,当年12月6日拦河坝破除,恢复老河道行洪。

轰轰烈烈的位山枢纽工程自此落幕,其主要工程建设转移到黄河以南东平湖地区。1963年12月13日,黄委将位山局与东平湖修防处合并为山东省黄河位山工程局,位山局机关也由黄河北岸的东阿县关山村,迁至黄河南岸梁山县城东平湖修防处驻地。1979年,位山局建设砖混结构办公楼一幢,一度为梁山人所羡慕,又因其地处梁山县城内有名的龟山之前,机关坐北朝南,门前直通大道,被戏称为"风水宝地"。

1991、2004 年，山东省黄河位山工程局先后更名为山东黄河东平湖管理局、山东黄河河务局东平湖管理局，但梁山人每每提及，还是习惯称之为"位山局"。1994 年 9 月笔者持派遣证到"东平湖管理局"报到时，推"木的"的大哥竟不甚明了，待说到龟山前、中医院附近，他却笑了："哦，位山局呀！"

东平湖管理局机关于 2008 年迁往泰安后，梁山黄河河务局入住"位山局"大院。由于该单位自 1946 年成立后，机关一直驻守在黄河岸边，直到 1999 年底方迁入县城在"位山局"附近办公，所以，如果你在那些年去往梁山，想要到"黄河河务局"，的哥可能会问具体地址，但如果说是到"位山局"，他们一定二话不问，就能把你准确送达。

2014 年春天，根据县城"建绿"规划和上级批复，梁山黄河河务局通过资产置换迁址，位山局办公楼耸立 35 年后被拆除了。此后，或许"位山局"这一称谓将不再被当地人提起，但在人民治黄的历史上、在探索治黄的征程中，"山东省黄河位山工程局"和"黄河位山枢纽工程"必将永远地载入黄河人的记忆中。

（原载 2014 年 3 月 18 日《黄河网》）

黄河东银铁路

蔡湘生　黄迎存

从东平湖西岸的银山镇，到菏泽东明县的霍寨，沿黄河大堤背侧，曾蜿蜒着一条180多千米的石料运输专用线，它就是20世纪山东治黄历史上的东银铁路。这条铁路于1972年开始建设，1976年投入运营，1995年拆除。当时，东银铁路的建设是山东治黄事业和沿黄经济建设中的一件大事，铁路运营20年，为山东黄河上游的抗洪抢险和防洪工程建设以及地方经济发展发挥过重要作用。巍巍黄河大堤见证了这条铁路的辉煌和功绩。

一、铁路建设

黄河进入山东后，河道变得宽、浅、散、乱，河势多变，"滚河"现象时有发生。上游河段坝岸多，险工多，是实施治理的重点，每年都需要大量修防石料。20世纪六七十年代，陆运能力很差，载重汽车和轮式拖拉机极少，几乎没有硬化道路，石料运输以黄河航运为主。船只航行主要依靠自然风力，受自然条件和河势变化制约，长距离运输十分困难，从梁山县丁庄石料场装船到东明县高村卸船，一个航次往往要一个多月，如遇河势变化，航运很容易中断。单靠黄河航运远远不能满足治黄石料需求，影响治黄工程建设特别是防汛抢险。

为解决治黄石料运输问题，黄委早在1962年就提出修建东坝头至位山轻轨铁路。历经近10年的勘察论证，

黄河记忆

终于在1972年5月，经水电部批准修建从兰考县东坝头到梁山县银山村的运石铁路。10月30日，根据山东省革命委员会生产指挥部通知，黄河东银铁路施工指挥部成立，设在梁山县银山徐庄闸管所，从此，拉开了东银铁路建设序幕。这是当年山东黄河和鲁西南地区的一项浩大工程，来自大河上下的干部职工和国内有关行业的技术人员，汇聚到鲁西南数百里黄河大堤上，开始了艰辛的铁路建设历程。

1972年11月7日，东银铁路路基开工。鲁西南沿黄梁山、郓城、鄄城三县的5万余民工，像当年鲁西南战役支前一样，打起铺盖，推起胶轮车，开赴梁山县银山至鄄城县董口100多千米长的黄河大堤上，开始了紧张的路基土方施工。这支庞大的施工队伍，冒严寒，战风沙，风餐露宿，你追我赶，工地上到处红旗招展，车辆来往如梭，碾压土方的东方红拖拉机马达轰鸣，夯工们嘹亮的号子声此起彼伏——这是那个年代特有的战天斗地的壮观场景。这次施工时间紧，任务重，战线长，三县民工不分你我，互帮互助，按期完成了路基施工任务，共完成土方234.17万立方米。1973～1976年又先后完成鄄城县董口至东明县霍寨的路基施工。据统计，参加铁路路基施工的民工多达10万余人。

1975年建设的梁山国那里老运河上的铁路桥，是东银铁路建设中难度最大的一座桥。灌注桩桥墩、两侧桥梁预制分别由鄄城县水利局打井队和山东黄河河务局工程大队施工。大桥中孔钢梁采用陇海铁路砀山段拆下的旧桥钢梁。为此，专门成立了砀山拆桥队，仅用40天完成砀山旧桥拆除。之后将旧桥钢梁分解为6大件，途经3省6县安全运抵工地。这年11月完成铁路桥钢梁架设工程。徐庄、耿山口铁路大桥也相继建设完成。

1975年初，铁路全程土方和桥涵工程基本告竣。4月14日开始铺轨。从国家水电五局调来的潘文才、孙振岭、李建良、张保生等几位火车司机，担当起了铺轨队的主要施工技术工作,但铺轨对他们来说也是一项全新的工作。他们与铺轨队领导和技术人员带领民(技)工集思广益,认真探索施工方法。没有铺轨机,就组织工人手抬肩扛,二三百斤重的钢轨两个人抬,150多斤重的轨枕一个人扛;没有捣固设备,全靠人工抡镐一下一下地把道砟捣实。轨枕螺栓锚固一开始全凭手工操作,每天只能锚固300根左右,影响铺轨进度,孙振岭和李建良等经过反复试验,自制了锚固架,改进了操作方法,锚固量达到了每天900根以上。铺轨人员发扬艰苦创业和"蚂蚁啃骨头"的精神,在干中学、学中干,逐步掌握了铺轨施工要领,铺轨速度由开始时每天不足百米,逐步提高到每天3000米以上。

黄河东银铁路银山车站旧址

随着施工经验的积累和铺轨技术的不断提高,根据国家和地方铁路技术管理规程,探索制定了东银铁路铺轨施工各项技术标准和相应的施工规程,使以后的施工有章可循,明显加快了施工进度。至1980年底,银山至霍寨全线贯通,共铺设轨道183.6千米。

在铺轨施工的同时,厂站建设也在抓紧进行,共建设各类房屋31216平方米,设立了调度室、机辆段、工电段、修配厂和中心站,以及沿程18个车站。先后购进和调入380马力内燃机车14台,120马力内燃机车4台,15~20吨矿车249辆。这条铁路的建成,使山东黄河上游治黄石料运输进入了新的历史阶段，也结束了鲁西南地区没有铁路的历史。

二、铁路运营

东银铁路自1975年开始铺轨以后，采用边建边用原则，除运输铺轨所需料物外，从1976年初就开始运输黄河防汛石料。铁路指挥系统、行车组织和线路管理方式也及时建立并逐步完善。根据国家和地方铁路的技术规则，结合东银铁路实际，先后制定了《东银铁路线路维修规则》、《东银铁路行车组织规则》、《东银铁路道口管理守则》和《东银铁路行车事故处理规则》等。这些规则制度为以后铁路运行管理起到了很好的作用。

1976年汛期，黄河花园口先后出现两次洪峰，流量均超过9000立方米每秒。洪水进入山东后两峰合一，汇为一次水量大、水位高、持续时间较长的洪峰过程，菏泽临黄大堤全部偎水，梁山、郓城河段相继出险，防汛

一条为修建黄河大堤和防汛专用的窄轨铁路开始边建边用，这条修建在黄河大堤上的铁路，从山东省梁山县至河南省兰考县东坝头，全长二百多公里。

新华社记者 岳国芳 摄

黄河东银铁路运行初期新华社拍照

石料告急。东银铁路施工指挥部毅然决定将未及完全校正的50多千米线路投入使用，全力支援抗洪抢险。铁路干部职工冒雨组织装车、调车、编组，谨慎接发列车，满载石料的列车风雨无阻，日夜兼程，在短短的20天里就运输防汛石料5800立方米，为黄河抢险提供了石料保障，首次显示了铁路运输在防汛抢险特别是阴雨天气情况下的优势。

1982年8月，花园口发生15300立方米每秒的洪峰，

是黄河1958年以来的最大洪水。鲁西南沿黄5个修防段急需石料的告急电话接连不断地传到东银铁路值班室。汛情就是命令，险工就是战场。东银铁路局紧急部署，各级领导亲赴一线调度指挥，及时做好人员组织和物资储备。8月5日，路那里几处线路被暴雨冲断，梁山中心站职工冒雨抢修，保证了列车正常通行。在连降大雨、暴雨的情况下，调车员冒雨作业，巡道员昼夜巡查，司机谨慎驾驶，实现了安全运行。巡道员仝令军几次冒雨拄着棍子步行十几里巡查线路。汛前请了事假的职工，当闻讯黄河发生大洪水时，立即返回单位。铁路局抽调机关18名同志抢修被暴风雨摧倒的通信线杆，大家冒雨浸泡在水里，苦战一天，终于把倾倒的线杆扶正固牢，保证了通信畅通。铁路局上下同心协力，密切配合，短短10天就运送石料6000多立方米，为战胜洪峰和安全度汛提供了石料保障。

为提高铁道线路质量和运输能力，确保安全运营，东银铁路技术人员积极开展技术革新活动，取得多项技术改进项目，成效明显。

机车单端驾驶改为双端驾驶。1978年开始使用的NY380内燃机车为单端驾驶，逆行时司机瞭望困难，影响行车安全。从1980年开始，机辆段与修配厂密切配合，生产科派员参加，通过外出学习和集体攻关，逐步将14台内燃机车全部改为双端驾驶，大大改善了机务人员的驾驶条件，明显提高了行车安全系数。

道岔、桥闸、道口木枕改用混凝土枕。1975～1980年铺轨时，车站内道岔、桥闸、道口处均使用木枕，由于铁道线路在黄河大堤一侧，道床排水不畅，几年后木枕开始腐烂，影响行车安全。从1980年开始，技术人员设计制作混凝土枕替换木枕，至1983年底，全部更换完毕，共更换道岔枕89组，桥闸枕2567根，道口枕3732根。该项目获黄委1982年度技术改进成果五等奖。

更换24千克每米钢轨。为解决铁路重车单向运行造

黄河记忆

昔日运送石料的小火车

成的钢轨爬行问题，1983年4月，铁路局组织梁山、鄄城、菏泽、东明4个中心站工务人员和修配厂、机辆段部分职工，对梁山中心站路段14.5千米线路进行改造，重新设计制作混凝土轨枕，用24千克每米钢轨更换当初铺设的15千克每米和18千克每米钢轨。1985年和1986年又先后更换了梁山和鄄城中心站路段21千米钢轨。改造后的路段，线路质量明显提高，钢轨爬行问题基本得到控制。

东银铁路从1976年开始运营，到1995年拆除，共运输黄河防汛和工程建设石料93万立方米，运输石子、石灰等13万立方米，为治黄事业发挥了重要作用。东平湖银山一带石料大量运出，振兴了地方经济。东银铁路沿线县、乡政府和群众，至今仍没有忘记这条铁路。

三、铁路转产

进入20世纪90年代，人民治黄已近半个世纪，随着"宽河固堤"治河方略的实施，两岸控导、护滩工程对"滚河"起了很大作用，下游河势已相对稳定。尤其是小浪底水库建成运用，下游防御标准由百年一遇提高到千年一遇。黄河防汛石料需求量逐年减少，1990年以后，鲁西南河段石料需求量骤减，东银铁路轨道和机车车辆也已老化，继续维持运营面临很多困难。经山东黄河河务局、黄委和水利部多次考察论证，于1994年底决定东银铁路停运，尽快拆除并转产。

1995年初，经山东黄河河务局批准，由东银铁路局独立承担铁路拆轨任务，自上而下，随拆随运。组建了170人的专业拆轨队，下设3个分队。3月9日召开拆轨施工动员大会。拆轨队员们纷纷表示，继续发扬黄河精神，服从命令，听从指挥，不怕艰辛，克服一切困难，像当年参加铁路建设一样，按时完成施工任务。整个拆轨施工历时4个多月。队员身着迷彩服，手握扳手、撬杠，挥舞镐头，士气高涨。特别是6月以后，天气炎热，钢轨热得烫人，施工队员个个汗流浃背。7月20日，东银铁路始发站银山车站终端最后一根钢轨被拆下，铁路全线拆除完毕。

根据上级考察论证，东银铁路局于1994年底开始筹建山东黄河水泥厂。1996年3月，山东黄河河务局报请黄委批准，将黄河东银铁路局改建为山东黄河建筑材料局；4月，将原东银铁路局部分职工就近分流安置到菏泽、聊城黄河河务局和东平湖管理局；6月，山东黄河东平石料收购站划归黄河建材局，负责山东黄河上游治黄石料的采购供应。1997年9月，山东黄河水泥厂点火试产，次年7月正式投产，生产"鲁黄"牌水泥。水泥产销量由生产初期的每年3万多吨，逐步提高到16万吨，"鲁黄"牌水泥成为鲁西南一带知名建材产品，水泥销售旺季经常供不应求。后来根据国家水泥产业政策，水泥厂于2006年11月关停。

黄河东银铁路存在的时间不算长，但它所处的时代背景、工程规模、建设和运营管理难度以及它所发挥的重要作用，特别是黄河铁路职工艰苦创业、无私奉献的精神，将永载山东治黄史册。

（原载2009年7月山东黄河文化丛书《东平湖与黄河文化》）

黄河记忆

难忘的黄河人工扰动试验

尤宝良　张玉国

2004年的黄河调水调沙人工扰动试验，是人民治黄历程中的重大事件，是一次空前的壮举，是黄河职工用热血与激情谱写的一曲治黄赞歌。那惊心动魄的扰沙经历，已成为每一个参与者珍贵难忘的治河记忆。

汛前，黄河水利委员会部署第3次黄河调水调沙。与2002、2003年连续两年不同的是，这次调水调沙利用万家寨、三门峡、小浪底3座水库的防洪预泄水，辅以人工手段扰动小浪底水库及黄河下游河南徐码头、山东雷口两个"卡口"河段，以期塑造协调的水沙关系，力求实现黄河下游主河槽的全线冲刷。

黄河下游河道山东河段人工扰动由山东黄河河务局组织，东平湖管理局具体实施。黄委成立了2004年调水调沙人工扰动试验山东分指挥部，东平湖管理局在梁山黄河河务局小路口河务段成立了前线指挥部，抽调500多名工程技术人员和治河职工参加这次扰动试验。

5月28日，参与扰动试验的各类机械设备陆续进入安装场地，东平湖管理局、三门峡枢纽局、铁道战备舟桥处等7个单位数百名黄河职工昼夜加工安装扰沙设备。东平河务局拆卸了鑫通浮桥承载舟制作扰沙平台。经过22天的紧张工作，4艘移动式、11艘相对固定式扰沙平台于6月18日全部布设就位。4艘移动式船只沿黄河左岸布置在河南枣包楼工程上下，1、2号船在枣包楼工程上首,10、11号船在枣包楼工程下首游动作业,11艘固定式船只沿黄河右岸依次间隔约600米布置在梁山朱丁庄控导28坝至雷口断面之间。

为保证扰沙效果,试验人员进行了预演和测试,固定平台职工不断探摸射流水深,相机移动扰沙位置;移动平台游弋大河,集中大溜作业。为提高扰沙人员技术水平,提前组织了全员技术和安全培训,精选有水上作业经验的职工组建扰沙队伍,并潜心研究探讨提高效果的最佳设备改造方案。

6月22日,是黄河调水调沙人工扰动试验正式启动的日子。在山东梁山境内,从朱丁庄控导工程24号坝至下游雷口,是黄河人工扰沙下游河道山东试验段。7千米多的河面上,彩旗飘扬,15个扰沙平台依次摆开;平台前端,高压射流装置不时上下起落,射流水枪喷出的巨大水柱,刺破长空,争相呼啸;全副武装的扰沙队员精神抖擞,正在为扰沙试验进行最后的操练。

12时,从河南郑州黄委传来命令,扰沙试验正式启

调水调沙泥沙扰动船

动。随着一声令下,试验河段各扰沙平台上,鞭炮齐鸣,机声隆隆,身着救生衣、头戴安全帽的船员随着船长的哨声和手中挥动的旗语,紧张而有序地忙碌着。15组射流装置像一个个饥渴难奈的雄狮没入河底,驯服地按照

黄河记忆

移动扰沙平台在大河上作业

人们的指令向河床喷射，滚滚急流挟裹着浑浊的泥沙向下游奔流而去。

在梁山国那里险工24号坝头上，中央电视台正在对扰沙启动情景进行现场直播。新华社、大众日报社、山东电视台等多家新闻单位的记者云集现场，扰沙试验成为众多媒体关注的焦点。

大河格外平静，河面上没有风的波纹，只有来自小浪底的湍流和人工扰动的涡流。

这天，恰逢中国的传统节日——端午节，扰沙前线指挥部食堂为大家送来了粽子，人们一边品尝粽子，一边谈论着扰沙试验，述说着人与黄河怎样和谐相处的话题。

正值酷夏，烈日炙烤着大河中漂泊的扰沙平台，黑色的甲板、林立的水枪支架、纵横的管道贪婪地吸收着热量，甲板上气温高达50多摄氏度；机器轰鸣，刺鼻的油烟弥漫着扰沙平台，汹涌的浊浪拍击着船体，远处的水鸟悄然躲进草丛。穿着厚厚救生衣的工人在蒸笼般的扰沙船上专心致志地作业，不断地调整着水枪，一个个安全帽下，汗水在黑紫发亮的脸膛上流淌，人们浑身上下都湿漉漉的。

22日夜晚，暴风雨突袭扰沙工地，东平河务局职工杨德杰顶着暴雨步行3华里走到扰沙船上。当时扰沙刚刚开始，避雨设施还不完善，船上除遮盖着的机械设备外没有一处干燥地方，他和同船的战友穿着雨衣在电闪雷鸣的暴风雨中一直站到雨停。

24日16时，天空突然阴云密布，狂风夹着大雨霎时笼罩了大河，随着刺眼的闪电，一个个响雷在空中炸开，大河涌起巨浪，船上晾晒的衣服被刮进河里，天空、甲板到处是雨水。在1号移动平台指挥操作的船长蔡怀余首先想到的是职工和设备的安全，他迅速打出靠岸信号，一边组织职工遮盖电机等扰沙设备，一边穿梭于船前船后，仔细检查安全防护设施，雨水瓢泼般从他的头顶泼下，他不停地大声提醒大家，"注意安全"，"不要靠近船边"，"系牢救生衣"。约17时，河面突然刮起北风，风力达9级，随后暴雨跟踪而至，狂风夹着暴雨，大河上一片迷茫。特大风雨和黄河波涛像恶魔般袭来，12号扰沙平台顿时弥漫在波浪和风雨的嘶鸣之中。面对突发的场面，平台上12名船员没有丝毫畏惧，他们来不及穿上雨衣，在船长师一平的带领下，迅即投入到抢护扰沙设备的战斗中，把所有的雨具都拿来遮护发电机、电动机、开关箱等，风大盖不住，船员们就用身子死死压住，就这样，他们在大风雨中坚持战斗了一个多小时。18时许，风略小了些，大雨仍未停止。船员们在无法避雨的平台上继续忙碌，身上早已被雨水冲透，暴风雨前炽热的扰沙平台上此时却感到刺骨的寒冷。

这天下午，前线指挥部副指挥长谢军乘加油船至下而上逐船检查扰沙作业，来到12号船时正遇上这场大风雨。整个过程中，谢军一边指挥着船上抢护，一边电话指挥各作业船避险。此刻，他和大家一样站在风雨里，看着眼前英勇而又无助的船员，动情地说："如果不是亲历现场，谁能体会到我们的船员是在这样恶劣环境里作业的。同志们，你们辛苦了！"他眼里噙满了泪水，只是风雨掩饰了他的"失态"。

黄河记忆

最难捱的是夜晚。扰沙船停靠在远离村庄数公里外的荒滩岸边，入夜，河滩里格外寂静，黑糊糊的庄稼，猫头鹰的尖叫，尤其是暴风雨天，刺眼的闪电，船上的物品哗啦啦作响，令人胆怯惧怕。雨后蚊虫肆虐，让人坐不住，晚上值班的职工说，伸手一把都能抓住几个，一夜下来，满身都是红疙瘩。

困难吓不住黄河人，参加黄河扰沙的黄河职工，个个都是好样的。他们中有领导干部，有党员，有公务员，有企业工人，更多的是黄河基层职工，大家为了一个共同的目标，令行如流，雷厉风行，敢打硬仗，善打硬仗。他们的精神感动了黄河滩区忙于农事的群众，农民悄悄把自己种的西瓜送到船上，扰沙车辆不小心轧了庄稼，他们笑眯眯地扶起来，没有一句怨言。

扰沙试验的最终目标是追求最佳扰动效果。山东黄河河务局提出了扰沙运行"三要素"：一是移动不间断；二是选择水深、流速大的位置扰动；三是冲刷面积最大化，深度适中。现场作业人员把"三要素"铭记在心，并落实到行动上。前线指挥部领导每天乘机动舟由上而下对河势溜向、滩

韩寓群省长在山东河务局袁崇仁局长陪同下查看黄河扰沙试验现场

岸坍塌、作业船只位置布设、安全等情况进行检查，并根据河势溜向变化，结合移动、固定船只的实际扰沙状态，及时调整船只布设位置，以确保扰动设备最大限度地发挥作用，力求扰动试验取得最好效果。

扰沙试验是水上高危作业，在水大溜急、潜流汹涌的黄河上，稍有不慎就容易出现重大事故。前线指挥部把安全工作看作是"比天还要大的事情"，制订了周全

的安全保障方案，特别针对暴风雨、高温天气和翻船、跑船、人员落水等突发事件预筹了应急措施。6月23日下午，前线指挥部在扰沙现场召开安全誓师会，山东河务局副局长郝金之专程赶到现场，语重心长地告诫大家："生命只有一次，亲人需要我们，既要搞好扰沙试验，更要珍惜生命，试验结束我还来看大家，不能少一个人！"

扰沙试验期间，山东省省长韩寓群，黄委主任李国英、副主任廖义伟，山东黄河河务局局长袁崇仁，泰安市市长贾学英等各级领导和一些离退休治黄老专家、老领导，先后到扰沙试验现场观摩指导。黄河工会到现场进行慰问。各级领导对人工扰沙工作的关心，激发了参战黄河职工夺取扰沙试验最后胜利的斗志和决心！

7月13日6时，黄河防总下达停止扰沙命令。15日，山东黄河人工扰沙试验所有船只设备和人员安全撤离。

当日下午，前线指挥部召开总结座谈会。一线指挥长、调度、安全管理人员和船长40多人欢聚一堂，大家的脸上都流露出了自豪的神情。前线指挥部指挥长司毅民、副指挥长谢军看着一个个满脸风尘却斗志未减的黄河勇士，感慨万千。他们总结了16个字：风雨同舟，艰苦奋斗，科学务实，敢于胜利！

黄委主任李国英检查山东扰沙现场

（原载2016年9月18日《山东黄河网》）

黄河记忆

不能忘却的"三八妇女船"

口述：王素娟　整理：毛宁

　　回首三十多年的工作经历，很多往事已经淡忘。但至今记忆犹新的，不能忘却的就是工作之初，在"三八妇女船"上经历的酸甜苦辣，点点滴滴。

　　能够到黄河参加工作，还得从1974年鄄城黄河开始的机淤固堤说起。由于鄄城黄河险工堤段长，背河地面低洼，积水较多，一到汛期，渗水严重，人工修堤取土比较困难。而通过采用吸泥船抽取黄河泥沙，进行淤背固堤，可以实现工程造价低、施工效率高，少占耕地的成效。1974年，鄄城修防段从采运队调来了一艘木船，开始进行机淤固堤施工。1975年，鄄城修防段又从其他造船厂调来了一艘铁壳船和一艘水泥船。随后，又成立了自己的造船厂，开始大规模建造吸泥船。截至1978年，鄄城修防段各种吸泥船数量已经增加到了9艘。

　　船越来越多，现有的人员不能满足需要。为了弥补人员不足的问题，1976年，鄄城河务局招聘了一批临时工，专门从事吸泥船作业。这其中大部分都是老职工的子女，其中就有我和我的11个姐妹。

　　参加工作后，段上安排我们12个女子在一条吸泥船上工作，当时人们称我们的工作船是"三八妇女船"。那个时候，女职工很少，而且也都在办公室从事内业工作。我们当时很年轻，都只有十八九岁，能够到黄河来工作，感到非常满足。所以，我们也是信心十足，有种初生牛犊不怕虎的劲头。

理想是美好的，现实是残酷的。在船上工作后，才体会到了黄河人的艰辛和顽强。我们12个人分成2组，每天三班倒，每班8个小时，确保人停船不停。工作时，含沙量过大或者过小，都需要迅速挪船；船坏了还要自己修理。每次换班下船都是一脸黑，一身油。除了做好船上的各项工作，在淤泥里接管道、在河水里装浮筒等这些更是家常便饭，和其他船上的男同志干的活没有任何区别。高强度的体力劳动和严重的睡眠不足，导致大家每天都是头晕目眩，恍恍惚惚。最严重的时候，走路都一瘸一拐的，走不了直线。这些困难还都是次要的，最怕的就是寒冬的到来。一到冬天，天寒地冻，有时候为了挪船、装浮筒、接管道，需要砸开冰块，我们就赤脚跳进冰冷的河水里，一干就是几十分钟甚至一两个小时。在河水里的人冻得受不了了，就上来缓缓，换个人继续干。直到现在，我的手关节和腿部关节还经常疼痛，这都是当时在冰水里干活留下的后遗症。

女职工在看护出水口围堰

在船上的日子里，有一件让我难过了一辈子的事情。1980年，我和爱人结婚，怀孕后，由于思想保守，当时船上的工作又非常紧张，所以就没敢跟领导提要求，继续留在船上工作。由于过度劳累，孩子没能保住，让我感到痛不欲生，这成了我们夫妻终生的遗憾。直到1981年，我怀上第二个孩子后，领导批准我下船，负责检测含沙量这种较为轻松的工作。

在船上的时候，无论遇到什么困难，我们12个姐妹都是相互鼓励，相互帮助，在困难艰苦的环境下也培养

黄河记忆

了深厚的感情,这种感情帮助我们克服困难,支撑着我们一起走过那段艰苦的岁月。回想起往事,就会不由自主地对曾经的自己感到一种震惊和敬佩。如果不是年轻,如果不是靠着那股韧劲,真是撑不下来。

在船上除艰苦的工作外,最高兴的时候就是盼着负责带我们学习的老技术员上船讲课。他会带着我们一起学习黄河业务知识和吸泥船操作技术,了解国内外重大新闻事件,让大家掌握操作技能、开阔眼界。学习中,大家嘻嘻哈哈,乐乐呵呵,这成为了工作中难得的一段快乐时光。

女船员在政治学习

由于我们船上都是女同志,工作十分努力,成绩特别突出,我们这艘"三八妇女船"也越来越出名,全河上下都来参观学习,这些参观者想象不到,在传统封建思想仍然存在的环境下,女人也能够抛头露面地干苦力,而且干得不比男人差。在我们的影响下,其他地区女子上船劳动的情况也变得越来越多。

1978年,"三八妇女船"被山东黄河河务局评为先进集体。同年,《人民日报》对"三八妇女船"的事迹进行了报道。1979年,作为"三八妇女船"的优秀代表，我先后荣获"全国三八红旗手""山东省三八红旗手"等荣誉称号。这些荣誉，是我们大家共同用辛勤的付出换来的，来之不易。

后来，随着工作的调整，我们这十二名女职工相继离开了这条吸泥船，"三八妇女船"也就不复存在了。

三八妇女吸泥船先进集体

鄄城黄河从1974年开始机淤固堤，到1985年工程完工，12年时间里，共完成淤方645.39万立方米，投资361.52万元。平均每淤方土单价0.56元，比人工筑堤每方土降低单价3倍多。机淤固堤在黄河的推行实施，为当时国家"四化"建设节约了大量的资金和人力物力。作为亲身经历者和历史参与者，这也成为了我最值得骄傲和自豪的事情，因为，我们所有的付出都是有价值的。

（原载2016年7月2日《山东黄河网》）

黄河记忆

出 夫

吴加元

小时候，听大人们经常谈论"出夫"的事。当时只知道每年农闲时大人们会外出干活，回来的有早有晚，但不知道具体干什么。后来，我参加高考，被录取到黄河水利学校水利工程建筑专业，1981年，毕业分配到山东惠民修防处工作。1983年，先后参加了滨县韩墩闸建闸和垦利县黄河大复堤工作，对"出夫"一说才有了比较全面的了解。

那时，每当黄河有修筑大堤或建闸等工程，地方政府就会统一组织劳力到黄河上施工，从县到村、队，指定一定的人数参与，这就是"出夫"。"出夫"是每个农村青壮年男劳动力应尽的义务，其组织结构实行军队的团营连编制，县里设团部，公社设营部，大队设连部，生产小队为基本施工单位。施工段由技术人员划定后，各部采用"抓阄"的方式逐级分配任务。施工时装土用铁锹，运土用独轮小推车，每个工序都要靠人力来完成，工具也都是自己从家里带去的。最难干的活恐怕要算推车了。小车装满土后，一般都有200多千克。要在软土上推车并保持平衡很不容易，随着高度的增加，难度会越来越大。施工中我小试了一把，车子装土后，我将车上的绳子挂在脖子上，两手抓住车把，

第二次大修堤

只能勉强直起腰来，而且感觉腿发软、心发慌，更别说前进和上坡了。当时，生产小队队员统一住工棚或民房，早晨统一出工，晚上统一收工，按出工天数计工分。各部设食堂，有专门的炊事员，伙食比家里好，隔三差五能吃上白菜粉皮炖肉或萝卜块炖肉，当然所谓的炖肉也就是点缀一点肉末而已。这在当时已经算很奢侈的了。

哪个生产单位完成任务，经工程技术人员质量验收合格就可以收工回家。队员们在工地一呆就是20多天，或者一个多月，如果出现返工的话，时间会更长。当年在垦利县参加复堤的广饶县团部的高团长口才出众，善总结

1974~1985年，第三次大修堤

善发动，他的顺口溜道出了当时的情景："人山人海修黄河，人拉肩扛降洪魔，争分夺秒赶进度，早日回家看老婆。"

如今，随着市场经济和科学技术的发展，"出夫"早已是过去式了，取而代之的是机械化施工，施工组织也实行了招标投标制。由20世纪80年代末的铲运机、推

昔日的女子推土班

土机施工，到现在的挖掘机、自卸车、振动碾组合施工，每个阶段都有很大的跨越，不但施工进度大大加快，施工质量也有很大提高。由人工"出夫"到机械"出夫"，实现了黄河治理工程技术质的跨越，也见证了新旧时代的变迁。

（原载2016年6月28日《黄河网》）

黄河记忆

复堤日记

张春利

1980~1982年，黄河下游第三次大复堤，笔者两次随山东省惠民地区复堤工程指挥部、一次随垦利县团部负责施工宣传，主办《黄河战报》和《黄河简讯》。翻阅过去的日记，历历如在昨天。

1980年3月25日　风和日丽

今天坐县修防段的解放牌汽车，与工务股、财务股的同志，带着行李卷，装上饭碗，一路风尘仆仆，来到黄河最下游的护林分段参加黄河复堤工程。工程指挥部就设在护林分段的小院里，我们的任务是打前站。下午整理办公室，打铺安家，支床没有几条凳子，砖又不够用。正发愁，秦修育股长灵机一动，领我们三人从分段借来了抢险用的木桩，每张床打4根桩，便可安一张床板。他很会看水平线，4根桩下去，不高不矮，放上床板，平平稳稳地，真是个技术活。下午，我们几个抡油锤打桩，累得满头是汗，安好20多张简易又稳实的新铺。我躺到新支的床上，望着房顶，有一种说不出的创造性成就感。

1980年4月15日　雾转晴

对于我这个刚刚涉足黄河没几年的新兵来说，今天要去的地方是黄河接近海边的地方。10点多钟，两轮摩托驾驶员徐树云带着我来到桓台县侯庄民兵营。这里是黄河新修堤的最下游。站在堤头，东边便是无边无际的草地和烂泥滩。烂泥滩里，一片片小蟹，从窝巢里钻出来，口擎着满嘴白泡在悠然自得地晒太阳。然而，这里的大堤，修得和一路来的大堤一模一样，质量没有顶点儿走样。我采访了一位姓张的边锹工，他告诉我："我们常年出夫，修黄河大坝要求严，人人都很清楚，就是上级不来检查，我们也不能有半点马虎。我们已经养成习惯了。"他的话像真理一样朴素，也像真理一样让人相信。

1980年4月18日 晴

天气特别好，没有一点儿风，远处蒸腾着白茫茫的雾气。早饭后，我开始送小报，从垦利团、博兴团、广饶团一直来到最下游的桓台团。工地上，人机繁忙，好一派红火壮观的万人会战。数十里长堤，布满了黑压压的穿梭流动的人群，前不见头，后不见尾，像一条不尽的人河。堤下那一个个硕大的土坑，深约一二米，少说也有千八百立方米土，竟是人工一锹锹挖出来的。推土的小车装得上尖，拉钩的壮汉弯腰贴地，拖拉机在执着地反复碾压。啊，我要说，复堤的每一天都是平凡而伟大的日子。

群众是最聪明、最有办法的。在博兴县团，我见到了软帘路板，民工用一根根小木棍，编成宽半米的帘子，铺在陷车的淤泥路上，一辆辆满载的小推车走在上面再也不陷了，像走在坚实的路基上，叫人好是新鲜。桓台团民工更出新招，人家拉钩往上爬，他们接钩往下坡使劲。原来他们将小推车剥下胶带，固定在堤肩上当定滑轮，利用定滑轮的原理，人往下拉，车往上走，将推土的小车拉上堤顶，既省力效率又高，不失为一种好方法。

这里到处是盐碱地，这么多人吃水怎么办？民工们就地挖个土池子，或用水泥泥上一层，或铺上塑料薄膜防渗漏，供百十人饮用的大水池就建成了……

一天来，我感受最深刻的是毛主席早就说过的那句话：人民，只有人民，才是创造世界历史的真正动力。

1981年4月10日　晴

下午，指挥部正在胜利分段开会，于星伍副县长来到了指挥部办公室。他悄悄推开门，像一个老百姓一样地进来了。大家起立给他让座，他没有坐，而是坐在床上，胳膊拐在被垛上。他这次是自己来，一个人也没有带。我给他倒了一碗白开水，他接过去，很认真地喝了，很有礼貌地把碗还给我。于副县长让人没有拘束感；他表达能力很强，几句话说清一件事，说得很贴切；他听汇报时，眼睛总是慢慢地眨动，别人说的事情，他好像早就明白，早就清楚。看来，他这次来是专听土场、迁占问题的。了解完情况后，他就一个人向人机繁忙的工地上走去了。我望着他的背影，注视许久。这是我参加工作以来见到的第一个大人物——副县长。

1981年4月13日　小阵雨

在单位，我有早上跑步的习惯。可是，离开家门（单位）来施工，工地就没处跑步了。垦利县团指挥部住在胜利分段，周围到处是推土筑堤的民工。他们晚上8点收工，早上4点（天刚蒙蒙亮）就起来推土。等我5点起床后，他们已干得汗水淋漓了。这个时候，那么多人在推土，在爬坡，在用辛勤的劳动酿造辉煌的早晨，我再去跑步合适吗？于是，从今天起，我要停止早上跑步，等工程结束了，回到家（单位）再恢复那份迎接朝阳的爱好。

1981年5月8日　晴

开工以来，指挥部的主要工作是检查工程质量：坯土厚度、两工接头、边坡收分、碾压质量。两三天抽查一次，七八天组织各施工团、营联合检查。

进度和质量是一对矛盾。民工求速度，指挥部要质量。这些天，我们从一开工就紧紧盯在工程质量上，每人手持一根柳木坯土棍，剥掉鲜绿的树皮，白色部分正好做到25厘米。每到一处工地，都要插上三四十个点次，好像不找出毛病来就不能走。在工地上，深一脚浅一脚，一天十几里路下来，真让人感到很累、很苦，尤其是快到午饭时，肚子像个空提包，往往累饿交加直冒虚汗，那滋味很是难受。

下午到博兴县团工地境内，突然刮起大风，有8级左右。民工们纷纷撤离了工地，钻进了堤下的"地窝子"。此地沙地太多，一起风天地昏黄一色，十步以外不能见人，飞沙打在脸上，喘不过气来，脚下流沙嗖嗖，工地就似没有边际的大漠，不小心还会被民工丢弃的小推车绊倒。我们指挥部十几个人好不容易才摸到一个据说是叫张家间的小村庄，进到生产队的机磨房里避风，个个像土鬼一样。磨房里的女社员们见我们这些干部模样的人，土头土脸、衣帽不整，变得不像他们心目中的那个样子，忍不住吃吃地笑。

1981年5月10日　小阵雨

今天我特别兴奋，来到广饶县团大王营工地采访。接待我的是教导员王洪学和副营长刘子义。我说明来意，请他们介绍狠抓工程质量的先进经验。刘副营长说先到工地看看再介绍吧。来到大王营工地，看到红旗招展，民工情绪昂扬，施工秩序井然，1500米长的工段，平平展展一眼望不到头，平得似飞机跑道，边坡非常平顺，坯土没有一点超标，两工接头没发现任何"私"字沟的痕迹。6台拖拉机，每两台一对，背靠背对接在一起来回碾压。那碾压轨痕，竖看竖直，横看成线，6台机车像踏着一个优美的节奏在运行，真有一种大兵团作战的宏伟气势。这里的领导，大有战役指挥员的风度；这里的民工，赛似广袤战场上骁勇的铁兵。这天晚上，工地上来电影队慰问，我没去看，独自一人既值班又写稿。10点前，我写完了报道，定题为《工地上飘扬着一面红旗》，

黄河记忆

20世纪80年代初，黄河机械队在筑堤

使我感受最深的是，那面鲜艳的红旗飘动在蔚蓝的天空，仿佛一把火焰，在每一个人的胸中不停地燃烧。

1982年9月28日　晴

和往常一样，我们人手一根坯土棍，检查施工质量来到纪冯附近施工段。我看到背河堤坡上围着一群民工，好奇地凑了上去。

"这是水坑，没有多深，填死算了。""那可不行，说不定就是个大獾洞呢！"民工们在半米见方的洞口旁七嘴八舌。见此情景，我叫来堤顶上的小陈，决定进洞去看一看。好多人提醒我，里边可能有獾、有狼、有蛇。这时我也不知怎么想的，总觉得不探明到底是个什么洞，好像就不能原谅自己。为了防止洞内动物侵害，我要来一张铁锹，手里抓着皮尺，让小陈在外面观察进洞的距离。我一面用锹往里铲，一面往里钻。

洞里很黑，有一种缺氧的窒息感。进到四五米深时，洞突然向左前方拐了一个弯儿，还有向上走的趋势，这样我一直爬到洞底。退出洞来，小陈告诉我，洞一共有八米多深。当时在场的民工都夸奖我，说我真是好样儿的，能当英雄。晚上回到家里，家属反复埋怨，我很后悔在家里说了这件事。

（原载于2006年8月19日《黄河报》第4版）

那难忘的日子里

牛新元

人民治黄以来，治黄事业取得了翻天覆地的变化，这无疑靠的是老一代治黄人的艰苦奋斗，但也离不开新一代治黄人的无私奉献。身为治黄人，每当想到这些，就不由得使我的思绪回到了当年那难以忘怀的情景中。

加入治黄队伍是我的夙愿

我生长在黄河下游岸边，从小喝的是黄河水，就连吃的用的都是黄河赐给的。能亲身保卫黄河、治理黄河、建设黄河，始终是我的夙愿。

1979年，当我从部队转业时，填报的第一志愿就是惠民黄河修防处。然而未曾想到，地方发回的预复函却把我分到了滨州造纸厂。得知这个消息，我心里非常着急，但由于我发誓要在部队"站好最后一班岗"，给全连做出个好样子，尽管"身在曹营心在汉"，我硬是撑着不回家找工作，只好写信请我爱人联系，最好能到治黄战线工作。过了不长时间，地方正式回函通知，我被安排在了惠民黄河修防处工作，职务是电话站副站长。1979年10月，我按时报到，终于实现了自己的梦想。

"无线"改"有线"谈何容易

常言道："三十不改行，四十不学艺。"我转业时正好三十周岁。我在部队从事的是无线电报务通信工作，

黄河记忆

一直与电台打交道，而且是车载电台。来到治黄战线后，我干起了有线电话通信业务，外出作业或检查乘坐的是偏三轮摩托车，风吹日晒尘土扬，雨雪天气更够呛。与在部队相比，简直是天壤之别。面对现实，我并没有懊悔，而是暗下决心，一定要从头学起，干一行、爱一行、干一行、专一行。

当时惠民黄河修防处有邹平、高青、博兴、垦利、惠民、滨县、利津县七个修防段，通信干线达400杆千米以上，通信人员共计60多名，大多数是新中国成立前参加工作的老同志，个个业务娴熟。我边向老同志请教边刻苦钻研，很快熟悉了业务，不仅接转电话快而准确，而且掌握了线路交叉原理等实用技能。

由于当时修防处承担部分外线护理任务，既有埋设电缆，又有过河飞线，还有杆架线路，多达30多千米。于是我学会了爬杆，与本站老职工一起上杆维修作业。特别是每当线路架设或改架，在组织指挥的同时，立杆和抬放线车总少不了我。

穿河电缆难不倒咱

1980年春季，由于道旭跨河飞线不够用，经上级批准，在原跨河飞线上首河段实施穿河电缆工程。从北岸的滨县黄河大堤48号汛屋至南岸的王家庄子附近大堤，进局线从北岸电缆房至惠民黄河修防处院内，全长6千米多。为此，成立了以修防处办公室赵振兴副主任为指挥的领导小组，并从垦利、利津修防段各抽调了一名老通信职工协助配合。当时北镇分段长张俊祥与蒲城办事处负责同志给予了大力支持，因此放电缆和埋设电缆也非常顺利。然而，河道放电缆却成了难题。由于黄河来水大，河面较宽，经积极联系，租用了滨县航运队一艘机动木船，先将重达数吨的电缆由北岸开始盘放到船上。当时，正值麦苗返青时节，因河岸水浅船不能靠边，只能靠人且趟着齐腰深的水边拖着电缆边盘放到船上。作业中，我们也毫不例外加入到了中间,每拖一米上一个人,极其艰难地向船靠近,硬是将电缆放盘到船上再放到河心,那场面实在感人。经过大家的努力,最后一算账,这项工程共节约开支2万余元,节省电缆600多米,得到了修防处领导和广大职工的高度赞扬。经多年使用,所铺设的穿河电缆通话质量良好。

护林架线安全高效

1980年秋季,我带领60余人完成了垦利十八户至护林20余华里线路的四线换八线、护林至三分厂60多华里的木杆换水泥杆线路架设任务,计划两个月时间完成,仅用了40天胜利竣工。从此,黄河通信干线结束了木杆线路的历史。

由于战线长、劳动强度大,运杆、散杆、立杆、上线担、放线、紧线、扎线等又全是特殊作业,稍不留神就会造成伤害,因此我们坚持每天一次的分析会和碰头会,讲评当天的工作情况和注意事项,部署下一天的工作任务,并做到了随时调整和安排,既严格管理,又严格要求。同时,实行了定额劳动制,超定额有奖,以班组为单位,按量计酬,多劳多得,充分调动了全员的劳动积极性,保证了整个工程自始至终超前、优质、高效、安全运作。这项工程节约开支3万多元,所更换的木杆全部入库,就连一双铁鞋、一把钳子也没丢失。当然,这是架线人员共同努力的结果。

抢修线路比高低

1982年11月中旬,气温骤然下降,风雨交加,导致南岸博兴黄河通信线路线条严重结冰,部分线条和线担被压断或坠弯,并有少数线杆断歪,北岸利津黄河上界部分线路也出现了不同程度的损坏。为尽快恢复被毁线路,经请求,山东黄河架线队11月17日前来支援。

惠民修防处也组织了一支线路抢修队，时任该处办公室副主任的赵振兴同志任总指挥，我担当了修防处线路抢修队队长，两队之间展开了热烈竞赛。

山东黄河架线队凭着顽强的毅力和过硬的技术，大干拼命干；惠民修防处抢修队技术方面有久经沙场的老同志，体力方面有身强力壮的新同志，苦干加巧干。两队互不示弱，你拼我更拼，你强我更强。抢修中划分了责任段，实行倒排工期、按量计酬。经过9天半（其中风雨工1天）的顽强奋战，终于提前恢复了线路。

修复电缆好虚惊

1983年春季，滨州黄河北镇新堤兴建，采取的是机械作业，由于施工中挖坏了北岸滩地埋设电缆（通往道旭王家庄子的穿河电缆），必须抓紧抢修。白天须保证通话，突击作业只能夜间进行，此项任务无疑由我们承担。

同年，我爱人因工作需要，到泰安农学院进修。我工作性质决定又大多在外作业。当时我的两个孪生女儿不满五岁，虽送全托，但周末需要接回，周一再送去，我自己实在顾不过来，只好忍痛割爱把大女儿又送回了老家。周末我带着小女儿上工地，由于电缆焊接绝对不能进潮气，于是挖了个两米多见方的工作坑，上面罩上蓬布进行通宵作业，小女儿自己在地面冒黑玩耍。当我们工作累了上来透口气时，才猛然间想起了孩子，但一时没有找到，我紧张得腿也瘫软了。当时周围方土坑里尽是水，惟恐她掉进方土坑内。最后在工作坑上面覆盖的蓬布一角找到了孩子。现在想来，犹如一场噩梦……

喝酒解乏自掏钱

从事黄河电话通信工作后，发现电话通信外线老职工普遍喜欢饮酒，慢慢地才理解了他们爱喝酒的根本原因：由于他们常年在外施工，而且是特殊作业，工作太累，只好以酒解乏。

那时喝酒都是自己掏钱，最好的酒也不过两块钱。尽管每天都要加班，但从来不想也没有动过公家一分钱。就连加班吃顿包子，也是自掏腰包或从施工补助费中扣除，对此从来没人发过牢骚。在各类通信工程施工中，几名"老黄河"总是再三叮嘱："不能丢掉任何线头和螺丝"，每年都能攒上一大堆，卖后添置了办公用品。从他们身上，我领悟到了黄河人的崇高品德，并从他们的行为中感悟到了黄河的光荣传统。这不正是实实在在的"黄河精神"吗？

如今治黄事业进入了新的历史阶段。"维持黄河健康生命"已深入人心，"三条黄河"建设日新月异，治黄战线通信设施早已"鸟枪换炮"了。电话通信线路已废弃了十几年，逐步形成了以数字微波传输、程控交换机为主，辅以一点多址通信、无线接入通信、集群移动通信、视频会议系统和计算机网络等多种通信手段相结合的高科技通信信息专用网络，实现了通信手段多样化、快捷化、可靠化，并将继续更快发展。我坚信，我们的治黄事业明天将更加美好、灿烂和辉煌。

（转载 2006 年 6 月 13 日《黄河报》第 3 版）

黄河记忆

百日临工队

黄迎存

1972年初，当时的水电部决定在山东菏泽地区境内修建1条黄河专用铁路——东银铁路。山东黄河河务局和菏泽行署抽调部分干部组建了菏泽地区东银窄轨铁路施工指挥部，拉开了铁路建设的序幕。

因为指挥部是边筹建边施工，人员不足，指挥部就决定在菏泽修防处、聊城修防处和位山工程局所属单位困难职工家庭中招收65名黄河职工子弟为临时工。为了便于管理，成立临时工程队，由山东黄河河务局工程大队的薛庆山同志任队长，负责全面工作。我当时任副队长，负责队员们的工作安排、考勤和生活起居。那时的生活条件和工作环境都十分艰苦，队员们睡的是十几个人的大通铺，还有30余人睡地铺。在大房间里隔开1小间，就是我的宿舍兼队部了。我们临工队共分4个班，5名女同志和年龄较小的同志为一班，负责石料验收和过磅；二班为装卸队，负责铁路建设器材和物资的装卸；三、四班为建筑班，负责施工指挥部简易房的建筑。由于大部分工作都是和农民打交道，上下班没有固定时间，每天都是迎着朝霞去，披着月光回。

那时月工资30元，供应22.5千克水利粮，其中细粮占10%，还有40%的全麦粉，50%的玉米面，生活的艰苦可想而知。但大家的工作热情都很高，无论分配什么活都毫无怨言。由于施工任务重、工期短，没有节假日，没有星期天。在施工中我除了每日根据指挥部指示安排好各自的任务外，哪个班里有了伤病号，还要去顶班。记得4月11日的这天，年仅16岁的郭金龙飙着劲和年龄大的同志抬砖扭伤了腰。建筑班缺一个人就会影响工程进度，我接连顶了3天班。14日家里来电话，妻子快要分娩了。傍晚下班后，我骑车20多千米赶到家里，对妻子安慰了一番，第二天一早就又匆匆赶回队里，恐怕耽误安排工作。就在这天下午，我的大儿子来到人间，直到孩子满月后，我才回家看了看。对此妻子颇有微词，直到现在提及此事，她仍耿耿于怀。

由于临工队是没有经菏泽地区劳动局批准正式招录的，6月初指挥部决定遣散临工队。临工队虽然仅仅持续了100多天，这却是我们实现黄河梦的第一步。这里洒下过我们辛劳的汗水，这里留下了我们的欢歌笑语，这里还有我们青春的记忆！后来我们这些队员大都走向了治黄工作岗位。其中两人分别担任了市、县河务局的局长，有的同志成为科室负责人，大多数同志成了单位的业务骨干和中坚力量，在各自的岗位上奉献自己的青春和智慧。

40多年过去了，昔日的临工队员们现今也都陆续退休了，但百日临工队及其艰苦创业的精神却给我们留下永恒的记忆。

（原载2016年7月20日《山东黄河网》）

黄河记忆

打捞沉船

张文华

　　1979年12月，我从山东博兴县城关联中来到了高青黄河修防段，由一名人民教师成为一名治黄职工。在近40年的治黄历程里，我干过职工教员、工人、行政干部，经历了整险改坝、涵闸改建、防汛抢险、职工教育等，可谓是酸甜苦辣咸皆尝之，有时在夜深人静时，回忆起自己的工作经历来，有一件事使我刻骨铭心，至今不能忘怀。

　　那是1982年的冬天，漫山遍野白雪皑皑，大河更是千里冰封。在这样的天气下，我们基层的黄河人，不得不停下了手中的工程，安排好值班，回到段部，学习、整顿，利用这一闲暇时间充充电，为来年更好地工作做准备。春节临近，各级安排好工作后，让辛劳了一年的职工回家休息，过个团圆年。春节过后的正月初五，当人们还沉浸在春节的幸福欢乐的气氛中时，县段值班室的电话急促地响了起来。原来，停放在刘春家险工的一艘吸泥船，因凌情发展，水情变化太快，导致了船只倾斜，发生了严重的沉船事故。险情就是命令，值班段领导立即召开紧急会议，连夜研究部署沉船的打捞工作。会后，迅速成立了抢险指挥部，时任副段长的吕学斌担任总指挥，全权负责沉船的打捞工作。全段放假人员闻讯马上返回单位，立即投入到沉船打捞工作中。

　　打捞沉船的各项准备工作，按照抢险预案在紧张、有条不紊地进行着。在沉船现场，人声鼎沸、灯火通明，嘎斯灯吱吱作响。有清理平整场地的；有安装绞磨（卷扬机）铺设钢丝缆绳的；有捆扎龙门桩安装滑轮组的——尽管寒冬腊月，人人大汗淋漓。很快打捞准备工作就绪，人员也兵分几路、各就各位。

随着指挥长的一声令下，各方人员一起发力，打捞沉船的工作按照预先研究的方案正式启动。坝头上，两台绞磨吱嘎、吱嘎缓慢地转动起来。那时的绞磨，没有动力来源，只能靠人力推动，这是一个关键环节，也是一个力气活，沉重的船只就靠这两台绞磨来提升出水面。每台绞磨由8个年轻力壮的职工，抱着碗口粗的绞杠用力地推着。这班累了，就换下一班。推绞磨的人全然不顾绞杠的冰冷，人人双手冻得像小红萝卜似得，但没有一人叫苦喊累。

随着钢丝缆绳的慢慢收紧，沉船缓缓上升，船首渐渐地露出水面。这时，河水裹挟着大块冰凌，撞击着船体，发出哐哐哐的巨大声响。随着船体不断抬升，新的问题又摆在了抢险队员面前。怎样让船尾也尽快升出水面呢？办法只有一个，那就是要有人下水，把钢丝缆绳拴在沉船尾部，用绞磨把它升起。如果不及时拴上缆绳，沉船就有再次侧翻的危险。岸上的人们望着漂流的冰凌和冰冷的河水，再看看沉船，十分焦急。怎么办？就在这紧急关头，只见指挥长吕学斌段长振臂一呼："共产党员站出来！"话音刚落，洪宝银、朱玉华、黄勤勇等等，齐刷刷地站了一排。"下！"只见那几个人连衣服也没脱，扑通、扑通跳进了冰冷的河水里，爬到沉船上，拴缆绳，除冰凌，扶正船体，保证了岸上的绞磨正常起吊。我站在岸边观望着，就在他们跳入冰冷的河水中的瞬间，心灵受到了极大的震撼，共产党员的光辉形象在我脑海里高大起来。他是那样的伟岸，我的眼睛模糊了。

经过昼夜不停的打捞，沉船终于顺利的升出水面，人们迅速排出船舱积水，固定好船位，船只安全了。这时人们欢呼雀跃，忘记了寒冷和疲劳。从此以后，我暗下决心，好好工作，向共产党员学习，做一名合格的黄河人。

在党组织的培养教育下，不久，我光荣地加入了共产党，成为工人阶级先锋队的一员。在以后的30多年的工作经历中，当年打捞沉船的场景时时浮现在我的眼前，吕学斌段长的那句"共产党员站出来"，也时常在我耳边响起，震撼和涤荡着我的心灵，激励着我奋进！

（原载2016年6月22日《山东黄河网》）

黄河记忆

修 船

程 平

岁月的脚步总是在不停地走着，转瞬间30多年过去了。近日，翻阅老照片，一张刚参加治黄工作时工友们的纪念照，使我想起了往事。修船，是我参加治黄工作的第一份工作，在记忆的胶片中只是一个小小的定格，但却使我每每不能忘怀。

记得那时候还有几天就是1980年的元旦了，我们9人作为国家最后一批安排工作的知青，乘座小四轮拖拉机一路颠簸，来到离东平县老县城十几千米远的东平湖堤修防段机淤工程队报到，从此，踏上了为之奋斗37年的治黄之路。

机淤工程队设在东平湖畔黑虎庙村，20世纪80年代

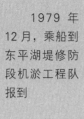

1979年12月，乘船到东平湖堤修防段机淤工程队报到

初东平湖生态环境非常好。晴天时，湛蓝的天空上飘荡着几朵白云，虽然空气中凉风刺骨，停靠在湖边的小木船，被厚厚的冰死死地封在湖面，但湖面上不时有沿冰过往的行人、牛车、拉凌网的渔民还有穿着自制木板滑鞋玩耍的儿童，站在队部门前就可以看见。

当时，机淤工程队有3艘绞吸式挖泥船，有40多名职工。挖泥船是1974~1978年建造，主要进行挖泥淤背，加固东平湖二级湖堤。我们报到后，经过几天的上岗培训，我被分配到1号船，跟着操着浓重泰安口音的张师傅干内燃机维修。

修船是冬季工程队的重要工作。新来的职工下到船

早期机淤

舱看到6160柴油发动机这么大的铁疙瘩，不知从何下手。张师傅是工程队的老职工，维修技术高超，为人厚道，是内燃机维修技术的"一把手"，他说："6160柴油发动机是挖泥船的主要动力，只有它正常工作，带动绞刀头旋转，绞开湖底淤泥，利用吸泥泵和输送管道，才能把泥浆送到湖堤外淤区里，咱们搞维修要心细，一定要按照技术标准和工序来，一点都不能马虎，来年我们完成任务全靠它了。"随后，张师傅给我们安排好工作，就一个人一个人手把手地教，讲解这个配件的名称、作用、如何拆装，那个工具如何使用。因为大家都没有接触过机械，有时一个螺丝帽就要拧半天，当时还没有电动工具，发动机大、小瓦，汽缸头螺丝帽安装，有规定的扭力标准，

黄河记忆

要求必须使用带有公斤数量刻度的扭力扳手，每紧完一组，张师傅都要检查一遍，以防达不到要求，出现机械事故。重要部件安装张师傅亲自干，我们在旁边打下手。整个维修期，船舱内的发电机组、吸泥泵、各类阀门开关、液压管路等都要更换配件、加密封垫、打黄油，以确保整个系统正常运转。维修是一个又累又脏的活，船上下来的人，工作服都是油黑发亮，棉袄刮得"千疮百孔"，个个都是"大花脸"。常有顽童嬉闹："远看像挖炭的，近看像要饭的，仔细一看是修防段的"。

冬天的东平湖寒风刺骨，湖面的冰冻有20多厘米厚，在船舱外干活，寒风像刀子一样，从脸上、手上划过，如果不注意，手摸到冰冷的铁器上，就粘下一块皮。经常有人不小心把锤子砸在手指上，特别是检查起吊绞刀头的钢丝缆绳，是个体力活，需要几个人同时拉，一不小心，钢丝毛刺就会刺破手掌，只见血，不觉痛。手冻麻了在腋下暖暖，脚冻木了就在甲板上跳跳，冰霜将甲板上忙碌的人们的眉毛、胡须渲染得晶莹亮白，还不时有人打打哈哈，讲上一段笑话，笑声减轻了疼痛，忘记了劳累。

当时，工程队里的管理是非常严格的，晚上全队职工围在火炉边开会，学习时事政治、机械原理、维修技术，所有职工都必须参加，离家远的住集体宿舍，离家近的开完会才能回去。队长是一个非常严肃认真的人，每次开会他都要把近期工作总结一下，队上发生的大事小情他无一不知，总要评论一番，批评人一定会让你脸红出汗。修船结束后不久，我就调到了修防段电话站工作，但在工程队的经历，使我懂得了黄河的博大，黄河人的认真、吃苦和奉献精神。30多年来，不论工作如何变动，这种精神都在鞭策着我。

（原载 2016 年 7 月 18 日《山东黄河网》）

黄河口历险记

孙本轩

1988年,是开展黄河口疏浚治理的第一年,我有幸参加了这项史无前例的工程施工。工程处于潮间地带,潮沟纵横,口门变化快,气候恶劣,条件艰苦,手段落后。为了制订切实可行的施工方案,我们曾多次顶风冒雨、劈波斩浪在河海交汇的地方进行勘测,历尽艰险,有几次简直是死里逃生。

6月14日,我和疏浚指挥部的指挥及工程技术人员乘"拔杆车"前往河口"拦门沙"外部署"疏浚破门"工程。"拔杆车"是胜利油田一种专用的水陆两用工具,不适宜在水中漂浮和在陆地行走,只有既在水中又刚好着陆时的速度才快些。上午11时从垦东32井出发,乘车涉过道道潮沟,进入了水天相连茫茫苍苍的潮间地带。

刚到"拦门沙","拔杆车"就出了故障。此时"拦门沙"上只有没膝深的水,下面便是坚硬的沙板。我们就干脆下车趟着水走,远处渔帆点点,海鸟翱翔,真是好不惬意。水渐渐深了,我们又搭乘渔船,直到下午才到达停在"拦门沙"外的挖泥船。

安排好工程施工方案,晚7时才动身返回驻地。没走多远,"拔杆车"又出了故障,我们边修理边前进。刚开始,有天上的星星和挖泥船上的灯光作目标,我们还能前进。不想,晚8点过后,风渐起,乌云也慢慢布满了天空,挖泥船上的灯光渐渐微弱直到看不见,我们便失去了目标,无奈,只好求渔船带路。

这一天正逢黄河口大潮,潮水猛涨,风大浪高,渔船在波浪里颠簸,"拔杆车"出故障的时间间隔也在缩短,前进速度极为缓慢。天空又下起了零星小雨,黑夜很快来临了,风浪越来越大。渔船不敢再给我们带路了,只好自己摸索前进。

"清障拖淤,疏浚破门",图为河口疏浚中打通拦门沙

"拔杆车"上既没有灯光照明设备,也没有摸水杆、缆绳、锚具,更没有罗盘、救生和通信器材,除了仅容纳两人的驾驶室外,就是一个光秃秃的平台。我们十几个人紧紧依偎在平台上,稍不留神就会被风浪掀入海中。有时一个大浪盖过来,浇得浑身湿透。在这险恶的情况下,同志们不顾车体的剧烈颠簸,尽快排除故障,判断方向。有时机器发动后,还不等车调整方向,就又熄火了,我们接着再修……

"拔杆车"在一片漆黑中颠簸、漂荡、打转,不知道"拔杆车"是否运动,作何运动。突然,我们发现前方有一条渔船向我们快速驶来,我们大声疾呼:"快闪开!快闪开!"

车船相距仅一米多快速错开,险些相撞,如果真撞在一块,后果不堪设想。在错开的一瞬间,我发现渔船抛着锚,是"拔杆车"在快速漂流!我们真害怕了,这么快的速度也不知把我们带向何方,如果漂向远海、深海,我们这一车人岂不就全完了。车上既有从事多年治黄工作的两位六十多岁的老指挥，又有我们这一帮年富力强的年青人，一旦失事，对河口治理事业真是个不小的损失，再说，真的就这样"走了"，对家人连句遗言也无法留下，更是个遗憾。

经过多半夜的搏斗，困乏、劳累、饥饿、寒冷、绝望，大家都沉默了。直到凌晨4时许，风小了，浪平了，"拔杆车"似乎也停止了漂动。我和于保全商量下水试探一下水深，在他的保护下，我下到水中，结果水刚到大腿就踩到了河底，这说明风浪还没把我们带到深海，于是长嘘了一口气。我俩试探着前行，没走多远，就发现了我们放线定向的小红旗！我的心激动得要跳出来了，高兴地大喊："快来看呀，我们发现红旗啦！"顺着红旗标记的方向，趟着水，于早晨7时许返回岸边——垦东32井。

时隔多年，这次历险仍记忆犹新，想起来真后怕，如果那天刮的不是东北风，而是西北或西南风，把我们吹到深海，真有可能去见龙王了。

（摘自2009年7月山东黄河文化丛书《沧海桑田黄河口》）

黄河记忆

记忆中的防汛屋

武模革

随着时代的发展、历史的变迁和水管体制改革的不断深入,曾经在黄河治理史上发挥过重要作用的防汛屋渐渐淡出了人们的视线,昔日"杨柳遮荫,汛屋犬吠"的景象已经成为治黄历史上永恒的记忆。

据《黄河河防词典》解释:沿河大堤每长500米在堤顶的背河堤肩处,修建汛屋2~3间,作为汛期基干班员上堤防守、换班临时休息的屋舍。平时可供护堤员居住或巡堤临时避风遮雨。这就叫"防汛屋",又称"护堤屋",俗称"堰屋子"。

据老人们讲,在清末民初时,沿黄村庄便派村民看守黄河大堤。据此推测,那时候黄河大堤上就应该有防汛屋,不过因为年代久远,没有留下什么相关的遗存。抗日战争时期,因为战乱,黄河决口南流,河务废弛,防汛屋遭到严重破坏。

新中国成立后,随着人民治理黄河事业的全面展开,防汛屋在20世纪50年代初得到恢复和完善,沿黄河大堤500米一个,由最初的土坯房,到后来的砖瓦房。随着建国后三次大复堤工程,防汛屋也经历了三次全面改建,但形式和规模差不多。

我记忆中的防汛屋是新中国成立后第三次大复堤时修建的,大多修建于1981~1983年。20世纪90年代,高青黄河大堤共有防汛屋94座,编号为"高防01~高防94"。每个防汛屋有屋舍4间,其中正房3间、厨房1间(有的存放工具料物),正房为两明一暗,均坐北朝南、背靠大堤,为砖瓦结构,木门木窗,建筑面积40多平方米。房台大致与堤顶相平,面积90平方米左右。平时供护堤员居住和存放工具料物,汛期作基干班上堤防守的驻地。

驻守防汛屋的群众护堤员,由所在地的沿黄村队选派,每个汛屋一名,主要职责是落实"五护八禁",平整堤顶、填垫水沟浪窝、排堵积水、修整林木、护林护堤等。

随着水利工程管理要求的不断提高,以往这种散漫的维修养护模式已不适应工程管理的需要。从20世纪80年代末期开始护堤员陆续下堤,防汛屋年久失修,残缺不全,风蚀老化,随着时间推移,由于无人居住,也没有维修价值了,90年代开始,大多被陆续拆除。2002年大规模的黄河标准化堤防建设开工后,大堤帮宽、堤顶硬化,至2008年,防汛屋完成了历史使命,被基本拆除。

黄河防汛屋,它见证了人民治理黄河的巨大成就,也见证了社会生产力逐步发展的过程。透过防汛屋,可以看到黄河大堤的历史变迁,折射出了社会、黄河工程建管模式、大堤面貌和黄河职工工作生活条件的巨变。防汛屋作为一种历史遗存,将成为治黄人的永恒记忆。

(原载2016年8月23日《黄河网》)

高青黄河堤防上的防汛屋

原利津修防段的防汛屋。人民治黄起护堤员在此24小时值守 崔光 摄

黄河记忆

组建黄河第一支水利执法队伍

牟世利

1998年8月17日，水利部确定山东黄河河务局德州修防处参加全国第一批建立水利执法体系试点，我作为组建黄河第一支水利执法队伍的亲历者，当时主要负责试点期间文件材料的起草工作，同时参加组织试点具体工作实践。所以，我见证了黄河第一支水利执法队伍诞生的全过程。

记得是一个星期六的下午，时任德州黄河修防处主任的孟庆云把我叫到他的办公室说："今天接到省局通知，要求我处承担全国流域机构建立水利执法体系试点的任务。处里决定抽调你去参加试点筹备工作。同时还抽调机关工务科科长和一个技术人员。"由于时间紧，第二天是星期天，我们三人也没有休息，当天就把办公桌搬到机关一间接待室里做办公室，开始试点筹备工作。

各级对德州修防处试点工作都很重视。10月下旬，时任水利部副部长的钮茂生，委派人员专门询问德州黄河水利执法试点情况；9月上旬，时任黄委水政处副处长李春安带领黄委工务处、公安处等部门人员，专程到德州修防处帮助指导试点工作，之后，他同水政处薛长兴等多次来德州黄河指导试点工作开展；时任山东黄河河务局局长葛应轩，多次听取德州修防处试点工作汇报，帮助研究工作，解决困难，并抽调省局办公室调研室郭兴平专程到德州处驻点帮助工作。

德州修防处把试点工作当作一件头等大事来对待。成立了由单位主要负责人任组长的水利执法试点领导小组，负责指导和协调试点工作，组织专职人员，反复学习上级试点文件精神，结合实际，提出了《德州修防处建立水利执法体系试点工作方案》初稿，经多次向省局汇报，并征得德州地区行政公署和齐河、济阳县政府意见，反复修改后，报水利部批准，正式确定了这个试点方案。这个方案明确了试点工作的目的、意义、机构设置、人员配备、方法步骤、时间安排、需要解决的问题等。

1998年10月10日，山东黄河河务局发文公布成立德州黄河水政监察处，任命修防处一名副主任兼任水政监察处处长。同年11月14日，由德州修防处批准公布德州修防处所属齐河、济阳两段成立水政监察所，分别由一名副段长兼任水政监察所所长。处设立水政科，段设立水政股，其编制分别暂按5人设置。另外，在各个河务段、闸管所分别设一名兼职水政监察员。处、段工务和工管部门分别设两名兼职水政监察员。按照标准选配了34名水政监察人员。其中，专职11人，兼职23人。

为了提高执法人员专业素质，采取了三种方法解决问题。一是函授教育方法，将水政工作文件和购买的法制书籍作为教材，发给水政人员学习使用。二是参加上级和地方政府组织的法律培训班。1998年9月至12月，先后由12名水政人员参加了水利部、黄委和齐河县政府举办的培训班。并组织水政人员到北京市和龙口市水利局学习执法经验。三是自办培训班培训人员。水政监察处举办了为期5天的执法培训班。有25名水政人员参加了培训。

为了取得群众对黄河水利执法的配合，水政监察机构广泛开展了水法规宣传活动。一是利用印发宣传提纲、书写标语、编写简报、向媒体投稿等方式宣传水法。山

东广播电台和山东电视台、齐河和济阳县广播站、《中国水利报》、《黄河报》、《德州日报》等新闻媒体播发或刊登了德州黄河试点工作信息。二是出动宣传车到齐河、济阳县城和沿黄27个渡口、20个乡镇、16个河务段及100多个村庄宣传黄河水利执法。三是组织宣传小组,深入沿黄村庄、单位宣传。通过一系列宣传活动,营造了黄河水利执法的良好氛围。为了使水利执法有章可循,德州水政监察处参照有关法规,联系黄河实际,制订了《水政监察员暂行管理办法》《水政监察人员工作守则》《违反水法规行政处罚暂行办法》等规定。还召开水政工作研讨会,交流了10篇由水政人员撰写的工作论文,设计印刷了8种执法文书表格。

1998年12月28日上午,山东黄河首批水政监察人员着装发证会议在原齐河黄河修防段举行。这标志着黄河乃至全国流域机构第一支水利执法队伍正式组建完毕,黄委原副主任黄自强和山东黄河河务局原局长葛应轩向德州黄河水政监察处32名水政人员颁发了执法标志和证件。从此以后,黄河水利执法队伍正式在社会上现身执法。填补了人民治黄以来,黄河没有专门执法队伍的空白。黄河各地的水利执法队伍,也像雨后春笋一般,迅速在全河建立起来。

(原载2016年6月14日《山东黄河网》)

追忆"红高粱部落"

尤宝良

1980年,黄河梁山建筑安装队承接谢寨引黄闸施工任务。农历二月初二,天气还很寒冷,天空飘着雪花,我跟乘梁山安装队大篷车队远赴东明参加施工。

谢寨位于山东东明县张寨公社(现沙窝乡)黄河岸边,20世纪80年代这里还是偏僻的盐碱地,村里土地庙燃着香火。当我们的车队到来的时候,小村很快热闹起来。

我们驻扎的工棚区是用高粱秸秆搭建的"村落"。近百号施工人员入住,办公、住宿、食堂、厕所、料场等一应俱全,在僻静的黄河岸边,俨然像冒出来"红高粱部落"。入夜,工区灯火通明,发电机组和钢筋、模板加工厂机器轰鸣,高音喇叭里播放着队部办公室老马喜欢的豫剧《穆桂英挂帅》,真是热闹非凡。

20世纪70年代的黄河梁山安装队钢筋班

"红高粱部落"的节奏打乱了村民们沉寂的生活,他们十分好奇,纷纷驻足围观。很快,工地上便有了货郎和摊位,他们在工地卖些日用品、糖葫芦之类,供施工人员和村里来工地看热闹的孩童购买,颇有了点城镇的气息。

黄河记忆

来到谢寨工地，我从钢筋队被抽调到队部办公室给老马当助手，负责工地宣传工作。除参加施工调度会、跑工地、编写施工简报、广播稿外，我还经常被派到十几千米外的集镇上为工地食堂买菜、买面。交通工具是一辆"小翻斗"车，由于路况差，每趟回来，我都被颠得胃疼。

黄河工程建设施工时间紧、难度大、专业性强，施工中，我们遭遇了一场又一场硬仗。从谢寨闸施工算起，在此后的20多年间，我直接或间接参与了多个黄河水闸的建设施工，目睹了黄河建设者们的艰辛。

从破开黄河大堤开始，水闸建设施工便进入倒计时。在施工机械还相对落后的年代，基坑开挖是第一场硬仗。1987年秋天，黄河下游最大的泄水闸——东平湖滞洪区司垓退水闸开工，"东方红"铲运机群吼叫着向沉默了30年的巍巍湖堤掘进。闸基水下土方开挖工作启动，上万名民工汇聚司垓工地，一幅动人心魄的劳动图景展现在眼前。施工处地层土质复杂，除去坚硬的地表土层，向下是黄河淤积层，再向下是一层约2米厚的黑泥层，系当年水泊洼的沉积物，当地称为"宋江土"。这两层土黏性大，附着力强，施工难度极大。在2万多平方米的场地上，近千辆的排车如蚁群般不停地往外搬运。

1988年，作者（右一）和工地指挥部领导在司垓闸建设工地

1997年，东平湖清河门闸施工时正逢寒冬，抽出积水的积坑覆盖着一层厚厚的冰冻，搬走冰块，下面是1米多深黏性很大的淤泥，不易机抽，于是，干部职工在泥潭中展开了一场人工清淤战斗。大家顶着古运河狂吼的寒风，踏着刺骨的冰块淤泥，或为泥浆泵导流，或用布袋运走，个个都像泥人一般，汗水湿透了全身，热气在额头上蒸腾。这与自然决斗的场面，让来往的行人禁不住留步赞叹。

混凝土浇筑是涵闸建设的主体工程，梁山安装队像过节一样庆贺第一块混凝土浇筑。队长赵庆贵带领队委会把施工计划安排得井井有条。在狭窄的浇筑仓里，浇筑工、水泥工一进去就要工作几个小时；浇筑一块底板，每个浇筑工平均要往垂直 8 米高的排架上连续推十几立方米混凝土；在高达十几米的排架上，架子工冒着酷暑，在空中连续作业五六个小时。清河门闸灌注桩施工中，

东平湖司垓退水闸基坑开挖现场

东平湖司垓退水闸建设指挥部

队长王笃玉和他的战友们顽强拼搏，昼夜不息，艰苦鏖战，20 天拿下了 139 根灌注桩，比计划工期整整提前了 10 天。

黄河水闸施工要求汛前关门挡水，六七月份是施工最紧张的时期。烈日炎炎，司垓闸施工驻地前的槐树林凉爽宜人，漫步于林间是难得的享受。紧靠浓荫的工地上，却是一番热烈繁忙的景象：搅拌机"隆隆"轰鸣，大吊

黄河记忆

车的长臂不断伸展,紧张工作的施工人员穿梭在排架上。走进清河门闸工地,映入眼帘的是一块写着"香港回归祖国之日,就是关门挡水之时"的巨幅倒计时牌架,黄河职工用拼搏和奉献精神创造着一个又一个奇迹。

当吊车把最后一块闸门安全送进门槽,关门挡水目标实现之际,数百名黄河职工、参战临工欢呼雀跃,沉浸在胜利的喜悦之中……

年复一年,梁山安装队沿黄河行走迁徙,大堤上一座座水闸见证了我们坚实的足迹,每一个新的工地,都有"红高粱部落"的故事流传。

(原载 2016 年 8 月 11 日《黄河网》)

人物春秋

山东人民治黄的开创者江衍坤

刘连铭　张学信

江衍坤是山东人民治黄的开创者与奠基人、山东省河务局首任局长，于1980年8月10日逝世，现已离开我们26年了。在纪念人民治黄60周年的时候，我们深深地怀念这位为革命和治黄事业贡献了毕生精力的优秀领导干部。

江衍坤（任职时间1946.6~1955.6）

江衍坤，字海涛，山东省泰安市人，毕业于山西大学土木工程系，1938年9月参加革命工作，1939年1月入党，历任沂水县委统战部部长、沂蒙县办事处主任、沂水县长、沂蒙专署秘书主任、鲁中区行政联合办事处秘书长、鲁中区行政公署实业处处长。1946年5月调任山东省河务局局长；1949年6月成立统一的黄河水利委员会后，任黄委副主任，兼山东河务局局长；1955年任黄委副主任、党组副书记、党组书记、黄委顾问。江衍坤曾任河南省第五届人民代表大会代表，省人大常务委员会委员。江衍坤同志是在解放战争极端艰苦困难的情况下，开展人民治黄工作的。

组建山东省治黄工作机构

1946年5月14日,山东省政府主席黎玉签署山东省政府命令总字第76号,任命江衍坤同志为山东省河务局局长(此件发山东各行署)。江衍坤接到命令后,迅速交代了原来的工作,做了简单准备,从鲁中行署驻地起身,赶赴渤海区新的工作岗位。当时鲁中区和渤海区中间被国民党占领,胶济铁路沿线被封锁,由于人员较多,目标较大,因此鲁中行署派部队夜间护送江衍坤一行穿越敌占区和封锁线,长途跋涉300余千米,行程七八天之多,终于到达渤海区修治黄河工程指挥部驻地蒲台城。江衍坤在蒲台县城了解了治黄工作开展情况后,即前往渤海行署驻地惠民城,与行署领导人会面,商讨组建山东省河务局,并研究治理黄河工作。

江衍坤与渤海区修治黄河工程指挥部副总指挥王宜之从行署回到蒲台县城指挥部后,立即召开了指挥部各部门负责人会议,提出要迅速把河务局建立起来。山东河务局不另设办事机构,人员不足由行署继续调配,根据工作需要,继续保留渤海区修治黄河指挥部的名称,江衍坤同志任指挥部第一副指挥,实际工作由河务局负责。江衍坤说,行署已经决定王宜之副指挥任河务局副局长(1946年5月25日山东省政府任命王宜之为山东省河务局副局长)。一套人马,两个牌子,是渤海行署定的,为山东河务局组建和开展工作创造了极为有利的条件。山东河务局从指挥部召开会议传达行署的意见后,即正式开始办公。同时,长时间以山东河务局、山东省渤海区修治黄河工程指挥部名义发指示、召开会议,开展治黄工作。1946年6月8日,山东省渤海区行政公署给各县县政府发指示,称"河务局业已正式成立,兼局长江衍坤(渤海区修治黄河工程总指挥部第一副指挥兼局长)、副局长王宜之均已到职任事,嗣后各县办事处应直接对河务局负责,建立垂直系统,以加强该局领导,该局初

成立,各县应多方对其协助,俾利河防工作"。

把堤防建设搞上去

山东省渤海区行政公署,对治黄工作十分重视,除较早成立了渤海区修治黄河工程总指挥部外,还于1946年5月中旬召开了黄河修堤会议,渤海行署主任李人凤亲自对黄河修堤工作做了动员和具体布置。会后各县分头层层动员并做出工准备,参加修堤民工15万至17万人,最多达20多万人,从1946年5月25日陆续开工。

江衍坤上任局长不久,就到沿黄两岸查勘了堤防情况,对施工工地进行了详细调查了解。他说"蒲台县境之麻湾在廿六年(1937年)决口,因翌年花园口即决口,河道干涸,因此该口未有正式堵全,两岸大堤残缺程度虽不一致,但水沟浪窝、鼠穴獾洞到处皆是,还有很多地方被敌挖沟修筑工事、据点,我也挖沟破坏敌伪交通,更甚者沿堤千万棵堤柳均为敌伪伐卖净尽,树坑到处皆是,对堤防破坏特甚,还有很多地方大堤被居民犁种五谷,有的劈堤盖房与使土,总之是百孔千疮,残缺不全,因此第一步工程即修复原状。"针对上述情况,他提出沿河大堤普遍加高一米;重要险工,因无材料修筑整治,拟展宽河槽,或酌挖引沟,分泄水势,减轻大溜对险工冲刷与顶冲之势;修整麻湾决口,加修外堤,展宽河面,根绝该处再决口的危险。在调查研究的基础上渤海行署又召开第二次县长会议,会后各县作了进一步安排,麦收未停工,经过先后两个半月的施工,绝大多数县按要求完成了施工任务。但由于桓台、长山、邹平,中间民工调走支援前线,因此他们担负高苑、青城的任务未能完成;惠民因特务扰乱,工程做了一半停工;济阳、齐东因国民党进攻,被迫停工,整个任务没有完成。后随着形势好转,又重新作了安排,完成了过去遗留未完成的任务。通过这次修堤,不但修复和加固了故道两岸旧堤防,还堵复了1937年麻湾决口的老口门,并培修了垦利以下河口段新堤 30 千米，增强了堤防抗洪能力。

江衍坤同志在治黄工作中，了解各地民工出工情况，体察民情，关心群众疾苦。他在给省政府黎玉主席的报告中说："这次黄河修堤工程，渤海区在人力物力有些筋疲力尽。这样工程，至少应有全省负担，请省政府在人力物力上给渤海区予以调剂与补助。"

支援解放战争　建立武装河防队

山东人民治黄工作，是伴随着解放战争进行的。当时，支援战争任务极为繁重，全区共抽调 5000 多名干部随军南下，支前民工达 81 万人次，如何跨越黄河成为一个重大问题。为此，渤海区党委、行署和渤海军区提出要求山东河务局迅速解决这个问题。江衍坤同志对此极为重视，立即采取了措施。为了便利黄河交通运输，支援前线，1947 年 2 月在滨县玉皇堂成立造船厂，制造渡河摆渡船，另外还买了一些船只。山东河务局又于 1947 年 6 月，成立了航运科，同时在惠民清河镇、滨县张肖堂、蒲台道旭及利津分别建立渡口管理所，负责船只统一管理，保证军事水上交通运输，同时也为群众过河提供方便。1947 年，当蒋介石纠集 30 万军队重点进攻山东解放区时，中共中央华东局、华东野战军、两广纵队及鲁南、鲁中区的机关、学校、医院及伤兵员等，共 40 多万人紧急转移到黄河北渤海解放区，山东河务局为他们渡过黄河创造了有利条件，提供了可靠保证。同时国民党部队重点进攻山东解放区，侵犯到黄河沿岸一带前，奉命将所有公船民船统统撤到黄河北岸，进行分散隐蔽，有力阻止了国民党部队向黄河北岸侵犯的企图。

渤海区治黄地区虽解放多时，但国民党残余势力、潜伏特务活动十分猖獗，到处骚扰破坏，致使我治黄工作机构无法建立、工作无法开展。1946 年 6 月 27 日渤海区党委研究确定，为巩固河防，防止敌特破坏堤防，山东河务局及沿河各县办事处成立 50 至 100 人的武装河防队，负责沿黄工程及水上治安维持，保证治黄工作顺利进行和职工人身安全。为此山东河务局、指挥部曾发过指示，但许多县对此严重性认识不足，措施不力，行动迟缓，直到1946年8月多数县没有及时建立起来。江衍坤因此十分焦急，他再次以河务局、指挥部名义发出指示："建立沿黄秩序，制止特务横行，这点非常重要，现在已有好多地区，我们工作人员，已经无法通过，此时如不设法，将来河水暴涨，河防吃紧之时，我们只有束手坐视，任堤防之破坏，为此要求各县下定决心，克服一切困难，立即依照本局、本部上次指示，从速将河防队建立起来，沿岸警戒，与附近县联防，以维持社会秩序和交通安全，毋再犹豫、观望，不然将来酿成更多困难。"这个指示下达后，各县指挥部和办事处立即行动，迅速将河防队建立起来，为尽快建立县办事处保证治黄工作顺利进行发挥了重要作用。

加强治黄基本队伍建设

人民治黄工作开始，各方面的干部极为缺乏。江衍坤在向山东省政府的报告中说"河务局干部虽经行署极力配备，但人员仍差很多，而技术干部更缺，希由省政府尽量设法给调派一部分干部，无论技术干部行政干部均极为需要。另外，卫生干部亦请由省卫生局给配备一部分"。但当时正处于战争，各方面人员紧张，山东省府也难在短时间解决。因此，山东河务局也只有自力更生，积极筹办了各种训练班，如测绘、卫生、电话、材料等。经过短时间的训练，把基本掌握有关方面知识和技能的人员，派往各办事处任工程员、卫生员等，解决了工程技术和卫生等方面的急需。

直到济南解放后，山东河务局技术干部基本上来自三个渠道：一是自己积极培训，除了办测绘训练班，在济南解放后还创办了黄河水利专科学校，培养了一大批技术干部，除少数分配渤海区行署水利局外，大部分充实到了基层修防单位。二是1946年12月，国民党进攻苏皖地区，苏皖边区政府水利部门一部分技术干部转移到渤海区，分配到山东河务局工作。这支队伍在技术干部奇缺的情况下，为山东治黄工作发挥了很大作用。三是济南解放后，从旧政府治黄机构接收了90余人，其中有一大批高、中级技术人员，从而扩大了山东河务局的技术队伍，增强了技术力量。这三部分技术力量，充分发挥了积极性、创造性，在各自工作岗位上，为治黄初期和新中国成立初期，黄河治理和开发做了大量卓有成效的工作，不断取得新的技术成果。

江衍坤同志非常尊重知识，充分发挥工程技术人员的作用。他在政治上尊重他们，工作上充分信任，生活上尽量照顾。周保祺同志，1946年12月调河务局，初任技正，后任工务科长兼技术室主任，具体负责山东河务局的技术工作。他一贯勤勤恳恳，为治黄整险和制定技术规范等做出了积极贡献。1948年12月，他随江衍坤到河北省平山县西柏坡村，参加了华北人民政府水利委员会召开的会议。1949年6月，周保祺作为华东解放区的代表，参加了黄河水利委员会成立大会，当选为黄委会委员。山东河务局考虑其年龄较大，工作需要，为其配备专职服务员，买了一辆独胶轮车。陈允恭同志1948年参加工作后，任黄河水利专科学校教务主任、山东河务局技术室主任、总工程师，他在培养技术干部、领导和参与河道整治、凌汛决口实施堵复工程、创办引黄放淤工程等方面，都做出了很大成绩。山东河务局推荐他为山东省第一届、第二届人民代表大会代表，1956年当选为山东省人民政府委员。

江衍坤非常重视培养年轻干部，提高干部和职工队伍素质。新中国成立后，江衍坤大力组织了对职工队伍的培养、教育工作，选送一批又一批工农干部和工人，学习文化知识，选送有一定文化和专业知识的年轻干部，到黄河水利学校和全国各地大专院校深造，有的选派出

国学习，从而使职工和干部队伍文化知识和专业知识结构发生了重大变化，为治黄事业培养了一大批有专业知识和技术特长的干部，特别培养了一大批水工、水文、财会专业及其他管理人才，许多干部担任了治黄各级各部门的领导职务和技术负责人，有力地促进了山东治黄事业的发展。

江衍坤同志还十分重视治黄基本队伍建设。他提出各个办事处设50至60人的工程队，负责工程整修加固，经过实践锻炼担负起抢险职责，并提出可起用旧河工人员。各县在较短的时间内把工程队建立起来，逐步承担起抢险任务。山东河务局还多次举办工人训练班，学政治，学技术，提高了工人文化和技术素质，特别是1949年大水，各县堤防、险工垛坝多处出险，经过及时抢护，化险为夷。后来山东河务局还曾抽调有经验的抢险队伍，支援海河和淮河抗洪抢险。

水文工作是治黄工作的耳目，是防御各类洪水的依据。江衍坤同志开始参加治黄工作时，就重视这项工作。1946年7月，他要求各县办事处普遍建立水标尺（水位），及时观察和掌握水情。他在建立河防部队的指示中指出，"要建立临时水标（水位）尺，此事本应以科学方法来建立，为应付目前需要，每个办事处可自制一水尺（用米达尺），可在办事处附近河槽内找一个适当地方，树立起来，派专人观测，每早晚各一次，记在表内，每十天报告本局一次，如有水情暴涨，随时用电话报告，水尺之零点即以树立之日水面假定为零点"。各办事处都按照该要求，迅速建立起来。

全力以赴，战胜洪水

中共中央山东分局、山东军区、山东省人民政府对黄河防汛工作极为重视，1949年7月27日，下发了《关于黄河防汛工作的紧急决定》。决定指出，为了保证防汛统一领导，沿黄各市、县立即组成防汛指挥部，党和政府的负责人及当地驻军首长，必须亲自参加领导，担任指挥、政委，当地河务部门负责人担任副职。并决定成立渤海区防汛总指挥部，以江衍坤同志为总指挥，王卓如同志任政委，钱正英同志任副指挥，除统一指挥渤海全区防汛工作外，并受省政府委托指挥济南市、长清、历城等地的黄河防汛。在防汛工作上，沿黄各地区应执行防总的各种命令及指示，地方党政军民严格保证防总的各种布置在本地贯彻执行、圆满实施。

1949年的黄河洪水，是人民治黄前3年的最大洪水，9月22日黄河洪峰到达泺口，最高水位达32.33米，洪峰流量7410立方米每秒，超过1937年最高水位0.21米，洪水持续时间长，泺口水位30米以上59天，各种险情丛生，山东全河防汛抢险十分紧张，多处告急，在中共山东分局、省军区、山东省政府坚强领导下，在渤海区防汛总指挥部统一和精心指挥下，各级指挥部服从指挥，纪律严明，严密防守，发现险情及时抢护，重大险情，统一调集精兵强将，集中力量突击抢护。经过沿河党政军民的艰苦奋战，克服一个又一个困难，终于战胜了这次大洪水，为保卫济南、保卫渤海平原，为人民治黄做出了重大贡献。江衍坤同志作为山东省河务局局长、渤海区防汛指挥部总指挥，受命指挥全省黄河抗洪斗争，洪水期间，他吃住在办公室，密切掌握水情、工情，始终坚持不懈，与其他领导同志一起，齐心协力，充分发挥集体智慧，精心指挥。

江衍坤同志在抓好防汛工作的同时，不断加强堤防、险工建设，狠抓了工程管理，进一步增强了堤防抗洪能力，并积极开展了河道整治和河口治理，特别大力发展了引黄灌溉和放淤工程，为促进和发展工农业生产，解决城市居民用水做出了积极贡献。

党和政府大力支持黄河工作

江衍坤同志组织纪律观念很强，他到河务局工作几

个月后，于 1946 年 8 月 9 日，亲自向驻在鲁南地区省政府黎玉主席、郭子化秘书长写了十分详尽的治黄工作情况报告。他在报告中称"渤海黄河工程自 5 月 25 日以后，沿河各县即陆续开工，所有工程情况，除渤海行署随时电告外，特再报告如下：一、工程进行概况；二、组织领导及河务局机构建设；三、迁移救济工作；四、对外交涉与争取物资；五、请求与要求，讲了四点：1. 工程安排问题；2. 河务局及各县办事处编制意见；3. 要求帮助解决干部和卫生人员；4. 渤海区治黄负担重，请省政府予以调剂和补助。"这封信由河务局派专人亲自送驻鲁南地区的山东省政府。

山东省河务局在未迁至济南前，长期驻在渤海地区，江衍坤同志经常向渤海区党委、行署汇报工作，通报治黄工作情况，或请区党委、行署解决治黄中的问题。渤海区党委、行署把治黄工作作为一项重要政治任务，多次发过有关治黄工作的指示。1947 年 4 月 29 日，渤海行署与河务局在北镇联合召开各县县长和各县办事处副主任会议，讨论治黄工程问题。会议认为沿黄各县任务繁重，决定沿黄 11 个县人力物力以治黄为主，支前为副。同年 6 月 28 日，山东河务局在滨县刁石李召开治黄会议，检查北镇会议决定执行情况，研究如何完成未完成的复堤抢险艰巨任务，渤海行署主任李人凤、渤海军区副政委周贯五亲临指导。渤海区党委、行署对治黄工作极为重视，从各方面大力支持河务局的工作。这与江衍坤十分尊重地方党委、政府是分不开的。

江衍坤同志在召开各办事处主任、副主任会议时，经常提示各办事处负责人一定要很好尊重地方党委和政府，及时向党委、政府汇报工作，当好治黄工作的参谋。1949 年汛期，了解到济阳办事处负责人与济阳县县长工作关系不够协调，影响了治黄工作，局长江衍坤、副局长钱正英立即指派干部科长赵昆山、工程科长武克明前往该县做该县办事处负责人的思想工作，要求一定尊重地方政府，主动搞好关系，办事处与县政府的关系很快得到改善，互相尊重，县政府对办事处工作也非常支持。

江衍坤同志与山东河务局其他领导同志一起在山东省政府和渤海区党委、行署领导下，使山东人民治黄工作取得了巨大成就，江衍坤同志为人民治黄工作做出了重大贡献。江衍坤襟怀坦荡，光明磊落，有强烈的事业心和责任感，工作上勤勤恳恳，任劳任怨，作风民主，谦虚谨慎，平易近人，严以律己，宽以待人。他关心群众疾苦，始终保持党的艰苦奋斗优良传统，是深受广大治黄干部、职工爱戴的优秀共产党员和党的好干部，是值得我们永远怀念的党的好干部。

（原载2006年9月2日《黄河报》第4版）

黄河记忆

平易形象　高大背影
——回忆老首长钱正英同志

丁承霖

旧黄河三年两决口，百年一改道，浊浪滔滔，九徙沧桑，南迁北移，左滚右荡，群众遭涂炭，受苦受难。人民治黄以来，水害得其治，水利得其兴。我仅就钱正英同志在建局前后鲜为人知的几个事例忆述如下。

官兵一体，潜移默化

1945年新四军从日寇铁蹄下解放了苏北广阔地区，日本投降后，国民党也由重庆大后方回到内地，想趁机摘桃子，夺取胜利果实。我党中央忍辱负重，下令苏北党、政、军撤退到山东黄河北岸整休。我被编到华东兵站部工兵科所属山东土木工程学校，边行军、边读书；带队人先是鲁庶，后是钱正英——工兵科长兼校长。学院40多人，多半男生，有老师分工教数学、公路学、测量学，以及设计、制图等基本知识，并有经纬仪、水平仪、平板仪作实习，学员情绪饱满，但在实习木工操作时，有人牢骚满腹地说："父亲当木匠一辈子没出息，我们干革命求前途，为什么也要学这笨活。"面对抵触情绪，钱校长不是简单地批评了事，而是在课堂上进行潜移默化、苦口婆心地耐心教育。她从劳动创造世界、干革命是为人民服务、理论必须联系实际说起，畅谈学员在土木系既要学土、木、铁、混凝土方面的书本知识，也要会实际操作，学以致用、亦文亦武、能说会干，才是真正的多面手、实干家，而不是做官当老爷、飘浮在半空中的空头理论家……她态度平和、言之凿凿，一席话说得同学们心悦诚服。实习时由土木老师指导、分工，她和学员一起干，没有官架子。学解圆木，校长拉上锯，我工兵学员拉下锯，第二天，她也练拉小锯，再练凿孔卯眼，官兵一体，至今不忘。

夙兴夜寐，日理万机

部队过黄河驻滨惠一带，学校也结业改编，多数随解放军南下，少数留行署待命。彼时，蒋介石突击堵复花园口，趁黄河堤坝年久失修，还有麻湾敞开的决口，妄图藉汛期洪峰水淹解放区。形势紧急，刻不容缓。行署派兵遣将成立山东黄河河务局，自上而下新建各级机构，培堤固坝，迎战黄洪。委任钱正英为副局长，她率领五人——葛行、唐伯祥、冷玉萍、某某某和我到三大王驻地就职。我分配到测量队当测工。

一切从零开始，初期省河务局职工只有二三十人，测量队是基本军。钱局长指示我们在几百华里的长堤上，先突击堵复沿堤各村口扒开的缺口，修补残缺不全的临背堤坡，加高培宽低矮薄弱堤段，搜寻和翻堵獾狐洞穴，这些工程都要配合各县段完成。向党委和地方政府要干部健全和充实各级机构，要民工上堤干活，要粮款以工代赈，还有写文件、下指示、定规范、看报告，事无巨细、缜密布局，一切都在新班子的运筹帷幄之中。

1947年元旦，列队团拜，测量队10名同志，对面分立，大家先转身向局长鞠躬致意，对拜后，钱局长以"军队向前进，生产长一寸"开题，做了一篇颇有诗意、简短明了、贴切形势、生动新颖、催人奋进的新年贺词，全过程几分钟，大家深受鼓舞。

全局一盘棋，无本位观点

黄河复堤任务重，测量队人少事繁，但支脉沟老化淤塞，排水不畅，雨季有可能农田积水成涝，农产歉收，高青、蒲台、博兴三县地方政府，请求河务局做技术指导。钱局长胸怀大局，满口应允。她和队员们步行上河，全程踩线，再根据测量记录，指导纵横断面开挖设计、计算方量和用工量。施工时三县有联合指挥部，钱局长百忙中两次到工地视察。从测量、挖方，到竣工验收的全过程，我都参加，还写了总结报告，至今忘不了老首长的全局观点。

马驼背包，赤脚行军

由于麻湾和宫家隔岸对峙，堤距很窄，前者坐弯迎溜，后者历史上曾险些决口，形势相当严峻。清朝水利专家，设想在麻湾险工的后身，修筑一道圈堤，顾名思义"皇坝"，作为万一决口后的退路，以求缩小灾害范围，但直到民国也还是画饼充饥，纸上谈兵。1937 年汛期果然一语成谶应验了老专家的预见，麻湾决口了！

人民治黄初始时，田浮萍主任率众先堵旱口，再筑五道人字坝，势如磐石、固若金汤。钱局长洞察黄河历史、未雨绸缪，毅然决定把先人未实现的举措，落到实处。圈堤内有好几个村庄，方圆 5 千米，从无到有、工程浩大。定线、测量、设计、施工，她亲临现场，坐镇指导。那一天，雨后堤顶黏糊糊，布鞋行走不便，她和测量队从三大王到麻湾，光脚走数十里；她有马不骑，叫大家把背包放在马背上，和大家同甘共苦。

皇坝施工，动员渤海区黄河南北十多个县的数万民工，钱局长任总指挥，首创碌碡夯实，质量上乘。建成后皇坝易名溢洪垱，修涵闸放水浇地，垱内农田成了保丰收的灌区。

全河庆安澜，领导不居功

1949 年汛期，黄河迎来归故后首次巨大洪峰，水位之高、流量之大、溜势之急、漫滩时间之长，不亚于1937年麻湾决口时的水情，甚至有过之而无不及。千疮百孔的堤防，只突击完成修补残缺，还没来得及进行全线培厚、增高；当年马扎子决口后，青城县25千米沿堤被淹，农民都在背河坡安家落户，上一层、下一层，密密麻麻，家家有坑洞、鼠窝、窨窖，村村有水井，这些都是明患，随时可能因渗而漏；还有数不清的獾洞，今天翻筑完毕，鼠獾杀灭不了，明天再来掏洞，还有很多埋藏着的若干隐患，都给防汛带来难题。

迎战洪峰，接受考验。行署于秘书长任总指挥，钱局长任副总指挥，指挥部设堤上，指挥部动员十多万群众上堤设防，平土堤段1000人1千米，巡堤查水、抢险堵漏；险工抛砖石固根，抢修吊蛰、坍塌的埽坝。20多天里，她吃不好、睡不好，哪里有重大险情，就亲临阵地，指导抢险。

汛后庆安澜，各县领导和劳模代表齐聚姜家楼。庆功发奖后，钱局长做总结报告，数小时发言，凭口无稿，把抗洪斗争胜利，功归党和政府，劳归广大群众，把实际抗洪斗争的事迹，上升到防汛理论。她讲话时，态度谦虚、铿锵有力，数百人的会场静得出奇，没人东张西望、进进出出，一个个聚精会神地静听。我一旁记录，誊写后经钱局长审阅印发。

海纳百川，谅人过失

机构日渐壮大，省局先迁三柳杜，再迁姜家楼，因该村有天主教堂，房多屋宽敞。我还在测量队工作，某日趁阳光明媚，在院内复晒图纸，突然刮来旋风，哐啷巨响，把1平方米靠墙放置的厚平板玻璃摔得粉碎，图

1949年6月，黄河水利委员会在济南成立。钱正英（前排右一）

纸也毁了,我吓得面如土色、不知所措。济南尚待解放,这物件有钱难买,是北撤时捎来的易碎品!心想准会受到严厉斥责和记过处分。偷眼一瞧,近旁坐在阳光下审阅文件的钱局长,纹丝未动、头也不回,若无其事。又想,她也许要队长批评我,可队长事后仅轻松说一句:"今后干活要小心吆。"便拉倒了。我回想参加革命前在酱菜店当徒工,挑油罐送货,被后面急驰而来的人力车夫撞倒的遭遇,母亲赔钱补货,还受到老板冷遇,两事对比,不同结果,新旧社会两重天,耐人寻味。

同桌餐饮,深受感动

济南解放,接收的原河务局技术人员到姜家楼报到。同志们吃大灶,饭厅内有若干桌子,皆各自领菜取馒头,随便用饭。唯有他们受到照顾,8人一桌,煎炒烹炸,炊事员摆放整齐,钱局长每天陪同坐席,技师和工程师们深受感动地说:"让我们独自吃好饭食,局长公务繁忙,吃得很少,还陪同用餐,革命阵营真了不起,实在过意不去。"

大是大非,严肃认真

济南解放后,泺口设黄河办事处。春修期间,我随同钱局长乘车视察,工地上民工正忙于险工背河帮宽。按规定凡完工堤段,在背河堤坡每隔30~50米培修50~100立方米、高出大堤2米左右、不加夯实的虚土土牛,平工方量少、距离远,险工方量大、距离近,以备抢险急需。可这里把土牛修成没有间距、与堤齐平、形同大堤帮宽两米的特殊做法,这是违规作业。钱局长见了没立即发火,在会议室不避众人,不讲情面,对修防处主任进行严肃批评:"你这样做向省局请示了吗?你阅读过修防规范吗?你考虑过它的严重后果吗?黄河大堤今后不断加培,再施工时人们很自然地会把虚土培在堤内,造成莫大隐患。泺口地处济南重镇,是山东黄河上游,你耍小聪明,不经请示报告,自以为是,一旦渗水成洞、决口酿灾,你负得起这个责任吗?杀了你的人头,也顶不上千万人民的生命财产!"一席话把个县处级干部、比她还年长几岁的主任说得无地自容。钱局长下令立即全部拆除,翻工重修,报省局考审。我在一旁看得清、听得明,钱局长不愧是原则问题不放松的党的好干部。

晚会联欢,与民同乐

春节前省局青年干部排演戏剧《白毛女》,张学信饰杨白劳,李双菱、薛剑秋饰前后白毛女,我饰大春,年三十在村外公开演出,琴声悦耳、鼓乐喧天,姜家楼附近上千男女老幼奔走相告、前来观看。钱局长也在前排就坐。军民同欢,盛况空前。这次活动是局长安排指示的,是难得的军民联欢、鱼水交融的热烈场面啊!

1950年1月,黄委治黄工作会议代表合影(前排中)

平易近人,朴素无华

1950年春节后,省局迁济南,我调高青修防段,不久老首长升迁任治淮总指挥,后来,她又任水利部长、全国政协副主席。时隔半个世纪未能谋面。2005年,唐伯祥同志到北京治病,人地两疏,得到老首长的关怀。谁能想到,她家住在一个偏僻的弄堂里,房屋并不十分宽大,陈设也不豪华,她的孩子们中个别也有下岗的。她的穿着还是朴素无华,她的音容笑貌还是平易近人、和蔼可亲。80余岁的人,退而不休,水利界的新人仰望她的阅历和智慧,常光顾她家,遇到难题请她实地考察,聆听指教。谈话中,她怀念当年从渤海行署随同她到山东河务局的5个人,也知道已故去2位,并向唐老问到我的近况,使我万分激动。

(原载2006年6月29日《山东黄河网》)

黄河记忆

风范长存 励志后人
——怀念齐兆庆同志

周月鲁

2010年12月25日晨，我正在南京参加全国水利工作会议，突然接到齐兆庆老局长不幸逝世的消息，心情十分悲痛，急忙返回参加齐老局长的遗体告别仪式。哀乐声中，齐老局长为山东黄河事业奋斗奉献的往事，在我的脑海里不断浮现。

齐老局长在山东黄河工作了40多年，为黄河治理开发与管理事业付出了一生的心血。他1948年参加治黄工作，曾在高青黄河修防段、惠民修防处、位山工程局、山东黄河河务局等单位工作，先后任秘书、科长、工区副政委、党办主任、副局长、局长等职。他的足迹踏遍了山东黄河的每一处险工、坝头，走到了山东黄河的每一个工程班、闸管所。他一生热爱黄河事业、奉献黄河事业，勤奋好学、务实肯干、讲民主、讲团结、廉洁自律、和谐淡定、奖掖后人，优秀的工作作风和思想品格在大河上下有口皆碑。

齐兆庆
（任职时间
1984.8~
1989.5）

记得那是1985年，正当李家岸闸建设施工的关键阶段，时任山东黄河河务局长的他带领有关部门的同志到工地检查指导。一到工地，他就直接下到基坑观察施工情况，并与正在施工的技术人员和工人交谈起来。他仔细询问工程的进度、质量，询问工程的技术、操作、保障，了解工程施工的每一个环节等，严谨、细致、深入、一丝不苟，严格要求。在工地吃饭的时候，与工地上的同志们边吃边聊，和蔼可亲，和谐融洽。

一提起齐老局长，长期与他共事的同志都感到他工作勤奋，善于学习，处事稳重，勇于开拓，是一位领导作风民主、领导方法科学、领导艺术高超的好领导。1990年，我在河南省委党校参加黄委举办的领导干部学习班，有幸聆听了齐局长《团结一班人做好治黄工作——谈谈当班长的体会》的讲课。他紧密结合自己的工作实际，讲了如何做好领导工作的体会：作为领导班子中的主要负责同志，要善于谋断，善于把握方向、把握大局，善于团结一班人一道工作，善于结合本单位的工作实际创造性地开展工作；作为一名领导干部，要讲究领导的科学性和艺术性，要具有高超的指挥协调能力，要严于律己、宽以待人、有容人之量，要不断学习、不断创新……这些讲话，至今深深印在我的脑海之中。

齐老局长在山东局领导班子当"班长"期间，班子团结和谐、工作业绩突出，山东河务局以及他本人年年连续被黄委表彰。在领导工作中，他十分注意发扬民主，尤其是重大事项的决策，广泛听取意见，十分慎重。而一旦认识明确，时机成熟，他就会果断决策，付诸实施。那是在全国拨乱反正不久，市场经济刚刚萌芽，计划经济的氛围还十分浓厚的时候。为了探索山东黄河的改革发展之路，齐局长带领一班人深入学习领会中央和上级的精神，紧密结合山东黄河的实际进行调查研究，率先在山东黄河进行改革。试行岗位责任制，探索黄河经济发展的新途径；试行基本建设项目以"四包"（投资、质量、工期、安全）、"三保"（资金、材料设备、施工图纸）为主要内容的承包责任制等。1987年10月，黄委在山东河务局召开改革现场会，总结推广山东局的改革经验。记得当时担任《黄河报》总编辑的邓修身亲自带领几位记者到现场采访，《黄河报》及时编发了社论和消息，并开辟了"山东黄河改革见闻"

专栏,陆续发表了《由顺从型变思考型的启示》《齐兆庆的用人之道》等系列报道。

齐老局长经常教育我们,当干部要一心为公,廉洁从政。1988年,我在济阳县局任局长时,齐局长帮助我们承揽到一项工程。工程结束后,项目部为参与工程的同志每人买了一条几十元的化纤被子作奖品。因为工程是齐局长为我们联系的,就派人给他送去一条。可齐局长不但没收,还语重心长地对我们说:"虽然我经常说要奖励大家,鼓励大家增加收入,但这东西我自己是不能拿的。"还有一件事情,我的印象特别深。1989年底,作为基层单位的代表,我与齐局长、葛应轩局长等一起到郑州参加委务会议,来回路上都是在菏泽路边的小吃摊上吃饭,一个烧饼、一碗羊汤,从不去打扰基层。这些虽然看起来是小事,但却是齐局长在廉洁自律方面对自己严格要求的缩影。

从旧社会成长起来的齐老局长,小时候没有上过学。一参加工作,他就坚持自学。在惠民工作的3年中,他总是起早贪黑每天骑自行车跑五六里路,进文化学校补习文化。后来,他当秘书,长时间从事艰苦的文字工作。经常到一线职工中去,帮助基层总结经验。1949年防洪、1958年抗御大洪水、人民治黄40周年等重大事件与活动的总结材料,均出自他手。由于齐局长善于学习、善于思考、善于总结,他对黄河治理开发与管理,对如何做好山东黄河的各项工作,对如何当好一名领导干部都有自己的思考和感悟。在长期的黄河治理开发与管理实践过程中,他总结了许多经验,写下了大量的调查研究报告和工作体会文章。虽然这些文章他自己署名的不多,公开发表的也不多,但是,这是齐局长留给我们后人的一笔宝贵财富,是山东黄河事业发展的重要镜鉴与资本。由此,也可以感受到齐局长像蜡烛一样,燃烧自己、照亮他人的奉献精神。

齐老局长非常重视年轻干部的培养和选拔使用。他言传身教，经常结合自己的工作经验对年轻同志讲如何做人、如何做事，讲自己的工作体会和方法，讲在工作中如何讲原则、如何讲风格。尤其值得称道的是，正当他在山东河务局局长位子上做出成绩，推动了全河改革的全面发展，山东局连续几年被评为全河先进单位，提高了山东局的知名度和影响力之时，他却激流勇退，主动提出让出局长职位退居二线。由此更可以看到齐局长那难能可贵的宽广胸怀。

齐老局长退下来以后，一如既往地关心黄河，为黄河事业发展操劳。刚刚离休后的那些年，他年年担任黄河防汛顾问。每年汛期，他都与有关人员深入黄河防汛第一线，认真查看工程情况和防汛准备工作，尤其是对于一些险工险段，都是亲临现场，提出建议意见。他还经常就黄河治理开发与管理的有关问题进行调查研究，参与黄河小浪底水利枢纽工程兴建后对山东的影响及对策、黄河河口治理开发、东平湖治理等专题研究，就引黄灌区的泥沙淤积以及黄河水资源不足等问题，先后提出了治水治碱和修建水库等建议，受到有关部门的高度重视，许多被采纳、实行的建议，产生了较大的经济效益和社会效益。2001年，我在黄河上中游管理局工作期间，齐老局长带队与几位退下来的领导同志到西北考察黄土高原水土流失。白天，他带领大家一个沟壑一个沟壑地跑，晚上，不顾一天的颠簸疲劳，邀请专家进行座谈，进行认真细致的讨论，写出了考察报告，提出了一些很好的建议。每当想起此事，我都十分感动，一位长期在黄河下游工作的老领导，为了黄河下游的治理，竟然如此认真地考察研究黄河中游，由此可见其对黄河事业的热爱和对黄河治理的执着。

我对齐老局长热爱黄河事业和关心培养年轻干部的体会颇深。我在西北工作期间，回山东去看望齐老局长，他从不谈个人的事情，总是谈工作，谈发展，谈思路，谈黄河的治理开发与管理，鼓励我们把黄河的工作干好。

黄河记忆

2009年我回到山东局工作，几次拜访齐老局长，他照样都是谈工作，从不提个人的事情，不提个人的要求。他嘱咐我工作要抓住重点，大胆管理，并反复叮咛，需要老同志们干什么，需要我做什么尽管说。他一生都在为黄河操劳，心里想的都是如何帮助年轻的同志把工作干好。目前山东局的许多干部，都得益于齐老局长的关心、帮助、培养和教育。每当想起这些，就不由得产生感激之情。

离休后，齐老局长不仅继续关注黄河事业的发展，做到了老有所为，而且，做到了老有所学，老有所乐。他兴趣广泛、多才多艺、勤于耕耘，尤其在学习传授太极拳、太极剑和在摄影创作方面做出了显著的成绩，受到了大家的赞誉。离休后的一段时间，他天天坚持学练太极拳、太极剑，待自己熟练掌握了以后，又动员其他离退休的同志学习，坚持天天早晨早早起来进行教授，对于太极拳、剑在山东黄河的普及，对于山东黄河职工的强身健体起了重要的先导作用。齐局长一生钟爱黄河，喜欢摄影。他拍摄了大量反映黄河事业发展、反映黄河职工风采的照片，并出版了《齐鲁黄河劳模风采录》《百荷竞辉》两本摄影集。尤其值得一提的是，为了给山东黄河的劳模摄影，他历时2年，跑遍了山东黄河各个市县局、河务段以及沿黄60多个村庄。有时候，为了给一位劳模拍一张理想的照片，他往返几次，一遍一遍地拍，直到满意为止。

脑中浮现着齐老局长的音容笑貌，想着齐老局长的高风亮节，忆着齐老局长对自己的谆谆教诲，我不由得又一次默默地祈祷：尊敬的齐老局长，您虽然已经离开了我们，离开了黄河，但您崇高的精神却永远留给了我们，留给了黄河，并将永远激励着我们热爱黄河、建设黄河，为维持黄河健康生命、促进山东黄河又好又快发展进行不懈努力。

（原载2010年12月29日《山东黄河网》）

于祚棠以淤代石挽狂澜

崔 光

于祚棠（1899~1982），利津县北宋镇于家村人。第一届全国劳模代表，治黄特等功臣，1950年8月加入中国共产党。在60年的治黄生涯中，他屡建奇功，力挽狂澜，被誉为黄河抢险第一人。

汛兵于祚棠

"黄河决口，真是'天意'吗？"青年于祚棠经常发出这样的疑问。

1921年7月19日，利津宫家坝决口，离口门不足5千米的于家村遭受了灭顶之灾。于祚棠一家人侥幸逃出，起初露宿坟岗，后到河东许家村大王庙内栖身。待水落时家园已荡然无存，昔日的良田变成了一片沙丘。这个几乎被黄沙掩埋住的小村，周围土地多年寸草不生，"有风沙盖家，无风白花花"，从那年起，于家村被叫成了沙窝于。

有啥法子能保住黄河不决口？难道老百姓受灾就真的是"天数"，"在劫难逃"？从出生几个月就逃洪水，经历了七次黄河决口的青年于祚棠带着惶惑与疑问，在宫家决口十几天后，走出栖身的大王庙，来到旧山东河务局南四营当了汛兵。

庄稼地里的好把式，汛兵中间的利索手。勤奋、好学、善于动脑、不怕吃苦，恪尽职守，短短几年，黄河上所有"营

于祚棠（1899~1982）

生"，于祚棠干起来得心应手，拾得起放得下。于是，在不到十年的时间里，从班长升汛目，从汛目升汛长，先后驻守佛头寺、小街、王庄等险工，率领河工参加了多次黄河抢险堵口工程，练就了一身抢险、修埽、看水、估工的绝活。他始终认为，河工修防事关国计民生，乃重中之重，应总揽全局；河道治理必须审时度势，周知其弊，方可严立其防。就在他踌躇满志、想为治黄事业建功立业之时，1938年6月，国民党军队为阻挡日军进攻，在河南花园口扒堤放水，黄河改道入淮。又因日寇入侵，利津沦陷，县河务机构撤销，于祚堂被迫归家务农。

险情的克星

"一想到黄河的危害，我浑身上下就来了力气！"这是于祚棠常说的一句话。

1946年，国民党当局决定堵复花园口，引黄河水归故道。面对废弃8年、千疮百孔的黄河下游堤坝，解放区人民迎来了一场险恶的反蒋治黄斗争。利津治黄办事处成立后，即着手组织富有治黄经验的河防人员加入人民治黄队伍。1947年4月，48岁的于祚棠应聘担任了利津县治黄办事处（后改称为利津修防段）工程股副股长，全身心投入了人民治黄事业。

在参加了三个月的紧张修堤任务后，于祚棠出色的表现受到了领导与河工们的好评，他被提升为工程队队长，全面负责驻守王庄险工堤段。

王庄险工，是黄河下游一座著名的险工。这里坐弯顶冲，位置险要。自1899年以来，发生过多次重大险情，在不足1.5千米的堤段上，就有口门6处。因此，王庄险工也就有了"黄河下游第一险"之称。

1947年7月下旬，黄河归故后首次洪峰在战火中向黄河口倾泻。与黄河洪水打了几十年交道的于祚棠十分担心那些新修做的秸埽。果然，险情自上而下次第发生，大马家、綦家嘴、张家滩等险工频出大险，连续抢险四十多天始得稳定。9月初，洪水愈发凶猛，王庄险工十几段埽坝相继掉蛰入水，形成5处大险。于祚棠上下奔跑，与县长王雪亭紧密配合，指挥一千多名民工全力进行抢护。在这最危急的时刻，国民党军队的飞机肆无忌惮地前来低空轮番轰炸扫射，于祚堂一边指挥民工注意隐蔽，一边密切注视埽坝变化。突然，一架敌机迎面而来，一串罪恶的子弹在他脚下爆炸，身边的一名民工应声倒下。

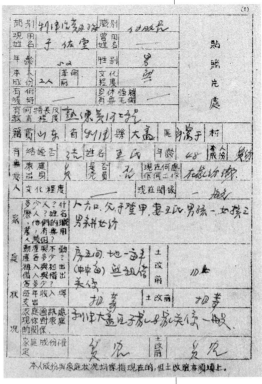

于祚棠履历表

洪水丝毫没有减弱的趋势。14个昼夜过去了，埽坝全部塌入河中，堤防仅余一米多宽。在料物烧光用尽、一线难保的情况下，指挥部决定放弃一线大堤，退守套堤，死保二线。9月20日晨，大堤终于坍塌，洪水扑向套堤。该堤于汛前刚刚抢修而成，靠水后渗漏不断出现。于祚棠东奔西跑，指挥大家奋力抢堵。突然，套堤背后有一漏洞，水流喷涌而出。于祚棠奋不顾身跳入水中并指挥抢险队员拉手结成人墙在水中循序探摸。洞口很快被找到，于祚棠脱下身上的衣服团了团塞进洞口，但吸力太大了，不等松手就被吸走了。紧接着往洞里抛麻袋，塞料物，但都因水流急，无济于事。后将一个大网包填入，也被水冲出堤外。眼看着洞口越来越大，情况万分危急。泡在水中的于祚堂看到坝上有一些秫秸，他想喊人去抱，早已干哑的嗓子却喊不出声。他急中生智，冲上堤坝扛起一个秫秆捆插入洞口，并示意众人效仿。民工们见状便纷纷抱来秫秸捆塞进洞口。水势渐缓后，忙又用软料、麻袋覆盖，终于将洞口堵住。

黄河记忆

就这样，于祚棠与工人、民工一起，冒着枪林弹雨，狂风恶浪，奋战20个昼夜，抢修堤坝23段，堵塞洞口16个，终于化险为夷，转危为安。

1949年，黄河出现归故后的首次大水。洪水拍岸盈堤，汛情紧张异常。仍在王庄险工驻守的于祚棠得知汛情后，对险工上下河势进行了详细查勘。经验告诉他，大溜极有可能下延，便在有可能出险的堤段上备足了料物。果然不出所料，在估计出险的堤段上有七八段埽同时出险，41、42号掉蛰溃腔尤为严重，连续加料三十多坯始见稳定。14个昼夜过去了，30多处险情趋于稳定。而于祚棠身上的疥疮已布满全身，两腿肿得发亮，但他仍和工人们一起修工抢险，从未离开现场。这天，时任山东河务局副局长的钱正英乘船前来视察，见此状况对老于说："你这里工程很差，要千万注意啊！"于祚棠点点头，心里说，局长放心吧，人在堤在。

洪水继续上涨，巨浪冲击堤坝。大溜下延到48号磨盘埽出现重大险情，埽体一小时塌掉6米多，而此时最缺的就是石料。于祚棠心想，全河多处告急，从别的险工调运是不可能的，就是能调来，也是杯水车薪，无济于事。要人有人，要料无料，抢险队员们眼看着险情不断扩大，心急如焚。在这危急关头，于祚棠瞥见背河近堤处有一片红淤泥，以淤代石？！只有这样了，他当机立断，朝着抢险队员、民工们大喊："同志们，赶快用麻袋装红泥啊……"一声令下，人们马上明白了过来，如猛虎下山，连续作战，一万余条麻袋装入红泥3400多立方米，投入埽下，代替石料护根，48号埽坝转危为安。这一方法很快在黄河两岸传开，各处险工如法效仿，均都化险为夷。汛期过后，渤海行政公署、山东省河务局授予于祚棠特等治黄功臣的称号。

"防患于未然"的实践者

在于祚棠个人档案里，几乎所有的鉴定都有这样一个共同评价：掌握工作全面，办法很好，工作上有预料性，估计工程心中有数，而且深入。不主观，不自以为是，技术不保守，团结好……

1950年，苏北潮河决口，屡塞不成。接上级命令，于祚棠率领一支混合工程队前往支援。实地勘查，入水探摸，发现溃口处的河底为"油泥"河底，于祚棠有了办法。他采取秸料进占，仅用两个小时就合龙成功。"神了……黄河上真有能人！"在场的干部和民工连连称奇，同行们纷纷竖起了拇指。于祚棠在当地名声大噪，获得了"山东大汉胜龙王"的赞誉。紧接着，他又被邀请到沂河帮助修建束水坝工程。在施工中，他毫无保留地向当地群众传授治河技术，培养了一批技术骨干，加快了工程进度，工程提前竣工。为此，华东水利部两次赠匾表彰。

这年8月，于祚棠光荣地加入了中国共产党；9月，被推选为出席第一届全国工农兵劳模大会代表，荣获全国劳模光荣称号。在北京，他受到了毛泽东、刘少奇、周恩来等国家领导人的接见。

"防险重于抢险""抢小、抢早，省工省料""观

于祚棠在山东河务局欢迎参加全国英模大会上的讲话（原载《人民黄河》）

溜向河势以知工情",这些宝贵的治河经验,于祚棠经常挂在嘴边。不论酷暑严寒,随时随地观察河势,掌握工情已成为一种习惯,目的只有一个——防患于未然。

1952年汛期,他根据麻湾险工溜势上提的趋势,推断出宫家险工溜势将会下延。在他的建议下,宫家险工58号坝接长,挑溜外移,避免了险工下首滩地坍塌,防止了新险的产生。1953年右岸小街春修,他提出其中4段秸埽不改乱石坝,领导采纳了他的建议,两年后,这里已淤成了滩地。一个建议,为国家节约了大量资金。1956年汛期,滨县龙王崖溜势突变,北岸滩嘴坍塌严重。于祚棠通过观察河势,力排众议,力主立即在左岸张王庄滩嘴修建护滩工程以确保对岸打渔张引黄灌溉工程顺利施工。后来证明,他的建议是科学、正确的,至今仍发挥着效益。采取他的建议而发挥的工程效益,举不胜举。

从22岁加入治黄队伍到1982年去世,于祚棠与黄河打了60年交道,经历了晚清、民国、新中国三个历史时期。他由怨恨黄河到热爱黄河,把毕生的精力和聪明才智全都献给了伟大的人民治黄事业,他的业绩已载入史册,他的名字将永世流传。

(原载2009年7月山东黄河文化丛书《沧海桑田黄河口》)

追忆黄河特等功臣薛九龄

李林秋　马琦玮

薛九龄，是一位从事治黄60余年的老河工。他历经清末、民国和新中国三个时代，毕生从事黄河治理工作。他为中国大江大河的抢险堵口做出过突出贡献，被人们誉为黄河埽工"土专家"。

1882年，薛九龄出生在山东省滨县北镇一个贫苦农家。因生活所迫，16岁就参加河防营当河兵、班长、汛目。民国时期，在直隶省河务局濮阳河务段任汛长、河防营营长、段长等职。1938年民国政府黄河水利委员会成立后，任工程队长。1948年8月，66岁的薛九龄在渤海解放区参加人民治黄工作，任山东省河务局直属工程队一队队长。1949年2月，调任蒲台县治河办事处工程股副股长。1956年，当选为蒲台县人民委员会委员及县人民代表大会代表。同年经省河务局批准，在惠民修防处在职养老。1966年5月20日，因肺结核感染，医治无效去世，终年84岁。参加人民治黄以后，薛九龄先后被黄河水利委员会、治淮工程指挥部、山东黄河河务局、渤海行署、蒲台县政府分别授予特等功臣一次、一等功臣四次、先进工作者多次等荣誉称号。

薛九龄肖像

黄河记忆

薛九龄一家

决战麻湾抢险的"薛老头"

薛九龄一生从事治黄事业，参加抢险堵口近百次。据老人生前回忆，其中最惊心动魄的当属1949年的麻湾抢险了。

博兴麻湾于1937年曾决口，适逢蒋介石扒开花园口，黄河夺淮入海，山东河竭。1938年，蒲台县旧政府在原口门处后退修建弧形大堤，顶弯坐溜，南北走向，地势险要。1946年人民治黄，在南北坝之间修了五道人字坝，北坝头长达120米，严重伤溜。1949年黄河适遇丰水年份，形成黄河归故以来最大洪水，各县险工大部分发生溜势变化，埽坝坍塌连续出险。8月1日，垦利专署成立防汛指挥部，张辑五任政委，王沛云任指挥，周金生、张雨村任副政委，田浮萍任副指挥，统一指挥惠民、滨县、蒲台、利津、垦利的防汛抢险工作。时年67岁的薛九龄被调至指挥部任技术指导。9月18日，由于溜势变化，主溜直冲麻湾北坝头，不久坝头开始出现根石严重走失现象，坝身出现蛰裂险情。经研究，指挥部决定立即采用抛柳石枕进行抢护。然而，因水大溜急，柳石枕一入水即被冲走，根本抢护不及。9月19日，指挥部下令改用柳枝搂厢抢护。9月20日上午9时，经过抢护人员的奋力搏斗，险情暂时被控制住了。人们刚要松一口气，谁知下午6时，搂厢又一次墩蛰入水，拴在坝顶的八丈绳因受力太大，眼看就要崩断，搂厢抢护也已起不到作用。眼看北坝头仍在一点点的墩蛰，如若北坝头全部溃坝，水溜将直冲大堤，很有可能造成堤防溃决，一旦堤防决口，后果不堪设想。县长、书记急得直跺脚，连声问垦利分局田浮萍副局长："这可咋办，这可咋办啊……"田浮萍沉思了一会，说道："快去把薛老头叫来！"不一会工夫，满身泥土的薛九龄气喘吁吁地来到田浮萍面前，没等田局长发问，薛九龄就先开了口："田局长，不能再这么抢了，越是强堵越堵不住啊。"田浮萍一听，忙问道："老薛，那你看该咋办？"薛九龄说："麻湾堤距仅500米，水流到这里，就像到了人的喉咙眼，太窄了，又加上立在河中120米的北坝头，水溜到此更急，硬抢不是办法，必须按照河势水流规律，因势利导，大堤才有可能保住。我算着咱再让坝头塌上30米，等溜势顺了以后再抢。"县长、书记听了薛九龄的话，很是担心："让北坝头再塌30米后抢护，这样是不是太冒险了，万一到时再抢不住……"田浮萍副局长沉默了一会："老头，就按你说的办，全看你的了。"

　　有了将令，薛九龄果断下令砍绳，放弃搂厢，在预定地点打上桩、拴上绳、捆好枕，做好开埽的一切准备。9月22日，北坝头坍塌至预定地点，薛九龄立即指挥顶厢开埽。首先将已捆好的直径0.8米、长26米的浮枕推入水中，并用龙筋绳两根，以八丈绳做底勾绳，间隔纵向使用，用6根核桃绳编底，进行第一批做埽，然后做第二批、第三批……直至第二十一批达到出水高度后，迅速压上顶土。此时，滚滚黄河水贴坝头流过，北坝头终于保住了。堤岸上欢声雷动，人们高举起土筐、铁锹和扁担等工具欢呼胜利！

　　因在麻湾抢险中的突出功绩，薛九龄荣立一等功。

黄河记忆

不久，因抢险需要，薛九龄又被调往垦利县前左等险工指导抢险。49年的大水共持续了40多天，已近古稀的薛九龄也和年轻人一样，整整在抢险一线奋战了40多天。

五庄堵口与"功臣杖"

1955年1月30日，利津五庄村段堤坝凌汛决口，口门宽80米，洪水顺临河堤根冲刷成一条深沟，水出口门在约2千米处与另一股西口门溃水汇合，沿1921年宫家坝决口故道经利津、沾化注入徒骇河河道入海。利津、滨县、沾化3县360个村庄17.7万人受灾严重。为避免大水带来更大危害，使灾区人民早日恢复生产，山东省人民委员会决定，在桃汛前堵复决口。由山东河务局和惠民专署组成"山东黄河五庄堵口指挥部"，山东黄河河务局副局长刘传鹏、垦利分局局长田浮萍、行署专员邢军负责领导指挥决口堵复施工。

20世纪50年代指导位山枢纽截流时的薛九龄

当调薛九龄的调令下达到蒲台治河办事处后，办事处的领导犯了难：老薛已70多岁了，他还能在天寒地冻的野外工作吗？他还能撑得起堵口现场紧张繁重的工作吗？得知领导的顾虑后，薛九龄拄着拐杖找到办事处领导，态度坚决地说："你们放心吧，我老汉子身板还硬着呢，啥时候报到？我好早回家拾掇着（准备着）。"就这样，薛九龄毅然投入到了紧张的五庄堵口施工中，担任五庄堵口的技术总指导。经过前期周密准备，3月6日，6000余名民工从两岸同时进占，73岁高龄的薛九龄顶着七级北风，冒着漫天飞雪，坚守在零下十几度的施工一线，及时解决堵口中遇到的各种问题。他亲自掌坝，认真检查桩绳挽扣，一丝不苟。为了抢时间，薛九龄与堵口施工的民工一样，吃住在工地，有时一天只吃一顿饭。指挥部的领导怕他身体吃不消，劝他注意身体，适当休息，薛九龄却说："我干的只不过是个指挥、检查的活计，比起实际操作施工的同志已轻快多了。"一线的同志们看到这么老的技术专家都这个拼劲，很受感动，打心底里佩服他。山东河务局副局长刘传鹏多次在工地的广播喇叭上亲自表扬薛九龄同志对工作高度负责、一丝不苟的精神，用以鼓舞士气，坚定信心，加快施工，号召大家向薛九龄学习。经过参与堵口全体人员的日夜奋战，于11日抛枕合龙成功，紧急修作后戗工程后，13日五庄堵口胜利竣工。山东省副省长李澄之、惠民地委书记李峰等赴工地慰问，并举行了庆功发奖大会。薛九龄拄着他那根满是泥土的拐杖走上主席台，在领取了奖状后，山东河务局所属五庄堵口工程指挥部又赠送老薛一根专门制作镶嵌有尺寸刻度和"堵口纪念杖"字样的紫檀新拐杖，指挥部领导紧紧握着薛九龄的手说："你才是我们工地最大的功臣、最大的英雄。"

1955年五庄堵口成功颁给薛九龄的纪念杖（功臣杖）

征战南北的"土专家"

薛九龄投身治黄六十余年，转战于黄河、渭河、长江、松辽四大流域，河南、河北、山东、江苏、安徽、辽宁等省的江河坝岸上，都留下过他的足迹和汗水。他久历江河抢险堵口鏖战，无数次顶酷暑、斗严寒、栉风沐雨，参加决策和主持黄河、淮河、长江等堵口、截流32次。20世纪50年代初，先后参加了江苏镇江、淮安三河闸、辽宁大伙房水库截流等大型水利工程施工。1952年汛后，江苏省水利厅埽工队在三河闸截流工程中合龙失败，华东军政委员会水利部副部长钱正英指示，"山东黄河工程队有堵口、截流经验，可请他们施工"。山东河务局接到江苏省邀请后，选派薛九龄等六名有堵口经验的老河工前往支援淮河三河闸截流工程。当时，拦河坝已经两次堵口合龙失败。在截流合龙的关键时刻，他冒着七级大风坚守工地指挥抛枕进占，连续三昼夜不眠，直到合龙成功，被三河闸工程指挥部授予"特等功臣"称号。

黄河记忆

由于薛老的突出贡献,"古稀"之年后享受特殊在职养老待遇。但薛老仍不辞辛劳,积极参加了山东位山、王旺庄、河南花园口枢纽等黄河拦河大坝截流工程。他在历次抢险、截流的紧张时刻,均不顾年老体衰,不避雨雪风霜,不畏艰难险阻,昼夜坚守抢险工地,严谨指挥施工,赢得了各级领导和职工群众的尊敬。薛九龄没文化,识不得几个字,他却善于观察,勤于思考,精于心算,在几十年的治黄工作中积累了丰富的实践经验和熟练的埽工技术、工料估算。一个地方出了险,他到那儿一看,需多少料、多少石、多少工,张口就来,并且经事后核验相当准确,领导和同志们都非常佩服他,称他为黄河埽工"土专家"。1963年,黄河水利委员会组织专家和有经验的技工编著《黄河埽工》一书,薛九龄不顾81岁高龄,毅然参与了这项有着重要意义和价值的大工程。

薛九龄参与编写的《黄河埽工》一书

由于年事已高,眼睛花得厉害,他只好戴着老花镜、拿着放大镜描绘河工操作场景、施工要领等示意图,实在看不见、画不出来就口述,让别的同志笔录。由于时间紧、任务重,熬夜加班成了他与同志们的家常便饭。人们怕他身体受不了,让他多休息,薛九龄说:"你们都在这忙活,我咋能睡得着啊。"看到80多岁的薛九龄这种不次于年轻人的工作精神,编写组的同志备受感染和激励,纷纷向薛老学习。经过近一年的紧张编写,历经数次修订,《黄河埽工》一书终于在1964年初编著完成并由中国工业出版社出版发行,为后人留下了丰富的埽工经验和一笔十分珍贵的江河治理操作技术遗产。

(原载 2009 年 7 月 7 日《黄河报》)

坐手推车的工程师
——周保祺

张学信

提起坐手推车的工程师，对山东河务局的青年来说都觉得不可理解，但对山东人民治黄初期的老同志来讲，却无人不知、无人不晓。

这位工程师就是周保祺先生。他于1893年出生在江苏省淮安县一个贫民家庭，1911年毕业于天津北洋大学土木科，1936年即任扬子江水利委员会勘察队队长，曾辗转西康、四川、江苏等水利工程部门任技正、科长等职，饱经风霜。解放战争全面爆发时，周保祺先生愤然脱离了国民党政府水利部门，于1946年3月投奔中国共产党领导的解放区，参加革命，在苏皖人民政府水利局任技正。是年9月，国民党军队向苏北解放区发动军事进攻。周保祺随新四军北撤来到山东，12月调到山东省河务局任技正，后任工程科长兼技术室主任，具体负责山东黄河治理的技术工作。

1946年，渤海解放区人民为粉碎国民党政府水淹解放区的阴谋，开始了大规模复堤修防工作。周保祺来到山东省河务局后，立即投入反蒋治黄斗争中。当时条件极为艰苦，技术人员极端缺乏，年过半百的周保祺，由通信员用独轮车推着行李，自己坚持拄着拐杖徒步，或坐着手推车，奔走在施工工地及每个险工，解决技术问题，检查施工质量，指导施工。1947年黄河归故后的第一个汛期多次涨水，渤海区43处险工因9年脱河，堤坝残缺

黄河记忆

不堪，遇水相继出险，抢险十分紧张，料物器材极其缺乏，国民党军队及飞机不断袭击骚扰，周保祺不避艰险，冒着敌机的轰炸扫射，亲临抗洪抢险第一线指导抢修工程。在整个汛期，他不辞辛劳，连续奋战，哪里出险他就到哪里，风里来，雨里去，夜以继日地工作。利津县王庄险工坐弯顶冲，十分险要。在制订工程计划时，周保祺根据自己的经验与险工的险要状况，建议在险工后面修筑一道套堤，作为二道防线，以确保防洪安全。山

利津綦家嘴埽工

东省河务局领导采纳了这一建议，在汛前抢修了套堤。1947年大水到来，王庄险工果然接连出险，一线大堤几经抢护未能守住，2000多名抢险员工退守套堤，继续抢护，最终保住了堤防安全。人们无不称赞修做第二道防线的及时与正确，避免了一次黄河决口。在周保祺的建议下，当时在綦家嘴、五甲杨等一些相当险要的堤段也都修筑了二道防线。实践证明，这一工程措施在当时是相当必要的。

周保祺身体不是很好，腿脚经常浮肿，但他仍以旺盛的革命热情积极工作。每到春季或汛前，他都会把渤海区的堤防工程查看一遍，全面掌握工程情况，发现问题就找治河办事处负责人共同研究，商定解决方案。他的足迹踏遍了所有工程，每处工程都浸透他的心血与汗水。

周保祺先生事业心很强，一心扑在工作上，很少谈及个人及家庭问题。他老伴去世早，家中还有4个孩子，生活十分困难，儿女们也曾多次来信，诉说家庭困难处境，希望他回去照顾家庭。但他热爱治黄工作，知道治黄工作需要他，仍然积极投入到紧张的治黄工作中去。

周保祺在生活上十分俭朴，与治黄职工同吃同住，从不搞特殊。他为人诚恳朴实，平易近人，和干部职工相处融洽，受到大家的尊重与爱戴。他是山东黄河举足轻重的技术人员，但他却很虚心，经常深入实际，向群众做调查研究，尤其对老河工们十分敬重，耐心听取他们的意见与建议，从中吸取他们的经验与智慧，使理论与实践相结合。当时，山东河务局印发的《修堤须知》《整险技术规程》等技术规范性文件，就是周保祺同老河工交谈、吸取老河工的经验起草制定的。这些规定对加强施工管理与保证工程质量发挥了重要作用。麻湾险工4道大型人字坝工程，也是周保祺根据老河工的建议制订的施工计划，建成后对防御洪水起了很大作用。

1948年12月，华北人民政府受党中央委托，在河北省平山县召开会议，研究筹建黄河水利委员会。1949年6月，周保祺作为华东解放区的代表，参加了黄河水利委员会成立大会，在会上他当选为黄河水利委员会委员。6月21日，过度劳累的周保祺在会上突然鼻孔出血，但他没有放在心上，下午仍然冒着炎热的高温到北店子勘察玉符河工程。第二天，他虽精神不济，仍坚持参加会议，直到实在不能支持时才退席，回到宿舍休息了一会儿，之后继续审查工程计划，坚持工作到晚上，随后他的病情突然发生恶化，经医院检查确诊为脑溢血，经抢救无效，病逝于济南。

周保祺先生病逝后，山东省河务局局长江衍坤、副局长钱正英主持公祭，黄河职工400余人参加。6月30日，山东省人民政府特令予以表扬，并批准为革命烈士。

（原载1996年第3期《黄河政工》）

黄河记忆

我的父亲是"老黄河"

楚光俊

父亲自幼丧母，因家贫，考取了济南师范学校又无奈放弃，转而考取了管吃管住的水利专科学校，1949年下半年，与近30名同学一起，到在惠民县姜楼的山东黄河河务局参加工作。时任副局长的钱正英在迎接会上对大家说："你们从现在开始，就正式参加革命了！"自此，父亲加入了治黄队伍，一干就是44年。

父亲的工作，主要是水工测量和施工。

1950年上半年，父亲在黄河入海口的孤岛上参加了第一次实地测量。据父亲回忆，测量队员分成导线、水准、地形、内业、后勤5个组，分别乘坐5条3蓬3桅的大帆船，向测量地——孤岛驶去。当时孤岛（神仙沟与甜水沟之间称大孤岛，甜水沟与宋春荣沟之间称小孤岛）上到处都是高可没人的芦苇、荒草、红荆条。草上爬满了野生大豆，整个孤岛上没有人定居。若在测量作业中发现有黑影移动，便立即提高警惕，密切注视着，恐有敌特。在草丛中行进时，还不时惊起野兔、狐狸和蛇，这让队员们提心吊胆，在开展作业时手中拄着棍子，探测脚下淤泥的深浅，打动草丛，以防被蛇咬伤。夜晚大家都在船舱里睡觉，木船的封闭不好，下舱就寝时，被褥上就会落下1~2厘米的沙土，用手一摸软绵绵的。吃饭前，碗也不能用水洗，因为洗了，碗的内壁上就会沾着一层泥。若用手指贴着碗的内壁绕一周，碗内会很干净，大家都乐呵呵地称这种洗碗法为"干洗"。大孤岛远离集镇，距最近的镇也有40千米，蔬菜基本没有，每天吃咸菜。隔几天吃上一顿鬼子姜（也叫姜不辣），有幸碰上渔民才能吃上一次炸梭鱼，算是改善生活了。

1949年黄河大洪水过后，整个孤岛上，到处是汊流和串沟。汛后落了层厚厚的淤泥，深者可达2米，春风一吹，表层土干了，下面却是稀泥，不了解情况的人，若按平常行路的姿势踏上去，双足立即会陷入稀泥中，而且愈陷愈深。当稀泥淹没了肚脐以后就会窒息而死，当地人把这样死叫作"插香"。每当经过这样的路段时，大家便将身体伸直，躺下打滚前进。还要用绳子拖着工具和仪器，中间不能停留。假如中途想坐起来休息或观望，屁股就会陷下去，遇到特别稀的泥还必须把2根或3根6米多长的竹竿平行铺下，人在竹竿上滚动前进方可。

大孤岛上的草长得又高又密，两名队员的间隔超过5米，就看不见对方。为了工作方便，导线的前旗和后旗所用的地形尺，全部用6~8米的长竹竿，在长竹竿上画10厘米的红白间隔，代替花杆或地形尺。为了相互照顾，保证每个队员的安全，测量队员每人带一个口哨，作为联系的工具。

当时父亲17岁，任导线前旗，导线桩之间相距约千米，在草丛里实在难找，遇到天阴时，尤其艰难。父亲和其他测量队员一起克服了种种困难，密切协作，终于完成了测量任务。详细记录下了黄河三角洲的地形、地貌。此外，还勘测了3条干流和支流的流速、流量，搜集调查了河口地区的土壤、淤积、垦殖、河道变迁规律，为治理黄河三角洲提供了可靠的参考数据。后来出版的地图上标出的三角洲的神仙沟、甜水沟、宋春荣沟的确切位置，就是这次测量出来的。

黄河记忆

1954年春父亲参加了垦利朱家屋子黄河大堤帮宽工程，这项工程大约土方40万立方米，调用民工6000人，工期15天。当时由于准备参加施工的工程和财务人员不足，从铺工放线、划定土塘、掌握工程质量、填写施工日志、现金流水账、收方算账，全由父亲一人来完成。

父亲分到张辛区，工段长约1500米，民工2000人，

1954年11月山东河务局干部训练班第二期办公室全体同志合影（前排左一）

每人平均挖4个方坑，最多的一人可挖10来个，共约5000个方坑，结算到每一个人。收方证要求无论大小方坑，每个方坑都要单填一格，每个方坑运距单量、单列。

当时的土方工资单价是小数点后面四位有效数字。以100米为例，即标准方价是0.1949元，每天的外业施工，还能勉强支撑，可是，最后收方结账的任务太重。那时没有计算器，更没有电脑。当时，我父亲打算盘的速度已经相当快了，他盘算着，15天的工期，在第12天至第14天是最忙的，一天要收1200个方坑，平均一分钟收一个半，晚上还要把这1200个方坑写到收工证上，若按他当时的计算速度是完不成的。为了圆满地完成任务，必须在现有的基础上，大幅度地提高计算速度。他决定学着用左手打、右手记，来提高打算盘的速度。

开工后的前十天，他晚上除了填写施工日志、核对碱工验坯证，填写现金流水账，其余时间就苦练算盘。经过十天的锻炼，可以左手打算盘，右手不放笔了。

父亲在验收时，每天要丈量一千余个方坑，从清晨五点验收到晚上七点，平均一分钟验收一个半方坑，晚上还要全部开支出去。他的办公室门口写的工作时间是：早晨5点至午夜12点。每天睡眠最多5个小时，土工收工证用了20多本，做到了工完账结。基本上当天收了方，当晚就能结算完。他顺利地完成了这一任务，未出现一笔错账。

1955年的1~3月，正值黄河凌汛时期，当年最低温度达零下25摄氏度。那一年凌汛期特别长，他负责观测冰凌，每天上班后，就去冰上测量冰的厚度和冰质。累计在冰上工作了75天，测量冰厚的一般方法是用木制量冰尺，放入水中直接读数。在特殊情况下，水面结冰后，由于涨水把冰面鼓开一条缝，原冰面就被水压在了下面，等水面停涨后，天气遇冷，上面的水又结成了第二层冰，这两层冰以及冰间河水的厚（深）度都必须分别测量，任何量冰尺都用不上，只能赤膊用手去摸。遇到这样的时候，父亲每次都是脱了大衣、棉袄和内衣，赤膊入到冰下30~50厘米探摸，36摄氏度的体温伸到冰水中的感受，大家可想而知。以后的十几年中，父亲的右胳膊落下了一个遇冷就疼的病，可他从未向同事们谈过此事。

1965年冬，父亲在黄河下游一个地名叫王集的险工测量，老天不作美，刮起了五级东北风，经纬仪按一般的仪高无法进行工作，假如停下来等，那么，风在天黑前是不会停止的。第二天即使风停了，也许半天才能测完。怎么办呢？后来他发现不远处，有一段矮墙，只要把仪器放低就可以继续工作，不过司仪必须双膝跪地才行。当时父亲什么也不想了，他认为只要能坚持工作，不耽

黄河记忆

误大家的时间，个人吃点苦算什么，就毅然决然地把仪器放低，双膝跪地，继续工作，大约一个半小时就顺利地完成了任务，这时父亲的两腿麻木，需要几个人搀扶才能勉强起来，虽然他又冷又累腿也疼，但是心里却很开心，因为收工后又可以挪移工地了。

如今，父亲已到了耄耋之年，可总喜欢窝在书房里整理从前积累的技术笔记，一直闲不下来。他说他围着黄河转了一辈子，已经离不开黄河了。

2011年3月3日父亲在写作

父亲用以下诗句，对自己的一生做了简要的写照：黄河两岸度一生，勘测设计与施工。鞠躬尽瘁无怨悔，两袖清风一身轻。

（原载2010年6月15日《中国水利报》）

傅氏家族的黄河缘

李林秋

在近现代黄河治理的历史长河中，无数先人前赴后继投身治河的伟大事业，与洪水灾害进行过艰苦卓绝的斗争。他们中的许多人、许多家庭为治理黄河献了青春献子孙，献了子孙献终身，乃至整个家族几代人与黄河共生共荣，与黄河结下了不解之缘。

在黄河尾闾的滨州市，就有这么一个家族，自清末、民国到新中国至今，延续百余年，祖孙五代十余人相继从事治黄工作，这就是被人们誉为"治黄世家"的傅氏家族。

傅氏家族，原籍江苏省淮阴市东关人氏。其第一代治河人傅历卿（1884~1951），字世勋。清朝初期，黄河因泥沙淤积严重，善决善徙，时而南决夺淮入海，时而北决夺济东归，因其族亲中早有人于淮阴当地从事河务，遂于1903年（光绪二十九年）投身河务，几经随河道变迁，后至山东境内。此时，正逢山东河防总局将河防营增补改组为河防18营，分驻两岸防守汛段600余千米。

傅历卿就在这次河防扩营中参加河防队伍，任中游北一营（即阿北营）会计，驻扎在陶城铺附近。傅历卿长于"打口子"（即堵口）工料计算，与当时几个熟悉堵口技术的老河工，如滨州的薛九龄、李洪德、李福昌，利津的于祚棠等经常搭档参加"堵口大工"，时间长了几位老河工配合默契，屡屡取得堵口胜利，一时在河工上成为小有名气的"打口子"能人。1925年8月，黄河上游临濮集附近李升屯黄河堤防决口，次年组织堵口，

黄河记忆

傅历卿因长于工程工料估算，被抽调参加李升屯工程营，参与堵口施工。因当时河防几近年年或漫或决，于是其常年大部分时间奔波于各堵口工地，其家眷在陶城铺附近生活了20余年。此间，其子兰亭又名少卿（公元1903年生于郑州，卒于1965年），在东昌府乡村师范毕业后，也于1931年参加治河队伍，成为山东黄河下游北五分段雇员。此时，傅历卿已调任下游北五分段书记长，负责自惠民和济阳交界处的河防任务。为便于工作，举家由阳谷县的陶城铺附近迁至惠民县黄河北岸边的老唐家村。为了工作方便，傅氏一家又于1935年迁至滨县里则区兰家村落户。至1938年黄河由花园口改道入淮，山东河竭，河务机构解散，傅历卿父子遂在兰家村务农，与其子傅兰亭在当地从事了几年乡村教育。

1946年，渤海解放区建立人民治黄机构后，人民政府派出专人四处招揽熟悉河工技术的老河防人员，傅历卿父子相继于1946年上半年先后被人民政府聘请加入了人民治黄机构。因父子二人都有较高的治河施工技术和经验，傅历卿被聘为高苑县（现淄博市高青县）治河办事处工程股股长，傅兰亭被聘为滨县（现滨城区）治河办事处工程股股长，父子二人同时成为南北两岸黄河治理技术骨干，一时传为佳话。此间傅氏父子，不负众望，主持并参与两县多处险工、护滩的设计、施工以及组织参与多起抗洪抢险，恪尽职守，兢兢业业，多有成就。

1947年7月，国民党军占领黄河南岸，挖战壕，修碉堡，烧毁河工料物，破坏抢险施工。当时正组织刘春家险工抢险的傅历卿，不畏蒋军淫威，冒着生命危险，坚持组织河工抢险不止，保住了出险工程。当时的《渤海日报》载文表扬傅氏的敬业精神。而后一直工作到1951年病逝，终年68岁，毕生精力献于治河。其子傅兰亭，在滨县的治河工作中，严细成风，工作严谨，作风扎实，为滨县治河办事处河道治理的基础工程建设做出了贡献，于1950年光荣加入中国共产党。1958年秋，应时任黑龙江省水利厅厅长门金甲（曾任山东黄河河务局副局长）聘请，前往解决因当时苏联于黑龙江北岸筑坝改变河势而造成我方南岸垮岸的问题，设计建造了黑龙江中苏边境处南岸防水工程，因水土不服，积劳成疾，后患病回至原单位，于1965年病逝，终年63岁。

傅兰亭长子傅永光（1930~2003），1947年5月，年仅17岁在高苑县治河办事处参加治黄工作，任工程队员，1950年任工程队工会主席，参加过多次抗洪抢险，因工作成绩突出，1951年春调干入黄河水利专科学校学习，1953年毕业分配至黄河兰州水文总站唐乃亥水文站，任技术员，参与完成了大量水文站点布设等基础性建设工作。1959年调吴堡水文总站任技术员，1960年任子洲径流试验站指导员，后任吴堡水文站技术科长、人事科长、副站长，后任吴堡总站主任（正处级），总站迁榆次市，1983年调任三门峡水文总站副主任（正处级）。1990年离休，2003年因病逝世，终年73岁。

1958年傅氏家族全家福。右起：傅永明、傅永光、傅兰亭、傅历卿、傅历卿妻、傅兰亭妻

傅兰亭次子傅永明（1938~2009），1965年在滨县参加治黄工作，1975年任滨县修防段副段长，1977~1983年任段长。此间组织参与了黄河第三次大复堤工程，特别是在他的提议下，实施了北镇大堤裁弯取直工程，原老堤作为第二道防线，避免了原堤防弯道大，大水滩地行洪时易形成顺堤行洪之险情。为滨州市区防洪增加了安全保障。1979年春节期间，凌洪严重，西刘村平工出险500米顺堤行洪险情，傅永明昼夜盯靠在工地，成功组织了此次凌汛抢险。1983年12月至1986年3月调任高青修防段段长。1986~1997年任滨州市局工会副主席、主席（副处级），1997年退休，2009年因病去世，终年71岁。

傅永光之子傅建华、傅建平分别先后在黄河上中游水文局、三门峡库区水文局参加了治黄工作。傅永明之子傅建东，亦于1997年由教育系统调入参加治黄工作，历任滨州黄河河务局办公室副主任、人劳科长，现任邹平黄河河务局局长，2012~2015年主持完成了邹平黄河标准化堤防建设。永光之儿媳、永明之女婿也在黄河部门工作。

2005年傅永光之孙女、傅建华之女傅媛，大学毕业后，又承先辈之足迹，在黄河上中游水文局参加治黄工作，现任计财科副科长；傅建平之子傅凯，也于2013年在三门峡库区水文局参加治黄工作。傅建东之子傅广泽，2012年大学毕业后在滨州博兴黄河河务局参加治黄工作，成为傅氏治黄世家的第五代传人。

春秋几度百余载，自清末至今，傅氏祖孙五代十余人同时或分别在黄河系统工作，以河为业，代代相传，对治黄事业做出了家族式的贡献。1983年傅永明捐献出祖孙保存了三代，由中华民国时期山东黄河河务局出版的《历代治黄史》一书，为编纂《黄河志》等提供了宝贵的历史文献资料。

附：傅氏治黄世家谱系图

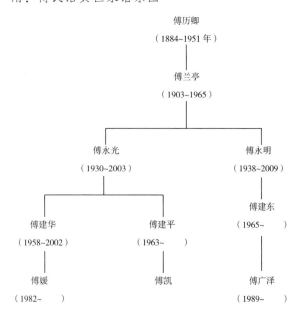

（原载2006年11月23日《中国水利报》）

祖孙三代治黄人

崔 光

利津河务局83岁的离休干部刘同昌是随着黄河归故的波涛加入到治黄队伍的。1947年2月,新婚不久的他背着一个小小的铺盖卷来到了綦家嘴险工报到。几个月后,他又背起铺盖卷到了十几里外的大马家险工。不过,这次铺盖卷却一连十几天都没有打开,战火弥漫下的抗洪抢险让他和他的工程班战友们经历了一场持久的生死考验。那年洪水来得特猛,失修的工程又是那样薄弱,加上国民党飞机捣乱,战争、抢险、支前、清匪反霸全都搅在了一块。太累了,他站在水里,趴在秸料堆上打起了盹。敌机又来轰炸,同事们连拖带拉把他带到堤下隐蔽起来。就在他刚才站立的地方,一只载料的船中弹起火,正在做饭的炊事员被击中牺牲。

刘同昌老人经常给孩子们讲过去的事情,讲他的同事,他的领导。他说当年的钱正英局长20多岁,一个大姑娘,有的老河工瞧不起她,认为她太"嫩"。可她和职工们一唠嗑,水平就出来了,别说外行,内行也佩服得不得了。他说当年的治河办事处唯一的交通工具是一辆马车,副主任张汝淮穿梭似地奔走在各个抢险工地,多是骑一辆破自行车,下雨天只能扛着。他还讲老河工的故事,讲他们精湛的抢险技术,说黄河上第一位全国劳模于祚棠在砖石料物用尽的情况下,想出了用红淤泥装袋代替石料的抛根护埽办法,使眼看就要溃决的大堤

转危为安。每一件往事,每一个故事,他都想让他的孩子们知道,干黄河,不仅仅要能吃苦,不怕累,在关键时刻,还要有连命都在所不惜的献身精神。

治黄几十年,刘同昌老人从工程班到防汛物资保管员,几十年如一日。干起工作来勤恳扎实,一丝不苟,被人们称为"铁面管家"。作风如此,孩子们更是争气。儿子刘太泽高中毕业就参加了治黄工作,如今已有30多年工龄。他经历了黄河第三次大修堤,也是黄河吸泥船抽沙淤背固堤工程试验的实践者。20世纪80年代初,他成了黄河上第一代驾驶东方红铲运机修筑大堤的黄河人,操纵着方向杆,起落间大堤在他的脚下迅速地延伸、增高……而父辈们的土篮、抬筐与小推车,则成了遥远的记忆。作为新中国第二代治黄人,刘太泽继承了父亲认真、细致的工作作风,后来调到河务段担任财务会计多年,年年被评为先进工作者。女儿刘秀芬、女婿宋志农是在20世纪70年代末加入治黄队伍的。伴随着黄河改革开放的脚步成长,他们如饥似渴地学习治黄业务,不放过任何学习机会,争分夺秒地参加各类学习班以提高自身素质。秀芬无论是在财务岗位还是从事工程统计,都干得井井有条、利利索索。女婿志农现任利津河务局财务科科长,其严谨细密的工作颇有老岳父遗风。

最让刘同昌老人欣慰的是,孙子刘兵、孙媳刘晓洁在黄河技术学院毕业后先后回到黄河工作,刘兵与老人的孙女婿张志强一起,成了黄河河口管理局养护总公司利津分公司的工程技术骨干。作为第三代治黄人,虽然没经历他爷爷那样的战火洗礼和艰苦岁月的考验,但餐风露宿的野外施工,经常的加班加点、居无定所的工作环境,使他们在继承老一辈治黄人优秀传统中更加自觉与主动。有时候爷爷问他们在单位上都干些啥,他们笑着用手比划敲击键盘的动作,看到爷爷还是不明白,他们就耐心地给爷爷讲"三条黄河"的建设。每当这个时候,刘同昌老人总是感慨万分:"这在我们那个年代,是连想也不敢想的事啊……"

老人想不到的事情,如今实实在在地摆在眼前。他家就在黄河大堤脚下,每逢晴天丽日,他就与老伴相互搀扶着登上大堤,看巍峨坚固、景色如画的险工堤防,看彩虹般的黄河大桥,看再无断流之忧的东去黄河……更让老人高兴的是,儿孙们都有了私家车,自己啥时想到曾经工作战斗过的地方去看看,总有儿孙开车同往。最近,老人的外孙女大学毕业也参加了黄河上的招聘考试,并以优异的成绩名列前茅。屈指算来,刘同昌老人一家三代已有8位成员成为治黄人。

与老伴登上大堤,看黄河两岸的可喜变化

治黄三代人在黄河岸边留影

(原载2006年11月8日《黄河网》)

黄河记忆

平阴抗凌九烈士

陈道宇　李　倩

在济南市平阴县城南郊青龙山金斗峪的"平阴革命烈士纪念园"里，长眠着为抗击黄河凌洪、保卫沿黄群众生命财产安全而壮烈牺牲的9名烈士，他们的事迹至今在当地广为传颂着，也永久地载入了山东人民治黄史册。

1969年黄河下游发生罕见凌洪，山东段黄河气温急剧变化，出现"三封、三开"的严重局面。2月10日，数九寒天，由于黄河上游气温转暖，黄河冰凌提早解冻，而地处山东的黄河下游气温低，依然是千里冰封，黄河水夹杂着密度极高的冰凌顺流而下，在平阴县城关公社石庄和刘官庄之间的河段，冰凌由于受到冰封阻塞，逐渐插封，很快形成了一个横跨黄河的冰坝，随着水位不断升高，冰坝也不断壅高，河水涨满河床，冲越单薄的生产堤，洪水卷着一块块巨大的冰凌，向城关公社和下游的栾湾公社沿黄的低洼地铺天盖地压过来，碗口粗的树被激流冲倒，树皮被凌刃刮光……人民群众的生命财产受到严重威胁。

此时，已是夜里11点多，气温已降至零下15摄氏度以下。

在平阴县城后山，驻防着原济南军区工程兵独立舟桥营，这个独立营的编制是三个舟桥连、一个汽车连、一个技术连，营部辖一个高射机枪排。这天晚上，离春节还有一周时间，部队官兵正在大礼堂观看文艺演出。在演出快要结束时，营部的通讯员气喘吁吁地跑来报告副营长高风顺，说，刚接到上级通知，黄河发生了特大凌洪，要求出动部队救援。

官兵们紧急集合。舟桥营二连副连长张秀廷本已买好车票去济南迎接从潍坊赶来一起过春节的妻女。他从身上掏出车票，塞到班长刘德银的手中，"你去替我接老婆孩子，我去抗洪！"二连的官兵到达老博士村头时，凌洪已朝他们冲来，他们只好跑步前进。漆黑的夜色中，他们发现被洪水包围的刘官庄亮起了求救的灯火。张秀廷带领一支突击队直插刘官庄，刘官庄紧靠黄河边，三股凌洪在此汇合。面对随时被凌洪卷走的群众，张秀廷果断下令："涉水前进！"12名突击队员迅速脱掉棉裤，顶着刺骨的凌洪奔向刘官庄。

他们冲到一个洼地时，听到相互顶撞的大冰块发出山崩地裂般的巨响。张秀廷沉着指挥大家，手拉手呈一路纵队急速前进。突然，一块桌面大小的冰块横撞过来，排长吴安余抢前一步，用肩一抗，冰块顺流而过。就在这时，突击队前后失去了联系。在一个急流险区，前面的战士们抓住了水中的树干，吴安余自告奋勇带几个战友回去接应后面的战友。可恶浪卷着巨大的冰块，将吴安余、蒋庆武、杨广佩、王元贞和陆广德瞬间吞噬了。

此时，其他突击队员有的身上被冰凌划破、鲜血直流，有的下肢冻僵、呼吸困难，张秀廷鼓励大家继续前进。司号员周登连抢在最前面，劈浪开路，一块门板大小的冰块向他压了过来。同志们奋力营救，但两次扑空，19岁的周登连献出了年轻的生命。

面对夺去战友生命的凌洪，望着前面群众求救的灯火，张秀廷高声疾呼："跟我来！"话音刚落，一个巨大的漩涡卷过来，张秀廷、杨成启、阎世观3人也被凌洪夺去了生命。突击队另外3名战士忍着悲伤和伤痛，继续前进，经过两个多小时，终于达到刘官庄，协助群

黄河记忆

众转移到安全地带。那一晚，舟桥营的指战员冒着生命危险，强涉冰水，连夜抢救出群众2万余人，完成了抗凌抢险救灾任务。

当时，为了应对这次冰凌灾情，济南市黄河防凌指挥部组织工人、沿黄群众、解放军指战员，分成17个爆破队，沿重点河段，破冰坝、炸"冰桥"16.45千米，为顺利开河创造了条件。直到3月6日下午，中国人民解放军9512炮兵部队对泺口铁桥以上积冰进行连续炮击，摧垮冰桥，才彻底解除了威胁。

在牺牲的烈士中，最大的张秀廷31岁，最小的周登连、王元贞只有19岁。他们的英勇事迹很快传遍齐鲁大地，也深深感染了当地群众。

由于烈士们都是在夜晚牺牲的，洪水泛滥面积很大，当时有几位烈士的尸体没有找到。当地群众知道后，自发拿着工具，带着干粮，早出晚归，到被洪水淹没的地方寻找烈士尸体。经过40多天寻找，终于全部找到了烈士们的遗骸。

抗凌九烈士追悼会现场

在3月5日上午举行的追悼会上，济南军区和工程兵首长、山东省委、济南市委、泰安地委及平阴县委领导，

地方各级机关、厂矿企事业单位和平阴县中小学师生，加上泰安地区各市县自发赶来的群众共1万多人参加。由于参会人员太多，平阴县所有花圈店的花圈销售一空，群众献上的多数花圈都是自发制作的，烈士墓地周围群山被花圈覆盖。从会场到墓地五六千米路上全都挤满了悼念的群众，哭泣声绵延不绝。在追悼大会上，中共济南军区委员会作出《关于开展向为人民战胜特大凌洪的军区工程兵独立舟桥营和张秀廷等九烈士学习活动的决定》，张秀廷、吴安余、蒋庆武、周登连、陆广德、王元贞等6位烈士被追记一等功，杨成启、阎世观、杨广佩被追记二等功。《人民日报》曾在1969年4月报道了他们的英雄事迹。"平阴抗凌九烈士"的事迹还曾入选1969年山东省中学生试用课本，在小学课本的封面上，是一幅九烈士手举红宝书抗凌救群众的国画。

虽然9位烈士的家都不在平阴，但当地政府和群众强烈要求将他们安葬在平阴。当地政府专门挑选了一块群山环绕、松柏掩映的地方，修建了抗凌抢险九烈士陵园。2012年，平阴县委、县政府斥资1000万元，在此基础上，扩建为"平阴革命烈士纪念园"。

抗凌烈士英名与黄河同在，与日月同辉。

黄河记忆

怀念革命烈士董玉光

黄迎启

我和董玉光烈士认识于20世纪80年代，当时，我们一起就读于黄河水利学校，由于同是梁山人的缘故，所以愈显亲切。在学校，他就像兄长般呵护着我们这些年龄较小的弟弟、妹妹，每次放假回家，都是忙前跑后，购票，准备路上吃的、用的，帮大家往车顶装行李，对我们照顾有加。毕业后，我分配到梁山黄河河务局工作，与他成为同事，当时我在政工科工作，他常年施工在外，聚少离多，但我们之间结下的深厚友谊却始终如一。他忘我工作、助人为乐、吃苦在前的事迹亦始终激励着我努力工作。

然而，在1994年8月4日的这一天，董玉光为抢救两名触电的村民，光荣牺牲，永远离开了我们。

董玉光同志是梁山县小路口镇董集村人，1976年参加治黄工作，生前任梁山县黄河河务局工程处党支部书记、副主任。1994年8月4日因舍己救人光荣牺牲，1997年9月16日，被山东省人民政府授予"革命烈士"称号。

董玉光

从小生活在黄河滩的董玉光深知生活的艰辛，每花一分钱都反复掂量，但他对别人总是慷慨解囊，甚至不顾惜自己的生命。董玉光在原梁山县芦里公社当临时工时，听说同学杨培山因家庭困难辍了学，便找到杨培山说：

"咱黄河滩上出个秀才不容易,有啥困难我顶着。"此后,董玉光从自己的工资里挤出钱来接济杨培山,从高中一直到他医科大学毕业及留学,7年间从未间断。同事秦余科兄弟4人,自幼丧母,生活困难,董玉光竭力予以帮助,一直到兄弟4人结婚成家。1975年秋天,董玉光舍身将一名八九岁的男孩从车前扑出公路,自己的衬衣却被汽车撕去半边,险些丧身车底。1991年秋,董玉光背着农药中毒的邻居狂奔5千米赶到医院,为邻居获得第二次生命赢得了宝贵时间。

1976年董玉光加入治黄队伍后,在梁山黄河工作了18年。18年间,他一次次冒着生命危险,为国家挽回了50多万元的经济损失。

1976年11月,一艘吸泥船在进行施工时,将东银铁路路基冲开一道1米多宽的口子。由于淤区存水较多,决口越来越大,怎么也堵不上,如果冲毁铁路,将会给国家造成重大的经济损失。危急关头,董玉光只身跳入刺骨的冷水中,双手紧紧攀住铁轨,双腿阻挡着人们投下来的草袋和泥土。1个多小时过去,决口终于堵住了,他的双手被冻粘在铁轨上,由于泥水的迸溅,他的眼睛肿得像核桃一样,10多天身体才恢复过来。任吸泥船8号船船长后,他带领全船职工早出晚归,日夜奋战,每年完成近20万立方米的土方任务,所在船只多次被山东黄河河务局评为先进船,他自己于1982、1983年连续两年被黄河水利委员会授予"治理黄河先进工作者"称号。

1986年,董玉光由于工作成绩突出,被调入机关担任记账员兼采购员。在外人看来,这是个"肥差",而董玉光出差从没有住过超出10元的房间,没有花超过一分钱的生活补贴。1991年春,当时乍暖还寒,他从河南洛阳购买了价值10多万元的推土机配件,返回至兰考附近时,后面一节车斗突然脱钩,翻入路边小河中。他对押车的派出所干部张立本说:"你先回去叫人,我在这

黄河记忆

里看着。"此时天近黄昏，冷风扑面，但他一刻也没闲着，跳进水中，将零件一件一件捞出来放在路边，整整一车零件，大的有100多千克，小的只有手指肚大小，他硬是冒着寒气捞了十几个小时。

1980年9月，6号吸泥船因缆绳脱落沉入黄河，随时都有被泥沙吞没的危险，而要捞起沉船，就必须从停在沉船两侧用来起吊沉船的机帆船夹缝中穿过，拴上缆绳才行。机帆船来回摆动，稍不注意，就有被挤身亡的危险。这样的任务，只有训练有素的潜水员才能完成，但附近没有潜水员，若等找到潜水员，价值13万元的吸泥船就有可能沉入河底。紧要关头，董玉光站出来说："我下去试试！"说完，他不顾众人阻挡，奋力跳入水中。30秒，1分钟……人们焦急地望着水面，约2分钟时，他才露出头来，脸色蜡黄，大口大口地喘着粗气，惋惜地说："不行，摸不着地方。"稍事休息后，他找了根塑料管，用嘴吸着，再次跳入河中。第二次上来时，他的脸憋得像个紫茄子，鼻子被强大的水压呛出了血，20多分钟都没有缓过气来。清醒后，他艰难地站起来，抓起塑料管，又要下水，同事们纷纷拉着他说："你不能再下去了，咱不能丢了船再舍了你的命呀！"他却狠狠地说："我就不信闯不过这道鬼门关！"缆绳终于拴住了，沉船救出来了，他却被紧急送进了医院。

1984年秋，8号吸泥船在陈垓引黄闸附近作业时，抽水笼头被淤在泥沙中，船身受笼头牵引倾斜进水，而固定在笼头上的钢丝绳也被慌乱中的职工砍断，若不及时抢救很快就有沉船的危险。董玉光提起钢丝绳就要下水，而此时，黄河旋溜湍急，人若被旋溜卷进闸门，就绝无生还的可能。大家阻止他说："我们再想想别的办法吧！"他说："来不及了，你们快用绳子拴住我，看我不行的话你们就往上拉。"他一跳下水就被急溜卷出五六米远，船上的人慌忙把他拉上来，他不甘心，硬要再下去。电工刘德玉死死拉着他说："哥，说啥你也不能再下去了！"董玉光发怒道："不下去，船沉了你们负责呀！"说完，又攀着水泵一点点沉下水去。几分钟后，董玉光终于将钢丝绳拴上了，当人们把他拉上来时，他一动不动，脖子憋得跟头差不多粗，像个死人一样。船得救了，可没有一个人高兴，20多个大老爷们儿围着他，都忍不住掉下了眼泪。

1993年1月，董玉光被任命为工程处副主任、党支部书记，环境变了，职务变了，但他的习惯却没有变。工作时间，他脏活累活抢着干；别人休息时，他忙着修机器；有人请假时，他就顶班。

1994年8月4日这天，董玉光4点多钟就起了床，饭也没来得及吃，就要赶往县局与赵固堆乡蔡楼村合办的加油站工地。妻子说："咱的庄稼都快让草给吃了，你今天就帮帮我吧。"董玉光回答说："这几天工地上人少，我离不开，家里的活你先慢慢干吧。"说完就骑车出了家门。8时10分，工地正在紧张施工，蔡楼村布鞋厂的一名临时工在不了解高压线路正在施工的情况下，擅自打开配电室，推上了电闸。一瞬间，正在架线的2名村民被强大的电流击倒在地，有人抱起梯子，用力向电线撞去，可是电线被失去知觉的两人紧紧握住，怎么也撞不开。这时，正在不远处施工的董玉光飞跑过来，顺手抄起一根方木，用尽全身力气挑起了电线。村民得救了，但电线却顺着木棍向董玉光打去，他的额头、鼻子、胸脯遭到电击，重重地倒在地上，再也没有起来。这一年，他41岁。

听到董玉光遭遇不幸的消息后，曾因病被董玉光救起送往医院的石洼闸护闸老人吴克营，非让孙女用地排车拉着他去看玉光最后一眼，并且声泪俱下地哭喊："老天爷，你咋跟好人过不去呀！"

1994年10月，中共梁山县委根据董玉光舍己救人的壮烈行为，追认其为模范共产党员，并下发了《关于开展向模范共产党员董玉光同志学习的决定》；1995年

黄河记忆

3月11日，梁山县举行英模事迹报告会，县局杨传平副局长汇报了董玉光的先进事迹；1995年11月，黄河水利委员会为董玉光追记特等功；1997年9月，山东省人民政府追认董玉光为革命烈士。

革命烈士证明书

董玉光走了，他的生命虽然短暂，却始终闪耀着党性的光辉，为他人送去了温暖和方便；董玉光走了，他虽然只是一名普通的黄河基层职工，却用自己的热血和生命，写下了对治黄事业的挚爱与忠诚，为治黄后人树立起了一面高高飘扬的旗帜……

（原载2016年6月22日《山东黄河网》）

黄河上的"黄继光"
——戴令德

朱兴国

黄继光张开双臂,向喷射着火舌的火力点猛扑上去,用自己的胸膛堵住了敌人的枪口。小学课本上黄继光舍身堵枪眼的故事,相信许多人都耳熟能详。黄继光在抗美援朝上甘岭战役中,用他年轻的生命,开辟了志愿军胜利前进的道路。而在人民治黄抗洪抢险中,也涌现出了一位黄继光式的英雄人物,他在1949年黄河发生大洪水时,奋不顾身跳入奔腾的黄河,在湍急的洪流中,用身躯堵住了黄河大堤即将溃决的洞口。

这个人就是戴令德,一个人民治黄史上平凡而又传奇的人物。

说戴令德传奇,并不是说他曾干过多少轰轰烈烈的大事。在几十年平凡的治黄岗位上,他一直默默地工作在最基层,为黄河事业奉献了自己的一生。

1949年的孟秋时节,黄河下游发生了回归故道之后的第一场大洪水,这一年秋汛已持续半月有余。9月14日,郑州花园口站出现12300立方米每秒洪峰,千里大堤,险象环生。众所周知,由于1938年国民党掘开郑州花园口大堤,"以水代兵"阻止侵华日军西进,使黄河人为改道夺淮入海。致使黄河故道长期不过流,沿黄百姓在堤上堤下肆意开荒耕种,堤防残破不堪。人民治黄之后,

黄河记忆

虽经3年多的复堤加固,但堤身仍然很单薄,并未经受过洪水的冲刷和考验。此次大洪水的到来,羸弱的千里堤线,暗藏着重重隐患,处处皆险情。

在黄河左岸的济阳黄河堤段,汹涌的黄河水正反复冲刷着并不坚固的新修堤防。9月16日深夜,风雨交加,道路泥泞,漆黑的黄河大堤上,明明灭灭闪烁着数点微光,这些光亮是正在提着马灯巡堤查水的防汛值班人员。在济阳沟杨险工段的大堤上,有一个人在雨中提着一盏马灯,走走停停,一会儿在临河检查一下,一会儿又到背河查看一番。此人正是19岁的山东济阳黄河工程队队员戴令德,今夜上半夜他当值,正在冒雨巡查堤防。

子夜时分,正是人们酣然入梦的时候,此时,戴令德冒雨查险,疲惫与困倦不时向他袭来。戴令德在责任心的驱使下,仍然认真仔细地不断来回巡查。

当夜凌晨1时许,终于到了该换班的时间。上半夜巡查堤防没有发现险情,戴令德如释重负,轻轻舒了一口气。徒步巡查了大半夜的戴令德,有些疲惫地沿着沟杨险工大堤往舒家村临时住处走去,他准备叫醒正在休息的对班刘玉俊起来换班。

戴令德手指当年发生险情的地方　朱兴国 摄

当他走到舒家村口的平工段时,忽然听到有哗哗的流水声,戴令德感觉这水流声舒缓清脆,与平时河水波涛汹涌的流动声大不一样,立即警觉起来。他侧耳细听,辨别水流声音的方向，像是从背河发出的声响，他立刻循声跑到背河去查看，结果发现背河堤身有一个洞眼，正在汩汩地冒水，已经开始淌浑水了，哗哗的流水声正是来自这里，他的第一反应就是大堤出了漏洞。

戴令德清楚地知道漏洞对黄河堤防安全意味着什么，他一边大喊"出漏洞了，快来人啊"，一边返身跑到临河去查找漏洞。雨中的大堤上天黑路滑，一不小心就会滑入河中被滚滚的洪流吞没。他弓着腰一手高举马灯，一手撑着地，俯身瞪大双眼紧盯水面，沿着河岸不停地往前寻找。大约向前探查了十来米，终于发现一处河水打着旋涡往下抽，他判断这应该就是那个洞口。戴令德将马灯放在堤顶上，以便赶来抢险的人们好寻找目标，就毫不犹豫地纵身跳入湍急的波涛之中，他两手在水中不停地摸找洞口的确切位置，嘴里仍然大呼快来抢险。漏洞很快就摸到了，洞口大约距水面30厘米，洞口已有暖水瓶那么粗，眼看着旋涡在不断冲刷洞口，当时戴令德手边除了马灯什么家什也没带。咋办呢？焦急的戴令德想到了身上披的油布，迅速解下来团成一团塞进洞口，刚放进洞口，刷地一下给抽进洞里。戴令德有点着慌了，他又快速脱下身上的新夹袄、夹裤，团了团又塞进洞里，刷地一下又抽进了洞里。

此时，戴令德身上只剩一个裤衩，初秋深夜的寒意，让赤身露体泡在河水里的他起了一身鸡皮疙瘩，眼看着洞口在逐渐扩大，他的呼喊有些沙哑了，但仍然没有人来。情急之下，戴令德不顾一切地扑向洞口，一屁股坐在了洞口上，他感觉整个身体被漏洞往里吸，他两臂使劲架住身子，双手扒住洞口两侧，汹涌的洪水淹没了他整个身体，只把脑袋露出水面呼吸。此时他眼里的浪涛像起伏的山峦一般，一排排向他头顶涌来，随时会把他吞没。一个小浪头打来就能没了头顶，他紧闭两眼，屏住呼吸，浪涛过后再露出脑袋喘一口气。戴令德意识到，一旦自己泄劲儿，肯定会被吸进洞口，没命事小，溃堤险情所

黄河记忆

带来的灾难可是无法估量的。戴令德两只胳膊架在洞口一动也不敢动，感觉时间像停滞了一样，漫长得让他似乎忘记了自己身处险境，仍然押着劲儿不停地喊人抢险。

2014年4月戴令德向黄河电视台记者演示当年舍身堵漏洞的情景

大约坚持了七八分钟，终于，他的对班刘玉俊和工程员王庆吉听到了喊声，他们一边喊人来抢险，一边往出事地点跑。听到喊声的人们带着工具、料物迅速赶了过来，把戴令德从不断扩大的洞口中拽出来，开始对漏洞进行紧急抢堵。大伙首先用一个麦秸包抛入河中把洞口堵上，然后，抢修围堰。这时赶来抢险的人越来越多，有三四百人，一部分人在临河抢险，把洞口周围快速修做了月堤，切断漏洞的水源。一部分人赶到背河去抢险，在出水口处做起了反滤围井，防止漏洞的水流将堤身泥沙冲刷出来。就这样，经过几百人3个多钟头的奋力抢护，终于控制住了险情。

"我命大，倘乎（若）大伙儿再晚来几分钟，可能我就被抽进洞里去了，呵呵！同志们把我从河里拽上来的时候，冻得我浑身直打哆嗦，上下牙都咬不到一块，腿哆嗦的像抽筋儿一样都站不稳了。"戴令德声情并茂的讲述，似乎在叙说昨天刚刚发生的一桩趣事。但老人轻松话语背后，却蕴含着一种责任、无畏和忘我的精神。

除了奋不顾身堵漏洞这件事迹，戴令德还有许多故事，比如，他是一个机智勇敢的捉獾高手。也就是在他勇堵漏洞之后的第三天，正在巡堤查水的群众在济阳吴党庙附近黄河大堤上，发现了一处獾狐洞穴，特别深，大伙翻挖了一天也没找到獾。戴令德听说后，就自告奋勇前去捉獾。到了现场，他仔细查看獾洞的地理位置和开掘程度，建议采用烟熏的方法将獾逼出来，这一招真灵，一只20多千克重的大獾从洞中蹿出，守在洞口的戴令德迅捷地伸手掐住獾的脖子，不想这只獾灵巧地扭头咬掉了他左手无名指的指甲，十指连心，疼的戴令德直冒冷汗。大家一拥而上合力扑打那只大獾，戴令德急忙提醒大家，獾洞一般会住一对，应该还有一只。话音未落，第二只獾又蹿了出来，戴令德眼疾腿快，抬脚就想踢翻第二只獾，獾急跳起来咬伤了他的左腿，戴令德忍着剧痛，和大伙一起七手八脚地制服了两只大獾。

65年过去了，戴令德左膝内侧当年被獾咬过的伤疤，如今仍依稀可见，如同永远印在其肌肤之上的一枚"奖章"。

说到奖章，戴令德就珍藏了2枚真正的奖章，一枚是"治黄功臣——特等功"，另一枚是"1950年山东省各界人民代表会议"纪念章。戴令德奋不顾身堵漏洞的壮举传开后，在大河上下引起了轰动。当年汛后，山东省黄河防汛总指挥部授予戴令德"特等功臣"光荣称号，这也是人民治黄迄今为止黄河部门授予的唯一一位特等功臣。戴令德至今还保留着当年出席颁奖大会的红色代表证——"山东省各界人民代表会议代表证（序号523号）"，证上盖有钢印的戴令德当年一寸免冠照片，看上去不过十八九岁的模样，正是风华正茂的年龄。说到当年往事，老人仍十分激动。1950年初，山东省防总在惠民姜楼召开黄河安澜庆功大会，当时的山东河务局局长江衍坤亲自给他佩戴大红花，给他颁发特等功奖章，千人大会宏大的场面他至今不忘。后来，时任山东河务局副局长的钱正英还到济阳慰问过

戴令德当年荣获特等功奖章

黄河记忆

他。戴令德回忆说，钱正英平易近人，说话办事很干练。她还捎来上级发给戴令德的一身灰色粗布军装，算是对他堵漏时新夹袄夹裤损失的补偿。钱正英在检查济阳黄河堤防工程时，不小心掉进了大坝上洪水冲刷的深坑里，戴令德赶忙把她从坑里拉出来。每当讲到这一段，老人都哈哈大笑，高兴的样子竟然像个快乐的顽童。

当年记录戴令德事迹的奖状

所谓"沧海横流方显英雄本色"，在危急时刻，戴令德挺身而出，这种奋不顾身堵漏洞的大无畏行为，可与黄继光舍身堵枪眼的英勇精神相媲美。黄继光的奋力一扑，赢得了一场关键战役，戴令德的奋力一扑，使黄河以北的华北大平原免遭一场黄河洪灾的扫荡，并保障了中华人民共和国开国大典这一举世瞩目的盛事按时顺利地举行。

（原载2015年第3期《水与中国》）

河畔春华

周晓黎　高博文

2013年8月28日晚,夜幕深深。山东黄河储备中心的库房前灯火通明,中心干部职工正在紧张搬运装车,紧急调运运往黑龙江的防汛救灾物资,副主任翟春华盯在其中一辆卡车旁指挥装车。因突发意外,抢救无效,不幸以身殉职。

这是储备中心仓库今年第5次应急调运运往东北地区防汛救灾物资。

用生命诠释责任

穿过济南市北外环往北,爬上高高的黄河大堤,就是山东黄河物资储备中心。排排库房之间,有座二层红砖小楼,岁月沉淀,有些陈旧。它背靠浩浩汤汤的大河,向南俯瞰拥挤喧嚣的城市,愈发显得沉稳、安静。30多年前,翟春华转业来到这里,就再也没有离开过,直到他因公牺牲在了自己的工作岗位上。

翟春华一直负责分管防汛抗旱物资管理、对外仓储经营和安全保卫工作。这些年来他慢慢养成了不少习惯:早上一上班,先到院子里、库房里转一圈;节假日在家坐不住,总要来单位转转,各处查看一遍;手机总是24小时开机,有任务,一个电话马上就走;只要有天气变化,哪怕是半夜一两点,必然打电话询问情况,常常还要开车过来现场看看。平日上班,他很少呆在办公室里,无

黄河记忆

论严寒酷暑，最有可能找到他的地方或是防汛物资储备仓库，或是基建工地，亦或是检查安全工作的路上。32年来，几乎没见他完整地过个周末，就连法定假日，他也很少呆在家里。他说："不放心啊，单位存着这么多物资，不来看看心里总也不踏实。"单位的人都看得明白，不放心的背后就是责任。

2010年，深夜装运防汛铅丝。翟春华汗湿的背影（右二为翟春华）

翟春华身体并不好，长期患有高血压、心脏病，2005年脑血栓还留下了后遗症，可是他总是出现在管理任务最重、作业环境最艰苦的地方。每逢接到上级调运物资的指令，他就像接到战斗命令一样，眼珠一瞪、胡子一吹，催着大家快快快，那阵势比自家着火还要着急。每次装卸物资他都会甩开膀子带头干，这已经成为一种习惯，32年来一以贯之。这几年，储备中心先后30多次调运物资支援抢险救灾，他每次都是第一时间到现场指挥，领导和同事劝他休息，他总是说："抢险救灾物资是救灾救命的，我是分管负责人，这个时候怎么能离开呢？"

近两年各地自然灾害频发多发，储备中心应急调运抢险物资任务随之加重，特别是今年8月份，15日内连续5次调运25车防汛抢险物资支援黑龙江、内蒙古抢险，时间之紧、任务量之大为近年之最。翟春华次次都盯在现场,紧急联系运输车辆,彻夜指挥调运物资,跟同志们一起装运物资。8月酷暑,又连日阴雨,库房中的温度天天都是40多摄氏度,简直像个蒸笼。设备沉重,搬运是个重体力活儿,职工汗流浃背,个个像从水中捞出来一样。5次装运,次次如此,却没有一个人叫苦叫累,每一次的紧张忘我都实践着一句话:险情就是命令,责任重于泰山。因为,翟春华把责任看得比生命更重要。

2012年,翟春华指挥装运防汛物资(左一为翟春华)

雅号"拼命三郎"

干部职工对翟春华有个一致的评价:他是一个工作狂。这也许与他的军人作风有关,也许与他的工作性质有关。1981年,22岁的翟春华从福州军区转业回到家乡,成为储备中心业务科的一名保管员。那时的仓库保管,没有临时工,没有机械设备,入库的钢材、木料全靠职工自己抬进库区、人工码放,多的时候,仅木材一年就要周转2000立方米。

翟春华不改军人本色,风风火火、干脆利落,事事冲在前头抢着干,不怕脏,不喊累,天天一身碱花一身土,仍然是笑呵呵的。他干活性子急,要一口气干到底,不干完活儿不吃饭。有一次搬木材,性子上来甩掉上衣赤膊上阵,肚皮被磨破了都不知道,时间长了,他就得了个"拼命三郎"的雅号。

翟春华把部队的作风带到了储备中心。1992年开始,

黄河记忆

他历任科长、副主任，作风仍然没变，只是更加身先士卒。天长日久，他把单位的小伙子们都带成了不折不扣的"拼命三郎"，特别能吃苦、特别能奉献、特别能战斗，储备中心也形成了不计得失、吃苦耐劳的传统。翟春华连续被评为省局劳模、黄委劳模、黄委先进工作者，获得过省防汛抢险二等功、黄河抗洪抢险先进个人称号，荣誉证书积了厚厚一摞。

"拼命三郎"拼的不只是蛮力。1998年"三江"大水，按照国家防总指令，翟春华带队将防汛物资运往湖北公安县，支援长江抗洪抢险。到达公安县时，那里已是一片空城，居民已经全部撤出，只等泄洪。连日大雨，县城一片汪洋，哪里是公路都看不到，当地警察给指了方向，翟春华借着公路两边露出水面的行道树当路标，冒着随时可能决堤的危险，硬是带着车辆摸到了长江大堤上，将防汛物资交给了抢险一线的驻军。

不管是不是上班、值班，见到下雨就赶去检查库房是翟春华的老习惯。2012年7月8日，储备中心库房边的排水沟被雨水冲断了，地基已经被冲刷了两三米，赶来巡查的翟春华发现了险情，立即组织抢修，抢修没结束他就晕倒了。"他身体不行，那几天活儿多，估计也是急火攻心。"同事代元顺叹了口气说，"几个人打120送他去医院，忙着给他挂号办手续时，回头一看找不着他了，后来知道老翟醒了觉得没事儿，竟然自己一个人打车又回单位了……"

他是"自家兄长"

说起翟春华，同事们第一句话都是：老翟是个好人。他实在、仗义，跟同事们相处就是兄弟们，没有一点领导架子，谁有点什么事，有啥困难，他总是没有二话，尽心尽力帮忙。翟春华平时喜欢和年轻人聊天、开玩笑，从不摆老资格的谱，年轻职工也愿意和他交流，大家有什么想法习惯找他听听意见，有困难第一个想到找他帮忙，他就像邻家大哥，成了单位上所有年轻人的依靠。

看外表，翟春华就是个典型的山东汉子，性子也像，刚正耿直，认真到较真儿。黑勇一上班就是翟春华的兵，翟春华做业务科副科长时黑勇是科员，任科长时黑勇是副手。有一天，黑勇进物资前量仓库货位，一时粗心出了错，按照测量划好的货位，进了半天才发现摆不开，翟春华毫不留情地批了他半个小时，楞把一个五大三粗的小伙子训出了眼泪。"他说小事不认真，总有一天会出大事。我知道，他是真把自己当我大哥。"黑勇侧过脸，微微仰着头，勉强咽回了泪意。

硬汉子也有软肋，那就是胆子小，怕见血怕见伤。翟春华家里杀只鸡，都要送到铺子里，杀完脱毛，还得包好了他才敢拿回去。可是，同事黄吉发的小儿子因为意外失火被大面积烧伤，黄吉发身体不好无法照顾，翟春华主动跑前跑后办手续，帮护士给病人换药擦洗，比对自己的孩子都上心。病人不幸身亡后，他又强撑着帮忙处理了后事。

相比成绩卓越的工作，他对家庭的付出可谓少之又少。妻子早年下岗后，一直没有正式工作，待业在家。儿子2005年部队退伍，好心的同事提醒他向组织伸手，为孩子讨个事业编的铁饭碗，他却狠狠心说："自己的路自己走，我不能给组织添麻烦。"最后，儿子服从组织分配进了一家生产企业。

做事尽力，做人尽心，做官尽责——翟春华54年的人生一笔一画书写着这句话。如今，储备中心的院子，院子里的小楼仍在如常运转，然而那些低垂的头，眼角的泪光，还有更加坚定、繁忙的脚步，都显出了一些不一样。翟春华轻轻地走了，却把自己的印记深深地刻在小楼的历史上。

河畔春深，灼灼其华。

（原载2013年11月5日《黄河报》）

黄河记忆

"江河卫士"的文学情怀

张国庆　徐广利

一部题材独特的长篇网络小说《步步较量》在国内某知名读书网站上连载，好评如潮，吸引"粉丝"无数。说她独特，是因为这部小说没有走时下流行的言情、玄幻和穿越的套路，而是独辟蹊径，以保护母亲河——黄河为主线，展现了水政监察、黄河公安和海事执法人员与不法分子斗智斗勇的故事，并且将亲情、友情和爱情穿插其间，情节跌宕起伏，引人入胜。小说的作者就是东阿黄河河务局职工张道强。

"书虫"生活从小学开始

张道强说他对文学的热爱是从小学开始的，那时候他最喜欢上的就是语文课，但又觉得书本的知识满足不了自己，每节课后心里都有空落落的感觉。一次课间，软磨硬泡从同学那里借来的第一本课外书《西游记》连环画，从此便一发不可收拾，各种题材的书籍他都不会放过。

随着年龄与知识的增长，张道强的阅读层次也在逐步提高。鲁迅先生的《孔乙己》《阿Q正传》等让他流连忘返；《少年文艺》、郑渊洁的《童话大王》等让他如痴如醉。随着生活节奏的加快，一批80后青春文学写手异军突起，春树的《北京娃娃》，郭敬明的《幻城》《左手倒影右手年华》，孙睿的《草样年华》等也给张道强的头脑中吹来一股别样的春风。黄晓阳的《二号首长》、当年明月的《明朝那些事儿》和女作家雪小禅的《刺青》《无爱不欢》等都是他喜欢的作品。

丰富的阅读经历也造就了张道强小说的独特风貌，在《步步较量》这部作品中，他旁征博引，经常将自己写到的一个个情节与这些作品类似的情节进行对比，用这些名作来为自己的书做"注解"。读者阅读时可在几十部小说间来回穿梭。

工作是创作的源泉

2000年，张道强自部队转业，来到东阿黄河河务局工作。工作期间，他目睹了黄河遭到的人为破坏。部分不法分子非法采沙、违法取土、违规架桥等行为，严重威胁着黄河沿线人民的安全。

张道强采访黄河派出所干警 张国庆 摄

保护母亲河的使命感促使张道强拿起笔来，不断撰写文章呼吁保护黄河。丰富的工作阅历和扎实的文字功底使张道强文思泉涌，先后在《黄河报》《中国水利报》等多家报刊上发表各类题材文章120余篇，其中描写水政监察执法故事的短篇小说《较量》获得水利部征文一等奖，并拟纳入水利部《人·水·法》电视系列片拍摄。

有了前面的积累，坚定了张道强创作水行政执法长篇小说的信心和决心。他以真实事件为依据，用文学的手法加工润色，并巧妙地穿插上近年来的一些热点事件，描写了一个个生动的水行政执法故事。

从2011年1月正式创作，张道强密密麻麻地写了130多页，有的地方还用红笔反复修改，直到2013年，这篇长达50万字的小说《步步较量》才初步完成。随后，张道强又将文字内容整理成电子版，并在搜狐原创频道上连载，凭借酷似武侠小说的行文和鲜活的案例故事，小说得到不少读者的追捧。

黄河记忆

张道强展示《步步较量》手稿　张国庆摄

张道强在法律进校园活动中为同学们授课　丁吉利摄

让读者成为黄河卫士

小说《步步较量》发表后，引起了《齐鲁晚报》、《山东商报》、《聊城晚报》、山东电视台、聊城市电视台、东阿县电视台等多家媒体的关注。很多人通过看报道和阅读小说，深刻认识到了保护母亲河的重要性，自觉加入到了宣传保护母亲河的行列。

2014年9月，凭借在宣传保护黄河方面的突出贡献，张道强获得山东"十大江河卫士"荣誉称号并跻身于全国"江河卫士"评选行列。

（原载《水与中国》2014年第11期）

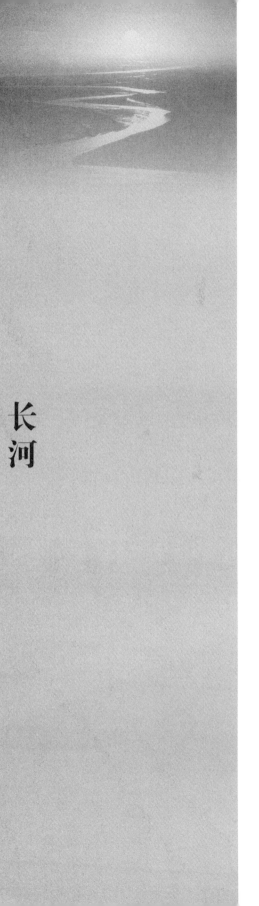

长河印记

黄河记忆

淘尽黄沙始见金
——山东河务局荣获"全国五一劳动奖状"治黄成就综述

陈秒清　孙开岗

全国五一劳动奖状

2011年山东河务局荣获"全国五一劳动奖状"

2011年"五一"劳动节，山东河务局被中华全国总工会授予"全国五一劳动奖状"。这一荣誉是山东黄河人历尽无数艰辛换来的褒奖！

自1946年人民治黄以来，山东河务局以除害兴利、造福齐鲁为己任，团结带领广大治黄职工，艰苦奋斗，励精图治，黄河治理开发与管理事业取得了举世瞩目的巨大成就。建成了较为完整的防洪工程体系，战胜了历年洪水,创造了人民治黄以来伏秋大汛岁岁安澜的历史奇迹,彻底扭转了黄河史上频繁决口改道的险恶局面。同时,积极开发利用黄河水沙资源,引黄兴利,为民造福,促进了山东沿黄及相关地区经济社会的快速发展和人与自然的和谐相处。

千秋伟业

人民治黄以来,国家对千里堤防进行了多次大规模的加高加固,将过去的秸料埽坝全部石化,共修建各类堤防1543千米、险工控导工程265处、6440段坝岸、涵闸117座,兴建了东平湖水库、北金堤滞洪区等蓄滞洪工程。近年来,山东河务局又对东平湖进行了综合治理,疏浚北排入黄河道,修建庞口闸,修复戴村坝,加固二级湖堤。对黄河入海口有计划地进行了3次人工改道,实施了黄河口门疏浚和挖沙固堤工程。现行清水沟流路自1976年人工改道以来已安全行水34年,改变了历史上黄河尾闾任意摆动、四处漫流的局面,为胜利油田生产和黄河三角洲开发建设创造了良好环境。

1998年"三江大水"之后,国家加大了对黄河治理的投资力度,防洪工程建设进一步加快。黄河人开创性地建设了治黄史上前所未有的标准化堤防工程。2005年,在一期黄河标准化堤防工程建设中,山东河务局把标准化堤防建设列为全局工作的第一要务,集中人财物,强力推进。全局已建成标准化堤防401千米,使黄河标准化堤防成了名副其实的防洪保障线、抢险交通线和生态景观线。特别是济南段黄河标准化堤防,荣获了中国建设工程质量最高奖——鲁班奖,成为2008年度全国水利行业唯一的获奖工程,也是人民治黄以来第一个荣获鲁班奖的防洪工程。

经过不懈努力,黄河山东段已初步建成了由堤防、河道整治工程和蓄滞洪工程组成的防洪工程体系,一条气势磅礴的"水上长城"展现在世人面前。

黄河记忆

2008年12月26日，济南黄河标准化堤防工程荣获鲁班奖颁奖典礼　黄峰　摄

2006年，山东黄河全面完成了水管体制改革，实现了水管单位、供水单位、养护公司、其他企业的机构、人员、资产分离，形成了基层单位事企分开的格局，历史性地改变了"修、防、管、营"于一体的管理体制，使工程管理与维修养护得到明显加强。在对各类防洪工程的管理中，牢固树立"人水和谐"理念，按照《山东省黄河河道管理条例》要求，认真落实维修养护责任制和执法巡查责任制，坚持标准管理、规范管理、精细管理、科学管理、依法管理，工程管理水平明显提高，工程面貌大为改观。全局堤防绿化已达1389千米，树株存有量2300多万株，千里堤防成为独具生态

国家级水管单位章丘河务局堤防道路

魅力的绿色长廊，被全国绿化委表彰为"全国绿化模范单位"。全局已有6个国家一级水利工程管理单位、6处国家水利风景区、3处黄委爱国主义教育基地，有57处堤防险工被黄委命名为"示范工程"。

安澜护国

1946年人民治黄以来，山东河务局依靠建成的防洪

工程体系和沿黄党政军民、治黄职工的严密防守，战胜了 1949 年、1958 年、1976 年、1982 年大洪水，安全度过了 1969 年和 1970 年"三封三开"的严重凌汛。黄河不会忘记：1958 年花园口站出现 22300 立方米每秒洪峰，为黄河有水文观测记录以来最大洪水，7~8 月间，花园口站出现 1 万以上流量洪峰 5 次。山东部分堤段洪水几乎与大堤持平。在洪水暴涨的危急关头，沿黄各地干部、群众、解放军 110 多万人上堤防守，喊出了"水涨一寸，堤高一尺""人在堤在""洪水不落，决不收兵"的战斗誓言，山东临黄大堤一昼夜间修起了 600 多千米子埝。最紧张时干部群众站在堤顶，形成人墙，抵挡风浪袭击。

近年来，山东黄河战胜了 2001 年和 2007 年汶河东平湖大水、2003 年黄河中下游发生的严重秋汛、2010 年金堤河较大洪水，成功抵御了 2009~2010 年度黄河严重凌汛，确保了黄河山东段伏秋大汛岁岁安澜，为国民经济和社会发展创造了安定环境。据测算，仅 1946~1996 年，黄河下游防洪减灾直接经济效益就达 4000 多亿元。山东河务局多次被省委、省政府表彰为"全省防汛抗洪先进集体"。

为实现黄河的长治久安，自 2002 年起，连续 12 次成功实施了黄河调水调沙，共有 1.87 亿吨沙冲刷入海，黄河山东段主河槽平均冲刷深度为 1.14 米，平滩流量由 1800 立方米每秒提高到 4000 立方米每秒，过洪能力明显增强。黄河人在治理世界上最为复杂的河流的探索中，找到了处理黄河泥沙、扼制悬河升高的一剂良方，走活了历代治黄人苦思冥想的一盘大棋。

在全面做好各项防汛工作的同时，山东河务局依托防汛专家、抢险设备、救灾物资等优势，积极投入自然灾害应急救灾中，"黄河铁军"赢得了一次次赞誉。四川汶川特大地震发生后，山东河务局迅即吹响抗震救灾抢险集结号。一方面，紧急调运橡皮舟等大宗防汛物资支援四川救灾；一方面，迅速组建了由 277 名队员、42 台（套）

黄河记忆

大型抢险机械设备组成的机动抢险队，连夜急行军2200余千米，开进到四川重灾区广元和绵竹开展抢险救灾。先后疏通了石亭江主河道，完成了4座水库的应急排险任务，抢修20余千米的村民出山道路，为3000多名村民顺利撤离打开了生命通道，赢得了当地政府和灾区群众的广泛赞誉。山东黄河抢险队被中共中央、国务院、中央军委联合授予"全国抗震救灾英雄集体"，被中华全国总工会授予"支援抗震救灾'工人先锋号'"。山东河务局被水利部表彰为"全国水利抗震救灾先进集体"。

山东河务局还先后派专家和技术骨干支援了1998年长江大水抢险、2003年陕西渭河抢险、2008年山东柴汶河抢险和2010年江西赣江抢险。甘肃舟曲特大泥石流、内蒙古严重凌汛、西南大旱、吉林内涝洪水以及泰山大火等重大自然灾害发生后，先后10余次紧急调运防汛抗旱物资支援抢险救灾，足迹遍布大半个中国。

兴利为民

历史上黄河下游只有泛滥之害，而无灌溉之利。自1950年在利津綦家嘴建成第一座引黄闸以来，目前已建有引黄涵闸63座，设计引水能力达2423立方米每秒。黄河是山东的主要客水资源，目前，山东省已有11个市、70个县（市、区）用上了黄河水。近10年，年均引用黄河水60亿立方米，引黄灌溉面积达3000多万亩，现有万亩以上的引黄灌区58处，其中30万亩以上的大型灌区19处，引黄灌溉年增产效益达30多亿元，对山东沿黄工业GDP影响量达1200多亿元。供水用途也由最初单纯的农业灌溉发展成为工农业生产、城乡居民生活及生态用水的多目标全方位供水，为战胜历年严重干旱，保证城乡居民生活用水和工业生产、农业增收发挥了重大作用。

1999年国务院授权对黄河水资源实行统一管理调度以来，山东河务局精心调度、科学配置宝贵的黄河水资源，黄河山东河段已连续 11 年不断流。开创了"两水分供"水资源配置模式，把黄河水远距离送到德州庆云，滨州沾化、无棣，菏泽南五县等严重缺水地区，解决了群众的吃水难问题。特别是 2006 以来，山东共引用黄河水 316 亿立方米，年均 63.2 亿立方米，黄河水资源基本满足了沿黄城乡居民生活和工农业生产用水的需要。

面对 2010 年冬季到 2011 年春天的山东特大旱情，认真编制《春季抗旱应急预案》，积极投入引黄抗旱。自 2010 年 11 月以来，已安全引用黄河水 20.9 亿立方米，为近 10 年来同期最多，较旱情严重并启动一级抗旱预警的 2008~2009 年度同期多引水 6.5 亿立方米，有效缓解了山东百年一遇的特大旱情。

山东河务局实施跨流域调水，把宝贵的黄河水调到天津、河北、青岛等地，先后圆满完成了 8 次引黄济津、16 次引黄入冀、21 次引黄济青任务，补水 2533 万立方米。累计跨流域调水 129.5 亿立方米。确保了这些省、市重点城市的供水安全，最大限度地发挥了黄河水资源的经济效益、社会效益和生态效益，谱写了一曲曲感人的绿色颂歌。

2010 年，成功实施了刁口河备用流路恢复过水试验，实现了刁口河流路的全线过流，使枯竭了 34 年的刁口河故道自流引水全线贯通。连续 3 次向黄河三角洲自然保护区组织生态调水，共补水 5363 万立方米，使河口湿地生态系统得以良性维持，丰富了生物多样性，黄河尾闾再现碧野万顷、鸥鸟翔集的盎然生机，为黄河三角洲高效生态经济区开发建设这一国家战略的实施创造了条件。黄河每年约有 10 亿吨泥沙输往河口地区，64 年来，共有 530 多亿吨泥沙在黄河口入海，填海造陆 1400 平方千米，为国家新增土地 210 多万亩。

科技兴河

1970 年，在让黄河泥沙变害为利的探索实践中，山东黄河职工制造出黄河上第一只简易吸泥船——"红心一号",发明了吸泥船引黄放淤固堤技术。此项技术于1978年荣获了"全国科学大会奖"。自1970年以来,山东黄河利用这项输沙技术,累计完成放淤固堤土方5.5亿立方米,对800多千米黄河大堤进行了加固,有效减缓了河道淤积,减少了农田挖占。为沿黄村镇淤改盐碱涝洼地2万多亩,增加了农民耕地,沿黄地区成为山东省重要的商品粮棉基地。近年来,机淤固堤技术不断探索改进,取沙汇集系统和远距离输沙技术使输沙距离提高到1.5万米以上,输沙生产效率提高了3.7倍,机淤固堤技术已被广泛应用于滩区治理、挖河疏浚、渠道清淤、土地改造等诸多领域,创造出了巨大的经济效益、社会效益和生态效益。

近年来,山东河务局努力以科技进步推动由传统治黄向现代治黄的转变。成立了"山东黄河科学技术委员会"、"山东黄河研究会"和"科技推广中心"。围绕"二级悬河"、东平湖和河口综合治理、功能性不断流等重点领域,加强了治黄重大问题和关键技术研究,取得了一批重要成果。大力推进"原型黄河""数字黄河""模型黄河"三条黄河建设。建成投入运用的防汛指挥调度决策支持系统、东平湖三维防汛决策支持系统、异地视频会商系统、水情自动化测报系统、办公自动化系统、引黄涵闸远程监控系统等,为黄河山东段的治理开发与管理提供了先进的科技支撑。

自2003年黄委启动创新工作以来,山东河务局秉承自主创新、科技治河理念,组织广大干部职工积极开展理论技术、体制管理、应用技术等科技创新活动,全局干部职工的科技创新意识逐步增强,科研创新的氛围日趋浓厚,取得了一大批科研成果和创新成果,在治黄工作中发挥了重要作用。该局先后有3项获国家科技奖励,20项获省部科技奖励,167项获黄委科研与创新奖励。自主研发的智能堤坝隐患探测仪,取得了技术发明和实用新型两项国家专利。非金属高效抗磨泥浆泵、工程抢险应急照明车、黄河堤防维修养护专用车等专用设备，已批量生产和应用。2010年，山东河务局被水利部表彰为全国水利科技工作先进单位，并连续5次荣获黄委创新组织奖。

以人为本

60多年的人民治黄史，也是黄河人文明进步的发展史。山东河务局立足于治黄事业发展，着眼于职工队伍整体素质提高，积极作为，科学务实，努力构建以人为本、关注民生的和谐山东黄河，成效显著。"团结、务实、开拓、拼搏、奉献"的黄河精神，支撑了一代代黄河人励精图治、与时俱进，保证了山东治黄事业的持续健康发展。

1946年，山东河务局成立伊始就紧紧抓住政治工作这条生命线，讲形势、讲任务，作表率、树典型，及时有效的政治工作保证了"一手拿枪、一手拿锨"治黄斗争的胜利，迎来了新中国的诞生。高度重视政治工作是山东河务局形成的优良传统，紧紧抓住育人这个根本，以职业道德建设为重点，内强素质，外树形象，突出加强理论素质、形势任务教育、职业道德、廉政勤政、业务技术5项教育，组织职工学政治、学文化、学技术，在职工中开展形式多样的典型教育和道德实践活动，职工队伍整体素质不断提高。山东河务局涌现出一大批先进集体和先进模范人物，截至2010年，被水利部、黄委和山东省委、省政府表彰的先进集体就有200多个；有7人被授予"全国劳动模范"称号或荣获"全国五一劳动奖章"，74人被表彰为山东省、水利部劳动模范或先进工作者，502人被评为黄委劳动模范或先进生产工作者。

各级工会健全组织，完善职代会建设，积极实施民主管理，主动为职工解难题、办实事，健全困难职工帮扶救助机制，积极开展送温暖和走访慰问活动。在全局推行了重大疾病医疗救助机制，实现全员覆盖。离退休

人员"两项待遇"得到较好落实，使老同志做到老有所为、老有所学、老有所乐。近年来，全局不断加大资金投入力度，改善基层职工工作和生活条件。各单位建设的职工生活基地，为职工源源不断地提供着新鲜的肉蛋果菜，极大地丰富了职工的"菜篮子"。

改革开放以来，山东黄河始终坚持两个文明一起抓，努力探索适应治黄改革和发展需要的政治思想工作机制，培养造就了一支政治强、作风正、敢打硬仗的职工队伍，党组织的战斗堡垒作用和党员的先锋模范带头作用得到充分发挥。认真落实党风廉政建设责任制，积极探索开展了廉政风险防范管理机制建设，求真务实、廉洁勤政蔚然成风。进一步规范精神文明建设管理，以基层为重点深入开展各类群众性精神文明创建活动，精神文明建设取得了长足进展。全局独立建制单位文明创建率已达96%，其中市级文明单位19个、省级文明单位33个、全国水利文明单位2个。除以上荣誉外，山东河务局自2001年以来，还先后荣获"国家技能人才培育突出贡献奖""全国水利工程优质(大禹)奖"，被表彰为"全国保护母亲河行动先进单位""全国水利系统水政工作先进集体""全国水利财务工作先进单位""全国水利职工教育先进单位""全国水利系统职工文化工作先进集体""全国水利系统职工体育工作先进单位"。

60多年的不懈奋斗和创新发展，使山东治黄事业取得了历史性的伟大成就。但要实现"堤防不决口，河道不断流，污染不超标，河床不抬高"治理目标，维持黄河健康生命，真正让黄河造福人民，依然任重而道远。

（原载《水利中国》2011年第7期）

扬文明之帆　促和谐发展
——淄博河务局荣膺全国文明单位

雷聿凡　张文华　郑兰英

2011年12月20日，淄博河务局成功跻身于国家级文明单位。建局20年来，淄博黄河人扬起风帆，将黄河文明建设和黄河事业发展推向新高度，赢得了一系列当之无愧的荣誉，在淄博这片热土上抒写了城市文明进步的新篇章。

文明之核在于文化理念

围绕机关文化建设，淄博河务局拓展文明创建的内涵，组织开展了"单位精神、部门理念、人生格言"征

2012年，淄博河务局全国文明单位揭牌仪式

集评选活动，并在机关各部门悬挂，让干部职工在潜移默化中接受文化的熏陶，达到自我教育、凝聚力量的目的；

加强机关文明办公教育,"机关工作人员十不准"上墙、上桌,每季度检查考核,不定期抽查办公纪律、秩序等,大大提高了机关工作质量和效能;举办了文化作品展,制作了廉政文化宣传画册,完善了职工健身中心、阅览室、党员活动室、荣誉室等文化活动场所。深入挖掘黄河历史文化,收集整理治黄留存的器具、古石碑、古诗词,对沿岸文化古迹展开调研,创建了淄博黄河文化博物馆,编纂《淄博黄河志》,出版了《淄博黄河大事记》。黄河文化建设体现于黄河事业的方方面面,如在黄河沿岸建成了两处较大规模的文化景区,布设了"安澜卧牛""河之韵""警钟"等标志性雕塑,内涵深刻,寓意高远,其中马扎子险工还被评为市级爱国主义教育基地。2007年,黄河淄博段被命名为国家水利风景区后,黄河部门又着手与地方政府联合共建黄河楼博物馆和黄河文化广场……一个以黄河为依托、融生态旅游和自然景观为一体的文化生态景区全面铺开,成为黄河部门开展文明创建的重要阵地。

文明之形在于体制机制

自淄博河务局建局伊始,就把精神文明建设作为一项政治任务摆在重要议事日程,实行文明创建工作"一把手"负责制,成立了由党组书记、局长任组长,其他班子成员任副组长,有关部门负责人为成员的精神文明建设委员会,设置办事机构,所属各单位也都成立了相应组织,形成了横到边、纵到底的组织网络,做到精神文明有人管、有人问、有人抓。特别是近年来,按照"高起点、高标准、上层次"要求,进一步明确、细化文明创建任务和措施,逐年加大文明创建硬件建设的投入,将软任务变为硬指标,促进基层单位自我加压,形成全局文明创建的合力。强化制度管理,是淄博河务局精神文明建设工作的重要措施之一。该局紧紧围绕机关实际,制定了《精神文明建设和思想政治工作责任制暂行办法》

《精神文明建设齐抓共管实施办法》等规范化、操作性强的工作制度，使精神文明建设工作有标准衡量、有办法操作。同时，坚持每季度召开一次文明委例会，严格落实检查考核奖惩制度，并把检查结果作为年终考核评先的重要依据。这些措施有力地促进了基层文明创建的积极性，全局文明单位创建率达到了100%。

文明之力在于提高素质

淄博河务局始终坚持文明创建"以人为本"，把全面提高干部职工队伍素质作为文明创建的关键措施来抓，着力打造学习型单位。坚持开展以党的宗旨教育、社会主义核心价值观教育、党的群众路线教育、"两学一做"为主要内容的教育活动，狠抓思想政治教育和"四有"职工队伍建设，积极开展业务学习培训、岗位练兵活动和机关文化建设，实行干部轮岗、考核、监督和评议制度，实施竞争上岗、双向选择，建立竞争机制、约束机制和激励机制。近年来先后举办各类培训班22期，举行报告会和学习讲座52次，选送200多人次参加了上级举办的业务知识培训，提高了业务素质，改善了知识结构，同时，加强党风廉政建设教育，加大法制宣传力度，举办知识竞赛和"法律进机关、进学校"活动，开辟网上法制课堂，使干部职工懂法、知法、守法，使干部职工言行有准则、办事有程序。

文明之源在于活动多样

多年来，淄博河务局坚持开展"文明职工""文明家庭""道德模范""巾帼建功立业先进个人"等评选活动，培养典型，以点带面，带动全局文明创建的热潮。"推荐身边好人活动"让道德模范脱颖而出，创先争优活动坚持与实际工作紧密结合，"日阅一文、月写一篇、季读一书、半年一讲"活动中领导带头示范，"党员先锋集体""党员示范岗"活动中有6个基层党组织、30

黄河记忆

名党员受到上级党委表彰。成立了淄博河务局职工志愿服务队，开展关爱空巢老人、关爱环卫工人等社会公益

淄博河务局组织机关党员在焦裕禄纪念馆重温入党誓词

和家电维修、法律援助、红白理事等方面的志愿服务活动，全局上下树立起讲道德、改陋习、倡新风的道德风尚，以良好的精神风貌，一心一意谋发展，形成了"三多三无"的良好局面——爱好体育健身的人多了，庸懒散现象没了；讲团结、扬正气的人多了，歪风邪气没了；讲文明树新风的人多了，封建迷信没了。特别是通过积极争创全国文明单位，助力淄博创建全国文明城市活动，按照淄博市委、市政府统一部署做好相关工作，号召全局上下共创文明城市、共建美好家园，努力营造浓厚氛围，为创城做出了积极贡献。

文明之本在于改善民生

在文明创建活动中，淄博河务局党组以解决干部职工关心的热点、难点问题为突破口，关注民生，兴办实事——改善职工生活条件，积极推行职工带薪休假制度，办公场所及庭院绿化美化，新建改造基层单位食堂设施，每年为职工进行健康查体，推行医疗保险制度改革，帮扶职工子女就业，保证职工工资足额发放并有所增长，丰富职工菜篮子，加强文体活动设施建设并组织开展形式多样的文体活动。近年来民生投入达300余万元，黄

河人深切感受到文明创建带来的变化，实实在在地享受到了改革发展带来的成果，认同感、归属感、幸福感、自豪感与日俱增。在改善民生的同时，该局积极投身社会公益事业。局领导班子成员以大额党费的形式带头向汶川、玉树地震灾区捐款，带动全员支援抗震救灾；与高青县木李镇大田村、常官店等4个村进行结对帮扶，和淄川土湾村11个贫困户实施"一对一"精准扶贫，投资40万元支持新农村建设；与阳谷河务局进行文明共建，投资基础建设，传授创建经验，为阳谷河务局成功创建省级文明单位给予了大力支持。同时，坚持每年组织"慈心一日捐"、无偿献血等活动，开展军地共建和"春蕾助学"，赞助困难学生，奉献黄河人的一片爱心。

组建的淄博河务局志愿者服务队

近年来，淄博黄河人认真践行科学发展、和谐发展的理念，推动文明建设不断跨上新高度，2006年、2010年，市局、高青局先后被命名为"省级文明单位"，全局文明单位创建率达到100%。同时，市局、县局分别获得工会工作先进单位等荣誉称号，两个基层单位被中华全国总工会命名为"模范职工小家"，3个基层单位被淄博市政府命名为"文明绿色家园"。2011年12月20日，淄博黄河河务局被全国精神文明建设指导委员会命名为"全国文明单位"，在黄河系统率先获此殊荣，这是20年来淄博黄河人孜孜追求并为之不懈努力取得的辉煌成果。

（原载2012年6月《黄河网》）

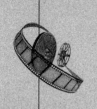

黄河记忆

法润长河日日新

孙 凡 秦晓明

鼎有足而立，国有法而稳，河有法而澜。共保母亲河安澜，依法治河成为大势所趋。

近年来，济南河务局为确保河道安全，坚持执法、普法两手抓，两手硬，坚持不懈地向沿黄群众和社会各界普及水法律法规，普法受众群体逐年扩大，普法手段日趋丰富，普法载体日趋多元，赢得了社会各界群众和广大水行政管理相对人的广泛理解、支持和配合，有效提升了水政执法效能，维护了黄河河道的正常水事秩序。

"法律六进"：法治润物细无声

济南河务局担负着黄河济南段的治理开发与水行政管理职责，所辖河道长度183千米，下属7个县（市）区河务局，其中槐荫、天桥、历城三个区局毗邻市区，河道内开发建设活动十分频繁，沿黄群众利益诉求日趋多元，给依法管理河道带来很大困难。

在开展普法教育的过程中，济南河务局坚持学用并重，突出关键对象，实行"分众定位"，将"法律六进"作为增强沿黄干部群众法治意识的有效抓手。针对不同普法对象，采取多种普法方式，全面开展了"法律进机关、进乡村、进社区、进学校、进企业、进单位"的主题活动，建立了普法宣传阵地，在广度上做到哪里有黄河，哪里有工程，哪里有人群，普法宣传就延伸到哪里。在深度上以机关领导干部、执法队伍为重点,以涉河经营密切相关企业和单位为重点,在乡村社区以涉河活动密集人群为重点,深入开展针对性普法宣传。

"送法进机关、进单位",干部职工学法常规化。根据岗位要求不同,2006年印发了《济南黄河干部职工学法目录》,确定通用法律法规5类31部,专业法律法规15类129部,对法制学习做出明确部署。2011~2015年间,济南河务局组织党组理论中心组(扩大)集中学习53次,专题法制讲座71期、法治培训班336期,集中培训1.08万人次,组织普法考试313次,建立普法考核档案1092份。

"送法进乡村、进社区",普法宣传落地生根。在沿黄村、社区设置普法固定阵地11处,利用村镇、社区政务公开栏,宣传水法规,做到哪里有人群,普法宣传就延伸到哪里;通过签署倡议书、村广播、张贴通告等多种方式,深入沿黄村庄社区,送法入户;结合专项执法活动,以案释法,增强了宣传的针对性和实效性。

"送法进学校",培养青少年法治意识。开展"小手拉大手"活动,在沿黄小学设立普法阵地,发放普法宣传画册、组织学生现场签名等活动,并带动家庭学法;组织学生开展法治学习实践活动,实地参观黄河防洪工程,现场讲解黄河历史文化和水法律法规;送法进学校活动涵盖沿黄15个乡镇17所中小学。

"送法进企业",构建和谐水事秩序。规范涉河建设项目管理,在全河率先制定了《济南黄河非防洪工程建设项目施工须知》,积极向施工企业提供法律法规咨询服务;创新管理模式,变"检查"为"走访",通过定期和不定期的项目巡查,实地走访,听取意见和建议,提供帮助。

以"中国水周""世界水日""全国法治宣传日""防汛宣传月"等集中宣传活动为契机,广泛深入开展具有行业特色的专项普法活动,充分利用普法宣传站、广播

电视、报刊杂志、宣传车队等平台,进一步强化"法律六进"成效,增强了普法宣传的社会影响力和认知度。

2011年以来,宣传车队走遍沿黄7个县(市)区的26个乡(镇),共发放宣传材料30.03万余份,悬挂宣传横幅1202条,张贴标语8091条,张贴宣传画821张,设立法律咨询站122处,编发普法短信4.66万条,录制音像材料149盘,播出广播电视普法节目6期,直接受教育群众达267.08万人次。

随风潜入夜,润物细无声,"法律六进"宛如春风化雨,滋润着广大干部职工和沿黄群众的心田。

"法治文化":以文化人聚共识

"以法修身,文化养性",法治文化建设是"六五"普法以来提出的新概念。济南河务局在普法过程中,以文载道,以文化人,自创自编自演了《黄河卫士之歌》《历城情 黄河梦》《捡羊风波》《黄河岸边尽朝晖》等法治文艺节目;组织开展了"法治润黄河"演讲比赛;开设了"道德讲堂";征集展出了310多件法制宣传书画摄影作品,营造了具有鲜明特色的法治文化。

济南河务局按照"形式多样、长效宣传、全面覆盖"的原则,打造了面积达200平方米的法治宣传教育示范基地;重点打造了两处法治文化广场,建成14处总长近2000米的普法宣传画廊;在济南百里黄河风景区和重点险工处,设置大型普法景观石群7处、36樽,为黄河法治文化增添了新元素;依托防洪工程设施、充分利用沿黄村庄民居和社区墙壁等,在沿黄岸线制作永久性普法宣传标语338处,形成了一道200千米长的沿黄普法景观线。

在宣传载体上,坚持不断创新,印制了绣有普法内容的毛巾、雨伞、旅行壶、保温瓶、文化衫、小推车等各色普法纪念品16060件;编印《黄河法律法规选编》《学法指南100问》《黄河水法规宣传画册》等9000册。济阳河务局还将水法律法规输入视频机，并发放给普法联络员，实现了普法方式多元化、普法内容直观化。充分利用新媒体宣传，开通了"济南黄河普法网"，济阳河务局开通了普法微信公众平台，与公众建立了更直接紧密的联系。

"春华秋实，金桂飘香"。经过坚持不懈的普法宣传教育，济南黄河有权必有责、权责相统一、用权受监督、违法必追究的法治观念逐步深入人心。

依法治河：指麾能事回天地

"法无授权不可为，法律授权必须为"。济南河务局在不断加强社会主义法治教育的同时，始终围绕现代水利、民生水利、可持续发展水利，强力推进普治并举，开创了普法依法治理工作的新纪元。

为规范权力运行，济南河务局编织了制度笼子，将涉及治黄重大问题和职工切身利益的14项制度汇编成册，发放到每个职工手中；重新制定了《济南黄河河务局重大问题决策规则（试行）》规定，实行集体议事和决策人负责制；聘请了法律顾问，在涉及治黄发展、行业民生等问题上，变被动为主动，每年通过问卷方式问计于职工。

积极推进《济南市黄河河道管理办法》立法工作，成立了以市局局长许建中为组长的立法工作领导小组，广泛征集各单位（部门）立法意见建议。深入实地开展立法调研，全面了解防汛、水资源管理、工程管理及河道监管现状及存在的问题。立足河道管理实际，起草完成了《办法》初稿。积极征询黄委、省局、市法制办及相关单位意见，经九易其稿，形成了《办法》征求意见稿，被市政府列入了2016年立法计划。

水政、公安联合执法彰显威力。积极探索水政与公安派出所联合执法新机制，在组织开展的深化河道专项执法检查、河道清障专项整治、浮桥治理整顿、违章片

林清除、违章乱垦乱占防洪工程等专项执法活动中，充分发挥了联合执法优势。2011年来，全局共立案35起，已结案32起，派出所独立查处各类案件86起，共清除树株27859棵，清理垃圾渣土14524立方米，拆除违章建筑5830平方米。自2011年以来受理非防洪工程建设项目49项，市局审批40项，没有发生擅自违规建设行为。

法治成果：百花齐放满园春

普法教育的滋养，犹如缕缕春风吹遍大河上下。黄河水事违法行为明显减少，黄河河道及工程范围内的水事秩序进一步好转，全局立案查处水事案件32起，较"五五"普法期间相比下降了9%，河道管理范围内开发建设秩序进一步好转。济南河务局荣获"2011～2015年全国法治宣传教育先进单位"。此外，2011~2015年间，全局8个省级文明单位、6个市级文明单位全部通过复查。3个县（区）河务局获济南市普法先进单位称号；有10余个集体受到省部级表彰奖励48次；1人获国家级奖励，259人次获各级奖励。

"人民黄河人民管，管好黄河为人民"，济南黄河的发展变化，昭示着依法治河的巨大威力。我们相信，在依法治河理念的引领下，济南黄河人将不断开拓前进，勾勒出一幅人水和谐的美好画卷。

为了母亲河的微笑

——山东黄河水政执法改革与黄河派出所建设纪实

李遵栋　王　伟

70年的治黄征程,也是黄河法治建设坚实迈进的过程。70年来特别是改革开放以来,山东黄河人认真贯彻落实中央治水管水精神,深入开展水法治建设,水法规体系逐步完善,水利依法行政深入推进,水行政执法持续加强,水事秩序明显改善,沿河水法治观念不断增强,依法治水管水能力不断迈上新台阶。

法律的生命力在于实施,法律的权威也在于实施。"天下之事,不难于立法,而难于法之必行"。人民治黄70年来取得的一系列成就与我们严格依法行政、不断加强依法治河管河密不可分,尤其是水行政执法队伍与黄河派出所建设"一文一武"相得益彰,犹如那叩击大河岸边的朵朵浪花,在深化治黄改革发展的滚滚洪流中格外闪耀,为母亲河的岁岁安澜扛起了坚实有力的大旗。

山东黄河派出所——"落地生根"

为确保黄河下游防洪安全,维护正常的水事秩序,1982年以来在沿黄各县设立了黄河水利公安派出所,黄河公安派出所在当地公安机关的领导下,对破坏黄河工程设施、扰乱水事秩序等违法犯罪活动进行了坚决打击,

黄河记忆

为确保黄河治理开发和防汛抗洪斗争的顺利实施,维护沿黄地区社会稳定,做出了巨大贡献。1994年公安机构企事业单位体制改革,黄河公安队伍未纳入地方公安编制,黄河公安人员的授衔问题未得到解决,大部分派出所逐渐被撤销;未撤销的黄河派出所与水政机构合署办公,没有正式民警,不具备执法主体资格。2009年山东省机构编制办公室、山东省公安厅、山东黄河河务局联合下发了《关于理顺黄河公安管理体制的通知》,要求在28个沿黄县(市、区)各成立1个黄河派出所,沿黄各市、县公安、河务等部门根据文件要求陆续开展了筹建工作。截至2015年底,山东黄河沿黄28个县共成立28个黄河派出所、14个警务室,到位正式干警92名、协勤人员74名,形成了水政监察大队、黄河派出所联合执法的黄河水行政执法新格局。黄河派出所实行公安机关和黄河河务部门的双重领导新机制,在规格、人员、装备配置、派出所所长培训等方面都给予了落实保障,山东黄河水政、公安"文武双全"的联合执法模式自此掀开了新的篇章。

2010年5月20日,水利部副部长周英、山东省公安厅副厅长任学增为黄河派出所揭牌

水行政综合执法改革——"向阳花开"

为更好贯彻落实中央十八大、十八届四中全会精神和水利部《关于全面推进水利综合执法的实施意见》,2015年,山东河务局将深化水行政综合执法改革列为年度十大改革任务之一。此次改革以河口管理局为试点单位,在黄委和省局领导及人劳等有关部门的大力支持下,黄委人劳局下发了《黄委关于河口管理局水利综合执法专职水政监察机构设置、人员编制等问题的批复》，对河口管理局水利综合执法改革试点机构设置和人员编制进行了批复，水利综合执法改革试点工作于2016年1月15日获得山东黄河河务局验收。通过这次改革试点，基层单位组建了组织严密、素质过硬的专职水行政执法队伍，理顺了执法体制与机制，实现了行政处罚、行政强制、行政征收等行政权力的集中行使，提高了行政效率，取得明显成效。水政监察队伍建设、执法能力建设和规范化信息化建设，水行政执法能力和水平不断提升，为提高各级水行政执法效能，推进依法治河、依法管河工作提供了可复制可推广的样板模式。2016年山东河务局在其他7个市局正着力全面推广水利综合执法改革工作。

2015年，河口管理局开展综合执法改革，图为垦利水政监察大队

提高水行政执法水平，全面加强水政监察队伍能力。与队伍软件建设的快马加鞭相比，我们的水政监察基础设施硬件建设更是芝麻开花。遥感遥测系统和远程监控、执法巡查、执法信息平台建设稳步推进，执法装备明显改善。充实了市县执法力量，配齐水政监察队伍，大力开展执法骨干培训、新进人员培训、经常性培训以及案卷评查、执法技能比赛等工作，执法人员素质能力大为提高。

组织专项执法活动，大力维护水事秩序。山东河务局水行政执法人员每年都展开省、市、县（区）三级汛前汛后联合执法检查、河湖采砂专项执法检查、浮桥专项检查等联合执法检查活动。对违反水法、防洪法和水

土保持法的违法植树、违规建设等设障行为实施惩戒。上述专项执法活动,有力推动了河湖管理、水土保持等法律法规的贯彻实施,严厉打击了非法侵占河道、无序采砂、违规建设涉河项目、人为造成水土流失等违法行为,维护了法律权威和良好水事秩序。

加强执法程序制度建设,构建水行政执法长效机制。制作水行政执法文书,严格水事案件查处程序,制定联动执法联席会议、重大案件会商督办、案件移送、紧急案件联合调查等制度,大力推进行政执法责任制建设,建立健全水行政处罚自由裁量权基准、重大案件法制审核、案卷评查、执法全过程记录、执法公示、评议考核、责任追究等制度,完善执法程序,执法规范化水平不断提高。

我们正以建立健全权责明确、行为规范、监督有效、保障有力的水行政执法体制为重点,不断强化专职水政监察队伍建设,相对集中水行政执法职能,全面提高水行政执法效能,从源头上解决多头执法、重复执法、执法缺位等问题,全力造就一支廉洁公正、作风优良、业务精通、素质过硬的专职水政监察队伍,切实保障水法规在山东黄河的全面贯彻实施。

水政公安联合执法——"文武双全"

按照《关于印发建立黄河派出所和黄河水政监察大队协作配合机制的意见的通知》要求,完成了黄河派出所及水政监察大队协作配合机制的制定工作,完成了联席会商、情况通报、联合巡查、重大应急突发事件协同处置等协作配合机制的研究制定,促进了黄河派出所及水政监察大队的有效衔接,为增强执法效能、凝聚执法合力、确保黄河防洪安全发挥了重要作用,为山东平安黄河、法治黄河奠定了良好的环境。

在日常工作中,水政监察人员与公安干警充分发挥各自职能,相互协作,共同为制止河道管理范围内违法行为发挥巨大作用。水政人员向派出所同志学习治安管理相关法律法规，吸取办案经验，提高办案水平；派出所干警向水政人员学习治黄知识，掌握黄河工程管理范围和河道管理范围，加强对《水法》等水法规的学习。通过相互交流，加深对彼此的了解，提高了联合执法的效能，有效地贯彻落实了各项协作配合制度。

法治化收到实效——"更上层楼"

严格贯彻落实"谁执法谁普法"的普法责任制，依法管理、依法办事的意识和素质明显增强，黄河事业的法治环境持续改观。全局尊法、守法、学法、用法氛围更加浓厚，沿黄地区群众水法治意识日益加强，维护黄河安全的社会监控力量逐步加强，黄河水事秩序明显好转。

山东黄河事业法治化管理程度明显增强，服务经济社会发展成效显著。严格依法防汛救灾，荣获"山东省抗洪抢险先进集体"等称号。依法推进黄河防洪工程建设与管护，有"全国绿化模范单位"2个、"国家级水管

创新普法形式，普法微信账号

创新普法形式——滨州普法宣传骑行队

单位"8个、"国家级水利风景区"9个；依法管理调度黄河水，为山东省粮食"十三"连增做出了重要贡献。省局荣获"全国五一劳动奖章"；荣获"全国'六五'普法中期先进单位"称号，省局水政处、济南河务局、东明河务局获得山东省"六五"普法中期先进单位称号；山东河务局、济南河务局获得中宣部、司法部2011~2015

黄河记忆

年全国法治宣教教育先进单位荣誉称号等。

基层水行执法队伍与黄河公安派出所处于黄河治理的"一线",是做好维护沿河人民群众生命财产安全和促进黄河安全发展的忠诚卫士,是推进依法治河的"生力军",更是建设平安黄河、法治黄河的重要力量及恪守依法行政、维护法治权威的重要保证。

普法固定阵地——水法规宣传长廊

立足当下,"跨越发展风正劲,扬帆远航正当时",实现黄河梦的道路任重道远;未雨绸缪,"雄关漫道真如铁,而今迈步从头越",黄河人更须策马扬鞭。花开中国梦,法治润黄河。母亲河必将在众多黄河执法队伍的守护下更加健康安澜!

以法为盾保安澜
——东平县沿黄防洪山体禁采工作纪实

张玉国　牛永生　毛明辉

群山环抱的东平湖位于鲁中丘陵向平原延伸的边缘地带，东纳汶水，西连黄河。治黄先辈们巧借地势，利用东平湖西面6座山体作为自然屏障，加之修建坚固的堤防，在河湖间构筑起一道防御黄河洪水的铜墙铁壁。

东平湖周边绵延的山体，长期以来是滨湖地区群众发财致富的财源。进入21世纪，随着山石资源的匮乏，抱有"靠山吃山"想法的部分群众，受经济利益驱使，悄悄将采石机械开进防洪山体。6座沿黄防洪山体的破坏程度已触及防洪安全警戒线，黄河防洪安全受到威胁。

曾经为黄河安澜做出过巨大贡献的东平湖防洪山体再也经受不住人类肆无忌惮地索取，泰安市、东平县人民政府以防洪保安全为己任，号召当地群众"宁要绿水青山，不要金山银山，给子孙留下天蓝、地绿、水净的美好家园"。肩负着滞洪区代言人使命的东平湖管理局走上了禁采工作的漫漫征程。

2010年5月，禁采工作启动，流域管理机构与当地政府密切配合，以科学发展观为指导，帮助群众转变观念，发挥优势，因地制宜，转型发展，经过近4年的努力，逐步走上一条依靠山体复耕的生态之路。

黄河记忆

封山禁采：打响防洪屏障保卫战

2010年夏，泰安市、东平县人民政府，东平湖管理局通过富有成效的工作，完成了防洪山体的勘测确界。6月25日12时，东平县人民政府果断采取措施，掐断沿黄山体开采企业的电力供应，并停止供应爆破炸药。至此，历时50多年的防洪山体无序开采宣告终结，这是东平湖防汛指挥部、泰安市人民政府依法根除黄河防洪隐患的重大举措。

当地群众开采沿河山体始于20世纪50年代，由于当时生产力水平不高，开采速度慢，对防洪工作造成的影响较小。自20世纪60年代起，随着建材市场需求增大和工程技术现代化，人们开采沿黄山体的进度明显加快，破坏山体日趋严重。2004年，东平湖防指向东平县政府下发了"对山体开采进行综合整治"的通知，东平县黄河防指在作为沿黄防洪自然屏障的山体上划定禁止开采高程线，并埋设了48根禁采标志桩。

东平县滨湖地区以开采山体谋生的行政区域涉及3个乡镇17个行政村的44家企业，企业总资产约2亿元，从业人员约5000人，加之政出多门、监管缺位、处罚不力，特别是涉及当地群众的经济利益，防洪山体禁采收效甚微，沿黄6座山体的破坏程度已触及防洪安全警戒线。

治强生于法，弱乱生于阿。

以防洪保安全为己任的东平湖人，直面50余年无序开采屡禁不止的执法难题，以实施"最严格的河道管理制度"为目标，高擎法律利剑，打响了山体禁采战役。

防洪山体禁采是解决历史遗留问题、消除防洪隐患的大事，摸排山体详细资料是禁采工作的首要任务。时值炎炎夏日，肩负使命的东平湖禁采工作组人员冒着40℃的高温在滚烫的山坡上攀爬，查边界、测高程、校数据，很快完成银山、铁山、子路山、九顶琵琶山、青龙山等山体7000万平方米的测量工作，并测绘1:10000

山体开采现状地形图,标注开采范围、高程等,调查统计山石开采户的基本情况,为禁采工作提供第一手资料。

聘请相应单位对山体禁采边区测量

6座防洪山体总长度15千米,是沿黄3个乡镇的44家采石企业的经济命脉,禁采等于断了他们的财路。在山体禁采初始阶段,群众不理解,围攻、谩骂水行政执法人员的事件时有发生。

针对防洪山体无序开采影响黄河防洪安全的问题,东平湖管理局及时向市、县政府通报情况。市政府将禁采工作纳入2010年黄河、东平湖防汛工作意见予以实施,在东平湖防汛工作会议上专门安排部署。

——5月18日,东平县召开沿黄山体禁采工作会议,时任县委副书记的张成伟组织60多人参加的联合执法大

查看沿黄山体禁采现场

队进驻禁采一线。执法大队坚持和谐执法，耐心平和地开展工作，一家一家进行说服教育，动之以情，晓之以理，春风化雨解决难题。

——6月2日，东平湖管理局水政处、防办有关技术人员进驻一线实地查勘，明确指出：必须严格按照《山东省黄河河道管理条例》规定范围实施禁采工作，对低于大堤高程缺口实施补救措施。

——6月9日，东平湖禁采工作组完成了6座山体的测量工作。

——6月18日，东平县成立"沿黄防洪自然屏障山体开采集中整治工作领导"小组，制订下发《东平县沿黄防洪自然屏障山体开采集中整治实施方案》，明确提出整治重点和目标。

——6月22日，东平县政府、东平湖管理局组成60人执法大队进驻银山、斑鸠、旧县3乡镇，向企业下发《责令改正通知书》《关于禁止沿黄自然屏障山体开采的公告》。

——6月25日12时，东平县切断沿黄山石开采企业的炸药、电力供应。

——6月26~30日，根据地形图上标注的禁采范围，东平河务局聘请山东黄河勘测设计院测量队完成山体禁采中心线、禁采范围边线的GPS卫星定位工作，并同时开展禁采范围埋桩、公告牌安装和禁采监测。

这场封山禁采、消除隐患、确保黄河安澜的"攻坚战"，将终结持续半个多世纪的山体开采，也将是实施"最严格的河道管理制度"、建设生态家园的起始。

职业坚守：确保黄河安澜的持久战

法律的生命力在于实施，法律的权威也在于实施。

集中整治工作告一段落后，为防止出现反弹，按照流域管理与区域管理相结合的模式，东平湖管理局联合东平县政府，组成由河务、公安、安监、国土、督察部门及沿黄3个乡镇有关人员参加的禁采监管组织，划分4个监管巡查小组，实行包保责任制，推行日常巡查和零报告制度。

去冬以来，随着市场需求量的不断增大，部分群众受经济利益驱使，偷采山体行为时有发生，违法分子气焰嚣张，甚至出现寻衅滋事、围攻谩骂、打击报复行为，执法人员的人身安全受到威胁。一时间，禁采监管形势严峻，如果出现大规模反弹，禁采成果将毁于一旦。

如何布好"既确保黄河防洪安澜、保持区域经济社会持续发展，又保护人们赖以生存的生态环境"这局"棋"，考验着当地政府和流域管理机构决策者的决心和智慧。

东平湖管理局明确规定："要坚定不移地狠抓沿黄防洪山体禁采监管，始终保持高压严管态势，巩固禁采成果。"该局主要负责同志积极协调，争取地方政府的大力支持和配合；派出由水政、监察等部门人员组成的工作组进驻禁采现场，及时解决工作中存在的问题，指导禁采监管工作开展；公布举报电话，接受社会监督。

东平县政府明确规定："对顶风作案、屡整屡开的单位或人员，从严、从快查处，符合移送条件的，及时移送司法机关处理，绝不姑息。"副县长臧玉海多次在禁采现场组织召开调度会，明确部门、乡镇责任分工，提出监管具体要求，强调工作纪律。

沿黄山体禁采监管工作引起了上级部门的高度重视。山东河务局水政处成立专门的督导组，吴家茂处长多次深入一线现场督导山体禁采工作，并与当地政府领导座谈，召开有关部门联席会议，要求对违法行为坚持"零发生、零忍让"；有关部门要联合开展巡查执法，做到违法偷采行为发现一起，制止一起，决不手软，坚决遏制非法开采苗头，确保防洪山体完整，确保黄河防洪安全。

东平河务局一方面加大宣传力度，走村入户发放宣传资料，张贴宣传标语，耐心讲解有关山体禁采的法律法规，增强沿黄群众的遵法守法意识；另一方面，加大巡查监管力度，联合执法大队实行24小时值班巡查，及时打击各种形式的违法偷采盗挖行动。自山体禁采集中整治结束后的近4年时间里，有151人被警告，14人被治安拘留，2人被判刑，11台违法开采设备被扣押。

近4年的禁采工作中，东平河务局干部职工和公安、国土、安监等行政执法部门的同志并肩战斗，付出了大量心血。

与公安部门联合执法

监测小组的老贾清楚地记得第一次上山的情景：山体被炸得面目全非，山上没有一棵树，全是被炸药轰开的坑，有的坑深几十米。零乱的石头十分松滑，有时没爬到半坡就随着石头滑到原地。在这样的环境里，监测人员日夜坚守，顶严寒冒酷暑，啥时候忙完啥时候吃饭，加班加点成为常态。

黄河人以顽强的毅力、踏实的精神，坚决捍卫了法律的尊严。他们测量出的一组组珍贵数据，为山体违法开采工作标出了一道红线，也为下一步山体复垦提供了重要的技术支撑。

生态转型：从山体禁采走向土地复耕

治国如治水，堵不如疏，疏不如引。

寻求防洪屏障长久保护之路是摆在各级政府、河务部门面前的大课题。党的十八大建设生态文明的号召为东平湖山体禁采工作指明了方向。东平县人民政府作出决策：2013年启动山体复耕方案。

这是一项维护大局、深得民心、根除山体禁采工作的重大举措。2013年3月5日，山东省东平湖防指在《关于东平县政府对沿黄山体恢复治理项目的批复》中写道："山体恢复治理项目的实施可变废弃山体为可耕用地，能改善沿黄群众的生产生活条件，巩固山体禁采成果，保证山体防洪功能，利国利民，同意实施。"

阳春三月，柳绿草翠。沿黄防洪山体上红旗招展，机器轰鸣，运土车辆往来穿梭，一场轰轰烈烈的"山体保卫战"在黄河岸边拉开序幕。

"项目结合土地复垦，做好沿黄山体恢复性治理，一期6个治理区可新增耕地83.8平方千米，治理后，年纯收益114.4万元。"这是该项目可行性研究报告的结论。

一名县级领导挂帅，国土、河务部门技术指导，纪检、安监部门施工监督，乡镇政府成立施工项目部，按照"以现有平台为基础，临黄侧山体维持现状，保证防洪标准不降低"的原则，挖掘机、推土机等施工机械齐上，远距离调土、黄河机淤抽沙等施工方式并用，施工进度明显加快。目前，马山、银山、铁山等治理项目已基本完工，预计第一期复垦项目年底前全面完成。

深受破坏山体危害的当地群众痛定思痛，立足自身，着眼长远，转型发展。银山镇耿山口村原来是开采山石的专业村，规模大、人口多，在当地政府的引导下，该村转变思路，利用地理优势建起黄河浮桥，发展跨河交通业。与此同时，他们利用东平湖资源优势建起度假山庄，发展餐饮、休闲服务业。尝到甜头的耿山口村民还在山体保护安全区内投资兴建欧雷航空科技有限公司，生产的航空模型远销欧、美多个国家，成了远近闻名的富裕村。

东平县政府因势利导，引导群众用辩证思维看资源，大力发展旅游、水产养殖、民生水利等相关产业，实现资源优势向产业优势、经济优势转化，发挥资源的经济效益和社会效益。

黄河记忆

在改革探索中砥砺前行

唐丽娟

大河奔流，岁月悠悠，人民治黄走过了辉煌的70年。山东黄河的经济工作伴随着改革开放的春风，也走过了38年的风雨征程。经过38年的不断改革和探索，山东黄河经济实现了从无到有、从小到大、从弱到强的裂变，取得了长足的发展，为推进山东治黄事业进程做出了突出贡献。

在探索中发展壮大

山东黄河的经济工作最早始于1978年。1978年12月，全国水利管理会议在湖南省桃源县召开，时任水电部部长的钱正英明确提出水利工程管理单位的三项基本任务是：安全、效益和综合经营。把综合经营作为水管单位的三项任务之一，这在水利史上还是第一次。山东河务局提高了对开展综合经营工作的认识，开始了以充分利用堤防和淤背区宜林土地进行植树造林为主的多种经营，至此，山东黄河的经济工作开始起步。

38年来，伴随着整个社会经济的不断进步与发展，山东黄河经济走过了"起步、成长、提高、快速发展和调整发展"五个阶段，经历了由粗放管理向规范化管理，盲目铺摊向有序经营，单一发展向多元化发展的历程。

山东河务局在摸索中不断总结经验，进而明确了发展经济的定位，即以"事业进步、单位发展、职工受益"

为总目标，弥补事业经费不足，保证职工工资按标准足额发放，稳定治黄队伍，保障各项治黄事业健康发展。山东黄河形成了以引黄供水、建筑施工、跨河交通、河道资源利用等优势产业为重点，设计监理、仓储物流、医疗信息等服务产业同步发展的经济格局。

2015年，山东黄河经济总收入是2006年的3.4倍，年均增长13%。过去10年，山东河务局年均事业经费自给率达到59%。山东黄河经济的长足发展，为弥补事业经费不足、提高职工收入、稳定职工队伍、保障治黄事业发展提供了最强力支撑和保证。

在黄河水上做文章

黄河水是山东最主要的客水资源。自1950年在利津綦家嘴建成第一座引黄闸以来，山东黄河引黄兴利，惠泽民生，为山东城乡及相关地区工农业生产、居民生活及生态用水提供了宝贵水源。有数据表明，近10年来，山东省年均引黄供水量达65亿立方米，已有万亩以上引黄灌区58处，抗旱灌溉面积近3500万亩，已有12个市的70个县（区）用上了黄河水，供水范围覆盖了山东省51%的土地、58%的耕地和48%的人口。

黄河水也是山东黄河最核心的资源优势，水费收入更是弥补事业经费不足的重要来源。自2005年起试点并推广了"两水分供、两水分计"新型供水模式："两水"是指农业用水和非农业用水。农业用水主要包括种植、养殖和农村饮用水等；非农业用水是指农业用水以外的用水，主要包括工业、生活和生态景观用水等。"分供"是指在同一条引黄渠系中，农业用水和非农业用水分时段单独集中供应。一般是在农灌峰期优先集中供应农业用水，其他时间集中供应非农业用水，两水不再混供。"两费分计"就是通过改进计量方法和完善管理措施，科学、清晰地界定农业用水和非农业用水的界限，实行分开、准确计量，区别收费。这一做法基本解决了两水混供的

黄河记忆

引黄供水

历史遗留问题，进一步挖掘了非农业供水的潜力。被《人民日报》、《大众日报》、中央电视台、山东电视台等新闻媒体争相报道。

2013年3月14日，国家发改委正式下发《国家发展改革委关于调整黄河下游渠首工程和岳城水库供水价格的通知》，上调了黄河下游引黄渠首工程供非农业用水价格，并把黄河供水明确为农业和非农业两类，这为水费界定、黄河水资源节约保护和山东黄河供水收入的提高提供了有力的政策支持。到2015年，山东黄河非农业年供水量和收入达到2006年的3.3倍和5.8倍。

山东河务局提出了调整供水结构，大力发展直供水项目的思路，积极引导有条件的单位延伸供水产业链条，参与地方水库建设。截至2015年年底，山东黄河参（控）股的直供水项目达到5个，年累计供水9700多万立方米，按所占股份收入3000多万元。

近年来，山东河务局通过实施引黄济津、引黄济冀、引黄济青等跨流域调水，开展引黄保泉、引黄济烟、南四湖生态补水和向黄河三角洲生态调水，为黄河三角洲高效生态经济区和山东半岛蓝色经济区两大国家发展战略的实施提供了水资源支撑，有力地促进了山东沿黄及相关地区经济社会的可持续发展，实现了经济效益、社会效益及生态效益的共赢。

在改革中寻求突破

建筑施工业是山东黄河经济的支柱产业，其收入也是弥补事业经费不足的重要来源。山东黄河建筑施工产业起步于20世纪70年代末，依靠长期积累的水利工程建设经验和专业技术人员，成立了以建筑安装队为主的黄河施工队伍，主要从事水库、堤防、引黄涵闸等黄河防洪工程建设。

20世纪80年代中期至90年代初，随着国家对黄河投入的不断减少，黄河施工队伍开始走向社会，承揽社会工程。1992年，山东黄河工程局成立，并成为了走出黄河闯市场的排头兵。

1998年后，国家加大了对大江大河的投入力度，施工企业抓住这一机遇，积极参与投标竞争。1999年始，为适应工程施工"三制"（项目法人责任制、招标投标制和建设监理制）的改革需要，各市河务管理局相继注册成立了工程局，部分县（区）局也组建了自己独立的工程局或工程公司。

2008年，山东黄河工程局组建成立山东黄河工程集

浮桥建成通车

团有限公司。集团公司的资质和业务范围拓展到水利水电、公路工程、土石方工程、市政公用、房屋建筑、园

黄河记忆

林绿化、桥梁工程等多个领域,综合竞争力进一步增强,所占社会工程市场份额不断扩大。一批优质示范工程为山东黄河施工企业赢得了"黄河铁军"的称号,由省局设计院设计、济南市局工程局等有关单位施工、监理公司监理的济南黄河标准化堤防工程,荣获我国建设工程质量最高奖——"鲁班奖";东平湖综合治理工程、深圳河河口治理一期工程荣获中国水利工程优质奖——"大禹奖";姜唐湖退水闸项目荣获安徽省优质工程奖——"黄山杯"。全局有12家企业被评为"全国优秀水利企业",两家企业获得国家工商行政管理总局授予的"全国重合同守信用"称号。

工程局承揽的珠江堤岸防护沉箱吊装工程施工

山东河务局全面推进了企业清理整合工作,清理处置"僵尸企业";通过优势整合、兼并重组,做精做强集团公司,走集约化发展之路。加强了对企事业单位重大资金使用和重大事项的动态监管,防范财务和投资风险,确保国有资产保值增值。完善了企业法人治理结构;建立和完善了招投标风险管理制度;继续清理规范施工企业驻外机构;加强了资质证书使用管理;加强了施工企业项目部规范管理,实行了企业重大经营项目巡视督查制度,建立了企业法人定期审计制度……相信这场以坚持问题为导向、以破解难题为目的的改革定会取得令广大职工满意的成果。

在保障民生上看发展

发展经济保障民主，让广大职工共享发展成果，始终是山东河务局各届各级领导集体的共识。自20世纪90年代以来，山东黄河各级在积极申请上级投资的同时，通过发展经济自筹资金，兴起了一股迁址办公居住的浪潮，彻底解决了这一困扰广大职工多年的难题。在全局12155名职工实现了医疗保险属地统筹的基础上，山东河务局完善了困难职工档案库，实施了职工大病医疗救助，取得了良好效果，职工生产生活水平得到了很大程度的改观，队伍的凝集力和向心力明显增强。

对于最基层的管理段，山东河务局多项举措保障民生：解决了8个市局143个基层单位职工的饮水安全问题；在对多处管理段所进行改建的基础上，又投入1000余万元扶持资金开展了"星级之家"创建活动，124个基层段所中有109个达到四星级以上标准。通过一系列举措，基层职工的办公设备得到更新，庭院得到美化绿化；各类电器、取暖制冷及净化设备配备齐全，职工浴室、食堂、阅览室、活动室、健身房、篮球场、羽毛球场等场所得到了新建完善，基层单位彻底告别了"脏院黑屋乱坝头"的落后面貌，办公、生产、生活环境和条件得到了极大的改善。如今，山东黄河开展的"一段一品"工程，使大部分基层庭院如花园一般，亭台、草坪、鲜花与环境优美的黄河险工、控导坝头浑然一体，美不胜收。

2009年以来，山东河务局本着"以人为本、因地制宜"的原则，倡导鼓励基层单位充分利用管理段（所）庭院闲置土地，大力进行职工生活基地建设。河口管理局、济南河务局甚至实现了职工生活基地的全覆盖。2015年，全局职工人均年收入是2006年的3.5倍，年均增长达到13.45%。

黄河记忆

经济工作没有旧历可寻，唯有摸着石头过河，在机遇面前乘势而上，在失败面前总结教训，才能在不断地改革探索中寻求突破，力谋发展。总之，不忘为民初心，继续砥砺前行，相信山东黄河的经济工作将谱写更绚烂的篇章。

2011年起，山东黄河在基层开展五星级段所建设活动，截至2015年，四星级以上创建率超过90%，基层管理段、闸管所工作生活条件明显改善

会当水击三千里
——山东黄河信息通信建设纪实

李 凯　姜 华

人民治黄70年，通信与信息化建设，与黄河治理如影随行、风雨同舟、融合发展，"办公移动化""巡查智能化""远程监控可视化""大数据整合与分析"……这些已成为当下黄河现代化治理的新标识。

从无到有的初级阶段

1946年解放区人民治黄以来，在战争环境物资极端困难的情况下，通信作为治黄工作的耳目便被例入重要工作议事日程。新中国成立后，随着治黄事业的发展和通信技术的进步，黄河通信建设日益发展完善。至1985年山东黄河通信线路以济南为中心，已建有7900余对千米的有线传输干、支线路；供电、磁石（摇把子）交换机41台，自动、磁石电话机1182部；安装了载波、传真、会议电话、无线电台及检测仪器等设备；通信建设投资2400余万元。山东黄河通信专网已初具规模，为黄河防汛指挥调度、传递水情工情、交流信息和互通情报等工作提供了安全可

解放区沿堤架设简易电话线

黄河记忆

高青县河务局微波通信铁塔

靠的语音通信保障服务。

1946年是中国共产党领导下的人民治黄事业的开局之年，这一年渤海区行署决定在黄河北岸自北镇（河务局驻蒲台城内）至济阳架设专用长途电话有线杆路，要求通信联络直达各县治河指挥部。1947年，河务局电话队正式成立，至1949年8月升格为电话总站，并下设10个一等或二等电话分站。1951年，建设了汴济（河南开封至济南）、泺北（济南泺口至北镇）两条通信有线杆路，这是联通黄委至山东河务局的首条电话专线。至1963年水泥通信杆全部替代了木质线杆，国家在这一年颁布实施了一级通信线路施工标准；新装了无线报汛系统，无线技术被应用于山东黄河。1977年山东河务局开始配备电话会议汇接机和终端设备，并相继安装开通了山东局至各地（市）局和修防处，位山工程局至各修防段的三路载波电路。1982年后电缆铺设陆续取代了架空明线……点点滴滴，知微见著。

通信专网的大建设阶段

1988~2002年，是山东黄河通信网进行大规模现代化建设的阶段，累计投资金额1.5亿元。先后建设完成郑州至济南和济南至东营2条微波干线，17条点对点微波支线，一点多址微波系统，ETS450无线接入系统，县局以下宽带无线接入系统，省、市、县河务局三级数字程控交换系统,省、市河务局二级视频会议系统,800M集群移动通信系统,计算机网络系统也已初具规模,建设并形成了以交换数字化、传输微波化,辅以一点多址、ETS450系统、集群移动、宽带无线接入、计算机网络等多种手段相结合,功能齐全,智能化程度较高的当代通信专用网络;建成以济南为中心,连接黄委、各市县河务局、局直单位,并延伸至沿黄涵闸的多级计算机广域系统,网内51个局域子网实现了互联互通。

因微波传输技术具有抗干扰、抗御灾害能力强、通信容量大等优势,极适合黄河防汛点多、面广、战线长的特点,1989年,被黄河水利委员会确定为今后一个时期专网干支线电路建设的主要技术,山东黄河通信网进入了一个集中密集的建设高潮期。山东黄河五级微波传输系统建成:郑州至济南数字微波干线于1993年建成,黄委至山东局实现传输微波化;济南到东营数字微波干线于1995年建成,山东局至各市局传输实现微波化;黄河下游山东河段市局至县局一点多址微波系统于1997年建成,市局至县局实现微波传输化;山东河段县局以下无线接入微波系统于1998年建成,部分县局至其险工、险点、闸门实现了微波传输化;1995~2002年期间,在网内建成17条微波支线系统,实现了部分市县局区间内的微波传输化。期间,拥有50余年历史的黄河架空明线线路被全部拆除,有线杆路传输方式彻底退出了治黄舞台。为解决防汛基层单位巡堤员、移动车的查险报险和抢险指挥,1993年建成山东黄河第一个用于防汛查险报险的移动通信系统,即第一代800M集群移动通信系统,至1999年

德州黄河河务局综合通信机房

升级扩容为第二代 800M 集群移动通信系统，其通信范围覆盖至山东堤段 85% 左右的区域。建成三级数字程控交换系统：通信交换设备在 1988 年后进入发展提速期，自 1989 年汛前在菏泽安装开通第一台数字程控交换机后，分批分次完成了省、市、县河务局共计近 40 台数字程控交换机系统的安装建设，截至 2002 年底，山东河务局已实现省、市、县河务局三级数字程控交换系统 2M 数字中继联网，全网统一编号，全局全自动呼出、呼入。

实施更新改造阶段

2003 年以后，通信专网投资与前期相比呈减缩模式，地方通信投资呈井喷态势，且技术更新换代快、普及面广、覆盖率急剧提升。这一阶段的黄河通信专网建设以更新改造为主，其项目主要包括黄河机关单位搬迁后的配套通信建设、前期已建通信系统的升级改造和承揽的部分"数字黄河"配套通信施工项目等，可概括总结为缝缝补补维持期。2009 年水利部《水利信息系统运行维护定额标准》的颁布实施，如一缕春风，让信息通信资产设备达 2 亿元的黄河专网有了专项运行维护资金，彻底改变了过去运行维护费用没有正规渠道、运行维护工作得不到有效保障的不利局面。

技术人员更换通信设备

此阶段主要完成了山东河务局机关、信息中心、滨州河务局、淄博河务局、东平湖管理局和垦利、莘县、齐河、邹平、郓城、梁山、阳谷县局等近 20 个单位搬迁后的通信工程新建任务。组织实施了山东黄河市县河务局程控交换机的更新改造、济东微波通信干线改造、驻济局直单位通信线路改造、450M无线接入通信系统扩容等项目，建设完成网内近40条点对点通信光缆支线线路，更新了部分微波设备。配合"数字水调"项目的实施，建设完成山东河段宽带无线接入系统一期、二期项目；承揽完成山东河务局引黄涵闸远程监控系统整改项目施工任务。利用水利信息系统运行维护经费，组织实施了阳谷、高青、东阿、济阳、利津、鄄城、惠民等20余个县局老旧程控交换机的更新改造，努力解决基层通信问题。

信息化建设的机遇期

2001年，是黄委首次提出"数字黄河"工程的一年；2013年，是黄委"智慧黄河"战略的部署实施的第一年，这些标志性事件是黄河信息化建设史上重要的里程碑。目前山东黄河已拥有较为完善的通信和计算机网络基础设施；计算机网络依托黄河通信专网，实现了与部、委、省、市县局及管理（段）所等流域内各级单位的互联互通；建成水雨情信息采集传输系统及洪水预报系统、涵闸现地站远程监控系统等，数据采集能力得到提升；开发完成了防汛减灾、水资源管理与调度、工程建设与管理、电子政务等业务应用系统建设。

2005~2015这十年，是山东黄河信息化建设取得跨越式发展的一个重要阶段，期间重新定位了信息化战略机遇期通信专网的发展目标，明确了2015~2020年信息化建设十八个重点项目，并审时度势思考了如何充分发挥这部分资源的优势，成功实现信息化与治黄工作的深度融合、同步发展。这十年，山东河务局信息中心在做好专网信息通信运维保障的同时，还承担完成了山东河务局及各市局门户网站、山东黄河新版电子政务系统、山东黄河防汛综合管理系统、山东黄河GIS综合管理平台、山东黄河基本建设项目管理系统、山东黄河取水管

黄河记忆

理系统、山东黄河审计管理系统和德州河务局内控管理系统等累计70余套信息系统的研发、维护与管理工作。加强网络安全建设，安装部署了千兆WEB安全网关、高端数据库审计、防毒软件、应用监控管理、身份认证网关、安全管理平台、上网行为管理和下一代防火墙等重要安全保护设备和软件，实施了计算机内、外网物理隔离，提升了网络安全综合防护和管理能力，保证了山东黄河计算机广域网安全。2016年，GIS技术、无人机、卫星通信车等技术被正式应用于黄河防汛；建成的办公自动化系统实现了全覆盖，无纸化办公已在山东黄河实现；软交换智能通信网、手机办公系统已建成；信息采集点的增多、"大数据"工作的启动、"一张图、一站式"战略目标的实施……这一年，信息化建设如火如荼，分外妖娆！

山东黄河地理信息系统研发会议现场

如何在信息化建设中取得一席之地……这都是我们要认真思考的问题。在这个信息智能时代，山东黄河信息通信建设征程万里、敢立潮头，成功实现美丽蜕变！

后 记

　　值此纪念山东人民治理黄河 70 周年之际，为总结和汇集山东人民治理黄河 70 年的重大实践及其经验认识，讴歌和宣传治黄 70 年的艰辛历程与辉煌成就，铭记和传承治黄 70 年的丰功伟绩和黄河精神，激励广大人民群众和黄河职工开拓创新、努力奋斗，把山东黄河治理开发与管理事业继续推向前进，山东黄河河务局决定编辑出版《黄河记忆》一书。编辑出版图书《黄河记忆》是纪念山东人民治理黄河 70 年系列活动的重要内容，我们组织精干力量，围绕"力挽狂澜""励精图治""惠泽齐鲁""回首往事""岁月留痕""人物春秋""长河印记"等治黄重大题材，精心选取了 10 多年来在各类媒体上发表的反映山东黄河治理开发与管理事业发展的有关稿件、文章，并组织相关人员修改和撰写了一系列专题性文稿，结集呈现给大家。参与编辑出版的同志在大量的备选文稿中精挑细选，虽然做了大量辛苦的工作，但由于时间紧迫、经验不足，选材和编辑仍有不尽人意之处，出现不足和错误也在所难免，敬请读者批评指正。

编　者
2016 年 10 月